テレビが見世物だったころ

初期テレビジョンの考古学

飯田 豊
Yutaka Iida

青弓社

テレビが見世物だったころ——初期テレビジョンの考古学／目次

はじめに　7

第1章　アマチュアリズム――「趣味」のテレビジョン　32

1　「テレビジョン」の初期衝動　37

2　ラジオの公開実験、路上のモダニズム　50

3　テレビジョン・アマチュアの興亡――啓蒙家としての苫米地貢　70

第2章　パブリック・ビューイング――早稲田大学の劇場テレビジョン　111

1　アマチュア無線文化の残滓から、帝国科学の権威へ　113

2　のぞいて見るか、あおいで見るか――浜松vs早稲田　122

3　「興行価値百パーセント」――モダン都市の野球テレビジョン　139

第3章　テクノ・ナショナリズム――逓信省電気試験所のテレビジョン電話　187
1　不遇の「テレビジョン行脚」　191
2　北は樺太から南は台湾まで――テレビジョンの「技術報国」　211
3　テレビジョン電話のまなざし　225
第4章　皇紀二千六百年――日本放送協会の実験放送　241
1　「幻の東京オリンピック」を超えて　244
2　実験放送の「番組」と「編成」　273
3　祭りのあと　300

第5章　戦後への遺産——NHK、日本テレビ、そしてアマチュア　321
1　「テレビジョン」から「テレビ」へ——NHKによる公開実験　324
2　公開実験から街頭テレビへ——「放送史」の始まり　339
3　アマチュアリズムの行方——趣味のテレビジョン、再び　348
おわりに　361
あとがき　369
索引　376(i)

装丁——神田昇和

はじめに

「若者のテレビ離れ」という言葉が聞かれるようになって久しい。

インターネット利用時間の増加とは対照的に、若年層がテレビ番組を視聴する時間は減少傾向にあり、番組の編成が一日の生活リズムと共振しなくなってきた。テレビは既に「情報弱者」のためのメディアであり、見方を変えれば、万人に開かれた「教養のセイフティ・ネット」であるべきという議論もある。(1)

もっとも、インターネットの長時間利用者は、テレビとの「ながら利用」が多いという傾向も指摘されている。(2) たしかにネット上では、放送中の番組に対する反応が、ソーシャルメディアなどを介して実況されている。テレビの視聴者の注意が散漫なのは、ネットが普及するよりも前からのことだった。

ネット動画視聴も若年層を中心に広く浸透してきた。放送局や大企業による映像配信事業も充実しているが、「YouTube」や「ニコニコ動画」などの動画共有サイトを、多くの人びとが日常的に利用するようになった。違法にアップロードされた動画も多いが、ビデオカメラやコンピューター、創作支援のアプリケーションの普及にともない、アマチュアが投稿した多様な映像群があふれかえっている。

したがって、「若者のテレビ離れ」とは、パソコンやスマートフォン、タブレットなどの情報機器が普及し、かつてはお茶の間（リビングルーム）の主役だったテレビという装置に対する意識が希薄化しているという面が、何よりも大きい。装置としてのテレビとは、およそ半世紀にわたって、ブラウン管によって電気信号から画像を再現する受像機のことを意味してきたが、二十一世紀に入ると、ブラウン管はあっという間に私たちの日常生活から姿を消してしまった。

しかしその半面、液晶などの薄型ディスプレイが急速に普及し、インターネットに接続（しようと思えば）できる受像機が標準的になった。屋外では都市の街頭から電車の車両内まで、いたるところにスクリーンが配備され、映像化された情報が遍在するようになった。また、スマートフォンやタブレットなどの携帯端末によって、手のひらの上で映像を扱うことも当たり前になった。装置としての区別が失われ、テレビはコンピューターに、コンピューターはテレビに、互いに接近している。したがって、若年層がテレビ番組を視聴する時間はたしかに減少しているが、われわれは数えきれないほどのスクリーンに取り囲まれた生活を送るようになり、映像に接触する機会は、むしろ増加し続けているのである。それは視聴率に反映されないどころか、メディア接触時間の調査でも逐一把握できないほど、断片化された受容経験といえるだろう。

よく知られているように、Tube とはブラウン管（Cathode Ray Tube; CRT）の略称であり、テレビを意味する暗喩なので、「YouTube」とは「あなた（が）テレビ」という意味になる。このように、放送法上の放送局に含まれない映像配信事業にも、「放送」や「テレビ」を示唆する名称が広く用いられている。インターネットに媒介された映像配信は、「インターネット放送」「インターネットテレビ」と総称され、テレビを強く意識したサービスを展開している。その一方、「ニコニコ生放送」などのストリーミングサービスを利用すれば、誰でも手軽に「雑談放送」をおこなうこともできるようになった。長年テレビによって培われてきた番組文化や放送文化は、その姿を変えながらも、多くの部分がインターネットに受け継がれている。マーシャル・マクルーハンにならえば、「どんなメディアでもその内容はつねに別のメディア」[3]であり、「われわれはバックミラーごしに現在を見て（略）未来にむかって後ろ向きに行進している」[4]のである。

さらに付け加えておくと、「テレビ」の語源は「遠く（tele）を視ること（vision）」なので、この言葉が「放送」とは無関係に用いられることもある。インターネットなどの通信網を利用した電話サービスのうち、たとえばSkypeのように映像をともなうものは、日常的に「テレビ電話」「テレビ会議」などと呼ばれる。放送番組を視聴できるかどうかにかかわらず、何らかの映像を媒介しているスクリーンやディスプレイ、モニターなどの装置を人びと――特に高齢の人などが、つい「テレビ」と呼んでしまうことも、その語源に立ち戻れば間違いではない。

すなわち、テレビ受像機の前に座って――あるいは寝っ転がって――番組を一斉視聴するという日常風景は失われつつあり、放送事業体が苦境に陥っている半面、インターネットなどに媒介された「テレビ的なもの」は増殖が進んでいる。テレビというメディアは従来、「番組（program）」「放送（broadcast）」、そして「受像機（set）」といった概念が渾然一体となって結び付いたものとして捉えられてきたが、「テレビ離れ」という事態は、こうした結び付きの必然性を突き崩している。日常生活のさまざまな局面で無数の映像に接するようになった結果、人びとの生活リズムと連動した番組を提供する「テレビ」の存在を、われわれが意識する機会はたしかに少なくなった。このような状況のなかで、「テレビ」とは何かということを正しく説明したり、ましてやそのメディア特性を分析したりすることは、容易なことではなくなってしまった。[5] デジタル化とネットワーク化が進行し、映像を視聴できる装置が多様化するにつれ、「視聴者（audience）」という概念もいまでは自明性を失いつつある。

インターネットに媒介された「街頭テレビ」

たとえば近年、駅前広場や特設会場などで主としてスポーツ中継を観戦する「パブリック・ビューイング」が、世界各地で人気を集めている（図1）。特にサッカーワールドカップの場合、各地のスタジアムやスポーツ・カフェで、もともと無料で視聴できるはずのテレビ中継を、有料で集団視聴するという観戦イベントも頻繁に開催されている。観客同士はリビングでの家族とよりも密着して、試合の動向に一喜一憂し、感動を共有する。家庭内視聴では決して味わえない一体感は、しばしばテレビ草創期の「街頭テレビ」を取り巻く熱狂にたとえられる。ただし現在では、テレビ中継が会場の巨大スクリーンで視聴されるだけでなく、手のひらのスマートフォンでも同時に情報が収集され、ソーシャルメディアなどを通じて声援ややじが拡散していく。

スクリーンに媒介されたイベントを構成するのは、放送局が中継する番組ばかりではない。音楽や舞台などの公演中継を、映画館やライブハウスのスクリーンで鑑賞する「ライブ・ビューイング」も、ここ数年で市場規模が急速に拡大している。[6] 高品質の映像・音響設備によって、公演会場の雰囲気が臨場感たっぷりに再現できるようになった。コンサートの場合、アーティストは眼前の観客だけでなく、スクリーンを介して鑑賞している遠隔地の観客にも呼びかけ、各地の会場を同時に盛り上げる。

再びネットに目を向けよう。「弾幕」と呼ばれるコメントを通じて参加者同士が盛り上がる雑談放送について、ジャーナリストの津田大介は次のように発言している。

あの楽しさって、一九五〇年ぐらいにあった街頭テレビの楽しさだと思うんですよね。力道山のプロレスを見て、みんなで盛り上がるみたいな、ああいうなんか一体感っていうのが、テレビの原点だったと思うんですけど、（略）それがインターネット放送の双方向性みたいなものが登場したことで、ある種、テレビが原点的な存在に、楽しさというのを獲得しつつあるのかなっていうふうに僕は思ってますね。(7)

図1　サッカーワールドカップのパブリック・ビューイング（2014年）
（写真提供：読売新聞社）

二〇一二年から毎年四月、ドワンゴが幕張メッセで開催している「ニコニコ超会議」のように、大規模なオンライン視聴を前提に企画されるイベントもある。会場に遍在する無数のスクリーン、あるいは手元のパソコンやスマートフォンを介して、ネット視聴者とともにイベントを楽しむ。一四年には大相撲や将棋対局のネット中継が注目を集め、「朝日新聞」はこれを次のように報じている。

将棋の羽生善治三冠はかつてニコ動の生中継を、縁台将棋にたとえた。ニワンゴの杉本社長は今回の相撲を「街頭テレビ中継のよう」と話す。「みなで集まり、声の大きい人の発言を聞きながら、よく知らない人が魅力に目覚めていく。古ければいいというものではありませんが、そんな伝統文化はほかにもあるはずです[8]」

ここでも「街頭テレビ」という比喩によって示唆されているように、ネットに媒介された新しい映像文化は、テレビ受像機が家庭に普及する過程で失われた集団視聴という現象を擬似的に再生しているという一面がある。二〇二〇年の東京オリンピックは絶好の機会となり、ネットに媒介されたイベント中継は、今後ますます大規模化していくだろう。

いま一度マクルーハンの言葉を借りれば、「過去はあっちに去っていった。まったく新しい状況に直面すると、われわれはいつも、一番近い過去の事物や様式にしがみつくものである[9]」。裏を返せば、新しいメディアの「新しさ」を深く追求しようと思うと、まずは古いメディアとの比較、「再メディア化（remediation）[10]」に関する理解を避けて通ることはできない。テレビを取り巻く近年の地殻変動は、かつてテレビジョン技術に開かれていた可能態の系譜を、まずは丹念に見通すことではじめて、より広い歴史的構図のなかに位置づけることができるのではないだろうか。

図2　新橋駅前の街頭テレビを取り巻く群集（1953年）
（出典：日本放送協会編『20世紀放送史』上、日本放送出版協会、2001年、372ページ）

「街頭テレビ」の神話を超えて

二〇一三年、日本のテレビは「還暦」を迎えた。一九五三年、ＮＨＫと日本テレビが相次いで定時放送を開始してから六十年が経過したのである。その前年、地上波放送のデジタル化が完了したことも記憶に新しい。

したがって、日本のテレビ視聴に関する歴史記述は、一九五三年に登場した街頭テレビから始まるのが一般的である。日本テレビは八月二十八日の開局に先立って、東京・新橋駅西口広場や浅草観音境内、東急渋谷駅や京浜急行品川駅の構内など、山手線沿線の主要駅付近を中心とする五十五カ所の街頭に、およそ二百二十台の受像機を設置し、黒山の人だかりを路上に築いたとされる（図2）。プロレス中継や野球中継が、その人気を決定づけた。

翌年二月十九日から三夜連続で開催された、力道山・木村政彦対シャープ兄弟のタッグマッチ国際試合は、NHKと日本テレビが蔵前国技館から同時中継をおこなった。新橋駅西口広場の街頭テレビには、この試合を観ようと二万人の群衆が集まった。付近一帯は交通規制が敷かれたが、整理の警察官も人波を制止できなかった。日本テレビはすぐさま、黒山の人だかりを撮影したポラロイド写真を中継映像にはさみ、「街頭の皆さん、押し合わないように願います。危ないところに上がらないでください」というアナウンスを繰り返し、それがまた話題になったという(11)。

街頭テレビとはそもそも、盛り場に大型(二十一もしくは二十七インチ)の受像機を常設して人を集め、テレビの価値を認識させるための仕掛けだった。その仕掛け人とされる正力松太郎は、一九二四年に読売新聞社の社長に就任して以来、新聞の購買層拡大のための戦略として、興行事業との接合を一貫して推し進めていた人物である。日本テレビの社史は、「正力社長の脳裏にひらめいた〝街頭テレビ〟の着想は、見事にヒットした。テレビの人気は、この街頭テレビによって爆発し、頂点に達した(12)」と伝えている。

たしかに街頭テレビ事業の成功は、正力とその側近たちの興行師的な手腕によるところが大きいのだが、その着想の起源については諸説ある。少なくとも当時、人が集まるところに受像機を置き、その映像を公開するという発想それ自体は、決して目新しいものではなかった。戦後にNHKがテレビ受像機を初めて一般公開したのは一九四八年六月のことであり、これを皮切りに本放送が開始されるまでの約五年間、主として都内の百貨店で、テレビ受像の様子が繰り返し公開されていたからである（図3）。たとえば、五一年三月二十日から二十二日、昼間は新宿の伊勢丹と渋谷の東急東横店で受像機が披露され、夜間は駅前で自動車の上に設置された受像機が公開された。また、翌年の六月に日本橋三越で開催された展覧会では、NHKで制作された二時間半の特別番組が連日受像されていて、そのうち一時間はカラー放送だった。

図3　NHKの実験電波を受像する街頭テレビ（1952年）
（写真提供：朝日新聞社）

実はこのような、広い意味での「街頭テレビ」が登場するのは、戦後になってからのことではない。ラジオの全国放送網が成立する一九二八年頃から、太平洋戦争が勃発する四一年まで、実用化を目指して研究が進められていたテレビジョン技術が、博覧会や展覧会での公開実験、あるいは戦時下の実験放送を通じて、繰り返し一般に公開されていたのである（図4・5）。テレビジョン学会（現・映像情報メディア学会）が七一年に編纂した『テレビジョン技術史』によれば、「テレビジョン研究の初期の頃も公開は盛んであった」として、「この時代のテレビジョンは幼稚なものであったが、すばらしい将来性をもったものとして庶民に多大な人気があり、それで各方式と

図4　テレビジョン公開実験の会場を取り巻く群集（1932年）
（出典：テレビジョン技術史編集委員会『テレビジョン技術史』テレビジョン学会、1971年、65ページ）

図5　テレビジョン実験放送の受像公開（1939年）
（出典：同書121ページ）

もたびたび博覧会や展覧会で公開され人気を博していた」[13]という。『テレビジョン技術史』は、日本でのテレビジョン技術の発展を通時的に把握するための基礎資料として、最も充実したものである。編集委員会には、委員長の高柳健次郎を筆頭に、戦前からテレビジョンの開発に携わっていた技術者たちが名前を連ねている。さらに注目しておきたいのは、「第1編 初期のテレビジョン（機械式テレビジョン研究時代）」の章構成である。「第1章 概要」「第2章 最初のテレビジョン実験に続いて、「第3章 ＪＯＡＫ主催のラジオ展時代まで」「第4章 第4回発明博時代まで」「第5章 万国婦人子供博覧会時代まで」というように、各研究機関でのテレビジョン開発の技術史が、公開実験がおこなわれた主要な博覧会を区切りとして語られているのである。この章構成＝時代区分は、戦前の一連の公開実験が、当時の技術者たちにとってまさに重要なイベントだったことを示している。

本書の目的——「初期テレビジョン」の考古学

こうした公開実験では、テレビジョンという技術の未来像が、実に多様なやり方で提示されていた。それにもかかわらず、その経緯が今日ほとんど伝えられることなく、戦後の街頭テレビだけに焦点が当てられてきたのは、放送局による定時放送とともにテレビが社会化したとする、狭義の「放送（局）史」の視座にほかならない。「街頭テレビ」がテレビジョンの起源であるという神話は、こうした歴史観に説得力を与え、反復的に強化してきたといえるのではないだろうか。その結果、水越伸の言葉を借りれば、「私たちはテレビジョンの黎明期について、集団的に起源を喪失[14]」してきたのである。

こうした問題意識は、近年の視覚文化論や映像文化論の潮流と接近する。アン・フリードバーグが強調しているように、デジタル技術の発達にともなう映画、テレビ、コンピューターなどの「収斂（convergence）」を適切に位置づけるためには、メディア横断的な歴史研究が不可欠である[15]。大久保遼によれば、写真、映画、テレビにとどまらない「スクリーンの遍在」と「映像の多様化」を前にして、これまで前提とされてきた〈映画・映画館・観客〉あるいは〈テレビ・家庭・視聴者〉というモデルでは、映像の社会性を適切に捉えることはできない。そこで大久保は、映画やテレビが登場する以前、十九世紀の多彩な映像文化――写し絵、幻灯、連鎖劇、キネオラマなど――に焦点を当て、それらを同時代の社会制度や科学技術、大衆文化の連関のなかに精緻に位置づけている[16]。とりわけ、一九八〇年代以降の映画史では、一〇年代から二〇年代にかけて物語映画の様態が成立する以前、「劇場的見世物（attraction）」として人びとに楽しまれていた「初期映画（early cinema）」を取り巻く、猥雑で混沌とした映像文化を描き出す作業が進められてきた。十九世紀末のシネマトグラフは当初、劇場や露天などで上演される興行演目のなかのひとつの見世物として上映された。長谷正人の言葉を借りれば、それは「従来のようにリアリズムやイリュージョニズムへの発展という未来の視点から進化論的に初期映画を見るのではなく、当時の人々の視点に立ち返って、それが様々な可能性（とくにスペクタクル）へと開かれたままの状態において捉え、（略）こうした歴史的相対化を行うことによって、現代における映像のイデオロギー的な呪縛から私たちが逃れる可能性を事実として見出そうとしたわけである[17]」。渡邉大輔もまた、「映像圏（Imagosphere）」

という概念を用いて、現在のネット社会がもたらす「イメージの氾濫状態」のさまざまな局面を、初期映画の誕生にまでさかのぼって相対的に分析している。[18] 大久保や渡邉が示唆しているように、映画をめぐる膨大な文化的資源と厚みがある言説が、「ポスト映画」の視覚性に焦点を当てる視覚文化論や映像文化論の枠組みを強く規定していることは間違いない。

それに対して、テレビの歴史は現在まで、「放送」というコミュニケーション形式の作動原理を前提とする、いわゆる「放送史」の認識枠組みのなかで跡づけられるか、あるいは、大量の情報を大衆に伝達するコミュニケーションの歴史、すなわち「マス・コミュニケーション史」の構図のなかにとどまっていた。本書が掘り起こそうとするのは、初期映画と同じように、いくつもの「初期テレビジョン（early television）」に開かれていた可能態の系譜である。

本書の目的は、日本でテレビの定時放送が始まる以前、博覧会や展覧会、百貨店の催事場などで人気を博していた公開実験に焦点を当て、その変遷を跡づけることである。単なる「技術史」ではなく、技術の「社会史」として、定時放送の開始に先立つ出来事が顧みられることは今日ほとんどない。しかし、テレビジョン技術が一九三〇年代を通じて、こうして（実験的ではあるが）社会に公開されていたという事実に着目することによって、その社会化の過程は、街頭テレビが登場する五三年から四半世紀ほど押し戻される。その企図は決して、テレビの「前史」を過去に更新することではない。「テレビ」という略称がまだ定着していない時代、「テレビジョン」という技術の社会性がいかにあるべきかが問われていたのであり、公開実験という具体的な場に着目することを通じて、さまざまな期待や思惑が錯綜していた事実を読み取ることができ、いくつかの重要な論点を抽出することができる。

本書の「初期テレビジョンの考古学」という副題は、いうまでもなく、「メディア考古学（media archaeology）」と呼ばれるアプローチを念頭に置いたものである。エルキ・フータモとユシー・パリッカが指摘するように、それは「抑圧され、無視され、忘れ去られたメディアの歴史」であり、「行き詰まり、敗者、そして決して製品化されなかった発明は、語るに値する重要なストーリーなのだ[19]」。

本書の視座①――私的空間から公的空間へ

欧米に目を向ければ、「放送（局）史」とは一線を画し、歴史学や社会学、文化研究などを横断するかたちで、テレビを対象とする歴史研究の知見が蓄積されてきた。その先駆的研究のひとつは、テレビというメディアが日常生活のなかに切れ目なく埋め込まれていることを「フロー（flow）」や「移動する私生活化（mobile privatization）」といった概念を駆使して明らかにしたレイモンド・ウィリアムズの業績である。一九七四年に著した『テレビジョン――技術と文化形式（*Television: Technology and Cultural Form*）』で、ウィリアムズが明確にその限界を批判したのが、アメリカの機能主義的なマス・コミュニケーション研究の伝統、およびメディア分析での技術決定論の伝統である[20]。

そして一九八〇年代以降、デヴィッド・モーレイやイエン・アングなどによって進められてきたオーディエンス研究は、テレビに媒介されるテクストを基軸としてその影響や効果の現れ方を明らかにするのではなく、オーディエンスの身体性や記号消費の仕組みを、人びとが生きる日常生活に内在する視角から捉えていった。ロジャー・シルバーストーンもまた、日常生活に埋め込まれたテレビ視聴を空間論的に分析し、それが階級やジェンダーなどをいかに媒介し、個人や家族のあり方を規定しているかを明らかにしている。(21) そして、オーディエンスの身体性が持つ歴史的文脈に関するリン・スピーゲルの考察は、本書にとって特に重要な視点である。テレビジョン技術がメディアとして成立する状況を、家庭娯楽の変質と消費文化の出現にともなう家庭の権力関係の変容のなかで捉えるスピーゲルは、技術の発明とその文化的普及のあいだの差異を示したウィリアムズの視座を深化させている。スピーゲルは、「放送」という概念を前提とせず、その成立過程をより長い歴史のなかで把握することの重要性を指摘している。そのためには、単にラジオやテレビが出現する以前の社会状況を「前史」として参照するのではなく、固定的な均質概念ではありえない「放送」と「社会（家庭）状況」との交渉の歴史を、具体的な文脈に即して詳しく検討することが欠かせない。テレビというマス・メディアは、当初から現在のような社会的様態をとっていたわけではなく、また放送事業者の意図だけによって、それが決定されたわけでもない。そこでスピーゲルは、アメリカでテレビ受像機が市販された四〇年代から議論を始めるのではなく、十九世紀ヴィクトリア朝時代の近代的な「家庭」概念の出現を出発点として、家庭娯楽と家庭言説をめぐる権力関係の変遷に着目した議論を展開している。(22)

それに対して、アメリカのアンナ・マッカーシーは、家庭外の公的な場所に設置された受像機を取り巻く視聴空間を丹念に描写している。(23) テレビの「場所固有性（site-specificity）」を描いたマッカーシーによって、視聴空間としての家庭の優越性が解除され、公的空間での視聴経験が分析の射程に収められるようになった[24]。たしかに日本に目を移しても、一九五〇年代の街頭テレビに限らず、八〇年代から都市部に遍在するようになった街頭ビジョンは、群集的なテレビ視聴を前提として設置されたものだし、より日常的には、飲食店や百貨店、駅の構内や病院のロビーなどに設置された受像機が、家庭とは異なる視聴空間を形成していた。それにもかかわらず、テレビとは何かを語ろうとするとき、こうした視聴のあり方はあくまでも副次的なものとして、これまで十分に検討されてこなかった。この看過はまさしく、家庭で聴くラジオ放送の延長線上にテレビが誕生したとする、「放送（局）史」の歴史認識に起因している。

レイモンド・ウィリアムズは、「出版を通じた書字から活字への発展、あるいは映画、ラジオ、テレビへと至る発展など、新しい「メディア」と見なされたものについての技術的側面に特化した研究」が、「往々にして一般的な生産力や社会関係・社会秩序から相対的に切り離されている」一方で、「オーディエンス」や「公衆」に照準する社会史は、「詳細な事実を集めはするものの、基本的に「消費」という観点からなされ（略）より一般的な社会的組織の形式でもある消費の様式と、技術的であると同時に社会的な特定様式との、常に重要で、時には決定的ですらある関係については理論的発展をなしえない[25]」ことに懸念を抱いていた。たしかに、装置が生産される局面に関心を向ける技術史的研究は、装置の「家庭内化（domestication）」や近代的家庭の変質を焦点化するオーディエンス研究の蓄積と、互いに乖離してしまっている。この二つの系統は、歴史記述の出発点にどうしても間隙が生じてしまうためである[26]。したがって、初期テレビジョン技術が、同時代の人びとの生活に編入され接合していこうとする過程での多様な論理や利害、構想力の軌跡を明らかにしていくことは、きわめて重要な研究課題である。

本書の視座②――アマチュアリズムの居場所

初期映画における映像文化を支えたのは、装置の発明家だけでなく、興行師や上映技師たちによる即興の実践だった。初期テレビジョン技術もまた、「アマチュア」や「ファン」と呼ばれた人びとの文化実践が、その社会化の仕方をゆるやかに方向づけてきた。

終戦後、テレビジョン技術に関心を向けたアマチュアの活動に関しては、既に相当の先行研究が蓄積されている。高橋雄造の整理によれば、ＮＨＫに指導されたアマチュアや中小企業が受像機の市場を開拓し、その技術が大企業の受像機設計に転用されていく過程で、①家庭にテレビを持つ視聴者の創出、②テレビ電波の伝播状況の把握、③受像機のキーパーツの国産化と標準回路策定、④受像機の低価格化と量産、⑤修理ネットワークと修理技術者の養成、といった課題を解決した。[27] だが、多くのアマチュアは結局、不透明な技術動向に翻弄されながら受動的な実験活動に甘んじ、活躍の余地を見いだすことは難しかった。

それに対して、そもそもテレビジョン技術の専門性が確立される以前にまでさかのぼれば、戦後のそれとは大きく異なるアマチュアの姿を見いだすことができる。ウィリアムズの視角を継承するキャロリン・マーヴィンは、十九世紀末のアメリカ社会のなかで、電気雑誌の言説や電気技術のスペクタクル的な展示などを通じて、電気技術者たちが次第に専門性を「発明」していった過程を分析している。それは「誰が技術的な知の内側におり、誰が外側にいるのか、誰が語ることを許され、誰が許されないのか、誰が技術に対して権威を保持し、信用されていくのかといった諸々の点をめぐって折衝がなされていくひとつながりの抗争の場[28]」だった。こうして専門家と非専門家が「線引き」されていったことを詳しく示したマーヴィンは、これまでのメディア史が、機器の普及に先立つ出来事を軽視してきたことを批判している。

テレビジョン技術が受像機の普及に先立って、その概念が少しずつ社会化していく過程でも、たびたび専門家と非専門家の「線引き」がおこなわれ、それに応じてアマチュアの居場所も更新されてきた。こうした歴史的構図のもとで、「テレビ」と私たちのあいだの関係性を根源的に問い直していきたい。この論点は特に第1章と第5章で詳しく取り上げる。

本書の視座③――「公開実験」のポリティクス

また、本書で注目する「公開実験」の多くは、博覧会や展覧会の見世物の一環として実施されたものである。かつて技術史家の吉田光邦が博覧会の機能を歴史的に跡づけたのは、それが技術競争の最大のひのき舞台であると同時に、大衆への啓蒙と教育の機会を提供していたからにほかならない。とりわけ十九世紀末から二十世紀にかけては、多くの企業が市場を国外に拡大していった時期にあたり、「世界の観客を相手とする万国博は、企業にとってはまたとない国際市場獲得の機会で（略）それは新製品・新技術の展示場[29]」だった。こうした視角に従えば、公開実験とは、新製品や新技術の展示からさらに進んで、その将来像を魅力的に示す舞台装置といえる。

しかしここでは、専門家から非専門家へ、あるいは国家や企業から大衆へと、一方的に知識を伝達する回路として、博覧会が位置づけられている。言い換えれば、伝達されるべき内容が実体的に捉えられ、その知識を持つ者と持たない者のフレーム、いわゆる「欠如モデル」が前提とされてしまっているのである。この認識枠組みは、マス・コミュニケーション論の受容過程研究と親和性が高く、また同様の限界をはらんでいる。多くの技術の普及段階で、博覧会が果たした役割は大きい。しかし、科学者や技術者の知は必ずしも、社会の政治的ないし経済的な要請に対して常に優位に立てるとはかぎらない。もちろん逆に、博覧会での普及と流通を通じて、ある専門家集団の基準が社会のなかで権威化され、異なる可能的様態に対して排除的にはたらくという側面もある。

それに対して、吉見俊哉は『博覧会の政治学』で、「博覧会の歴史を何らかの客観的事実の発展史としてではなく、博覧会に集まってきた人々の社会的経験の歴史として捉え直すこと」[30]に関心を向けた。博覧会を読み解いていくにあたって、吉見は、博覧会と産業技術との結び付きを当然の前提としながらも、その大衆的受容のあり方について三つの分析軸を措定している。すなわち博覧会とは、第一に、近代国家にとって最大の祭典として重要な意味を持った「帝国」のディスプレイだったということ、第二に、十九世紀の大衆が近代の商品世界に最初に出合った「商品」のディスプレイだったということ、そして第三に、同時代の大衆的な興行物として巧みに演出された「見世物」でもあったという観点である。[31]

この観点を敷衍すれば、公開実験もまたすぐれて社会的に織り上げられたテクストにほかならず、さまざまな行為体によって構造化され、演出のされ方が条件づけられた複合的な編成体として人びとに経験されるものである。公開実験は、技術史の水準からみれば、実験室での研究活動の区切りとして実践される「着地点」であるのに対して、社会史の水準では、新しい技術が社会に埋め込まれ始める「離陸点」として解釈される。新しい技術が動員される公開実験という舞台は、絶対的な価値が提示される進歩や発見の場ではなく、それをめぐる諸集団の論理や利害、構想力が互いに拮抗した末に成立する場である。それは技術の社会的編成のあり方を反映するというよりも、むしろその重要な一部を構築しているのである。[32] この論点は特に第2章から第4章で詳しく取り上げる。

『テレビが見世物だったころ』という本書の書名は、加藤秀俊がいまから約半世紀前、一九六五年に著した『見世物からテレビへ』を念頭に置いたものである。この本のなかで加藤は、見世物をはじめ、影絵や写し絵、パノラマや絵葉書、紙芝居や活弁といった視聴覚文化の伝統が、放送文化に継承されていることを多角的に論じた。「わたしは、日本の映像芸術を、映画にはじまりテレビに発展したという単純な文脈で考える通説に反対する。われわれの映像史は、もうちょっと長く、かつ複雑なのだ[33]」。この見解に全面的に同意したうえで、本書ではテレビの歴史を、博覧会や展覧会のなかで成熟した見世物文化との相互作用を手掛かりに編み直していく。

注

（1）佐藤卓己『テレビ的教養――一億総博知化への系譜』（「日本の〈現代〉」第十四巻）、NTT出版、二〇〇八年

（2）関根智江「20・30代はインターネットをどのように長時間利用しているのか――「メディア利用の生活時間調査」から」、NHK放送文化研究所編「放送研究と調査」二〇一三年四月号、NHK出版
（3）マーシャル・マクルーハン『メディア論――人間の拡張の諸相』栗原裕／河本仲聖訳、みすず書房、一九八七年、八ページ
（4）マーシャル・マクルーハン／クエンティン・フィオーレ『メディアはマッサージである――影響の目録』門林岳史訳（河出文庫）、河出書房新社、二〇一五年、七七ページ
（5）かつて吉見俊哉が鋭く指摘したように、「テレビというメディアの文化力学を捉えるには、何らかの社会的な空間に配置される装置としてのテレビとその象徴的な意味（テレビ＝装置）、一日の生活のリズムと連動する時間割としての放送（テレビ＝時間）、そして特定の時間意識や記憶の構造に従って物語を表象し、重層的にせめぎあう諸主体の解釈行為の場となっていくテクスト（テレビ＝番組）の相互に絡み合ったプロセス」を捉える必要があった（吉見俊哉「テレビが家にやって来た――テレビの空間 テレビの時間」「思想」二〇〇三年十二月号、岩波書店、四五ページ）。しかし現在、その文化力学自体が、複合的なメディア環境のなかで大きな変容を遂げている。
（6）「日経ＭＪ（流通新聞）」二〇一三年十二月十八日付
（7）ＮＨＫ総合『クローズアップ現代　テレビはいらない?!――急成長するインターネット放送』二〇一一年三月十日放送（http://www.nhk.or.jp/gendai/kiroku/detail_3016.html）［二〇一五年十二月二十五日アクセス］
（8）「朝日新聞」二〇一四年四月二十九日付
（9）前掲『メディアはマッサージである』七六ページ
（10）Jay David Bolter and Richard Grusin, *Remediation: Understanding New Media*, MIT Press, 2000.

(11)日本放送出版協会編、放送文化研究所監修『放送の20世紀――ラジオからテレビ、そして多メディアへ』日本放送出版協会、二〇〇二年

(12)日本テレビ放送網株式会社社史編纂室編『大衆とともに25年』日本テレビ放送網、一九七八年、四三ページ

(13)テレビジョン技術史編集委員会『テレビジョン技術史』テレビジョン学会、一九七一年、六五ページ

(14)水越伸「日本のテレビジョン技術――発明狂時代から国家イベントへ」、水越伸責任編集『エレクトリック・メディアの近代』(「20世紀のメディア」第一巻)所収、ジャストシステム、一九九六年、一一九ページ

(15)アン・フリードバーグ『ヴァーチャル・ウィンドウ――アルベルティからマイクロソフトまで』井原慶一郎/宗洋訳、産業図書、二〇一二年

(16)大久保遼『映像のアルケオロジー――視覚理論・光学メディア・映像文化』(「視覚文化叢書」第四巻)、青弓社、二〇一五年

(17)長谷正人「「想起」としての映像文化史」、長谷正人/中村秀之編訳『アンチ・スペクタクル――沸騰する映像文化の考古学』所収、東京大学出版会、二〇〇三年、一七ページ

(18)渡邉大輔『イメージの進行形――ソーシャル時代の映画と映像文化』人文書院、二〇一二年

(19)エルキ・フータモ/ユシー・パリッカ「メディア考古学の考古学」『メディア考古学――過去・現在・未来の対話のために』太田純貴訳、NTT出版、二〇一五年、八ページ

(20)Raymond Williams, *Television: Technology and Cultural Form*, Wesleyan University Press, 1992.

(21)Roger Silverstone and Eric Hirsch, *Consuming Technologies: Media and Information in Domestic*

Spaces, Routledge, 1992, Roger Silverstone, *Television and Everyday Life*, Routledge, 1994.

（22）Lynn Spigel, *Make Room for TV: Television And The Family Ideal In Postwar America*, University of Chicago Press, 1992.

（23）Anne McCarthy, *Ambient Television: Visual Culture and Public Space*, Duke University Press, 2001.

（24）ただし、光岡寿郎が指摘するように、マッカーシーの議論では、視聴者の身体は結局、受像機の前に置き去りにされたままだった（光岡寿郎「メディア研究における空間論の系譜——移動する視聴者をめぐって」、東京経済大学コミュニケーション学会コミュニケーション科学編集委員会編「コミュニケーション科学」第四十一号、東京経済大学コミュニケーション学会コミュニケーション科学編集委員会、二〇一五年）。今後、インターネットの普及にともなう複合的なメディア環境の特性——携帯電話（スマートフォン）やソーシャルメディアに媒介された視聴者の情報行動など——を踏まえた分析が不可欠である。

（25）レイモンド・ウィリアムズ「生産手段としてのコミュニケーション手段」小野俊彦訳、吉見俊哉編『メディア・スタディーズ』（Serica archives）所収、せりか書房、二〇〇〇年、四四ページ

（26）技術政策論のマイケル・ギボンズは、専門分野に依拠した伝統的な知識生産を「モード1」、単一の専門家集団だけではなく、異なる領域の専門家、産業界や官庁、そして市民による知識生産を「モード2」と呼んだ（マイケル・ギボンズ編著『現代社会と知の創造——モード論とは何か』小林信一監訳〔丸善ライブラリー〕、丸善、一九九七年）。平たくいえば、狭義の技術史が照準を合わせるのは「モード1」、それに対して、技術の社会史が照準を合わせるのは「モード2」の知識生産のプロセスだといえるだろう。日本でのテレビジョン技術は、一九五三年の放送事業開始とともに「モード1」から「モード2」への移行が生じたようにも見えるが、それ以前、専門家集団による社会に開かれた

実践としての公開実験は、既に「モード2」の知識生産だったと捉えるのが、本書の見立てである。
(27) 高橋雄造『ラジオの歴史——工作の〈文化〉と電子工業のあゆみ』法政大学出版局、二〇一一年
(28) キャロリン・マーヴィン『古いメディアが新しかった時——19世紀末社会と電気テクノロジー』吉見俊哉／水越伸／伊藤昌亮訳、新曜社、二〇〇三年、一四ページ
(29) 吉田光邦編『図説万国博覧会史——1851-1942』思文閣出版、一九八五年、九ページ
(30) 吉見俊哉『博覧会の政治学——まなざしの近代』(講談社学術文庫)、講談社、二〇一〇年、二八ページ
(31) 同書二二—二四ページ
(32) カルチュラル・スタディーズでの文化の政治性や権力性に対する関心の高まりを背景に、英語圏を中心とする博物館学で、博物館が持つ権力性やイデオロギー性を批判的に検証しようという動きが活性化し始めたのは、一九八〇年代頃のことである。そうした潮流と問題意識を共有するかたちで、伝統的な博物館学以外の諸分野でも、自己の表象／他者の表象という観点から、展示空間が持つ政治性を批判的に検討しようとする研究が増加した。こうした研究潮流で最も重要な参照概念のひとつは、スチュアート・ホールが七三年に提示した「エンコーディング／デコーディング」だろう。すなわち、ホールはテレビに代表されるマス・メディアの場合と同様、展示を巨大なテクストに見立て、そのメッセージの送り手と受け手のあいだにもまた、ダイナミックな相互関係が存在し、そのコミュニケーションの背景に政治的な折衝のプロセスが横たわっていることを明らかにするのである。ホールは、「表象(representation)」という多義的な概念について、「すでに世界に存在している真なる意味をあるがままに映し出す」ものとして捉える(=反映論的アプローチ)のでも、「言葉は作者が意図した意味を表す」という前提に立つ(=目的論的アプローチ)のでもなく、「事物は意味を表さない。

様々な表象システム——諸概念や記号——を用いて、われわれが意味を構築するのである」という構築論的アプローチを提示する。この観点によれば、意味生成の実践と現実の世界とのあいだには、反映や模倣、一対一の対応関係などは存在しない。表象とは、世界に意味を与える象徴的な実践として認識されるものであって、その世界を構築するための抗争と交渉の主要な場なのである（Stuart Hall ed, *Representation: Cultural Representation and Signifying Practices*, SAGE Publications, 1997.）。また、ジェイムズ・クリフォードは、メアリー・ルイズ・プラットの「接触領域（contact zone）」という概念をミュージアムの分析に応用し、その空間が持つ意味を批判的に考察している。クリフォードによれば、ミュージアムとは、単にアーティストやキュレーターが一方的に作品を観客に見せるための閉じられた空間ではない。彼は、ある部族の文化生産物を美術館で展示する際におこなわれた協議の場を、ミュージアムのキュレーター、スポンサー、部族の当事者、観客、そして周囲のコミュニティーが相互に議論し、抗争し、交渉していく現場として描き出している（ジェイムズ・クリフォード『ルーツ——20世紀後期の旅と翻訳』毛利嘉孝／有元健／柴山麻妃／島村奈生子／福住廉／遠藤水城訳、月曜社、二〇〇二年）。「表象」を構築する「接触」を重視するこうした見方は、ホールの構築主義的アプローチと認識を共有している。

（33）加藤秀俊『見世物からテレビへ』（岩波新書）、岩波書店、一九六五年、三六ページ

［補記］引用に際して、旧字体の漢字は原則的に新字体に改め、仮名遣いは原文のままである。また、引用のさいの中略は（略）、筆者による補足は〔　：引用者注〕と表記した。なお、引用した文章や所収した図版には、現代では不適切な表現が含まれている場合もあるが、史料としての正確性を期すためにそのまま掲載した。他意はないことをご了承いただきたい。

第1章

アマチュアリズム――「趣味」のテレビジョン

二〇〇八年、ロンドンとニューヨークの街頭に、両都市を海底トンネルで結び、互いの光景をのぞき見ることができる「テレクトロスコープ」という装置がお目見えした。鏡の反射を利用しているというが、もちろん本当にトンネルが掘られたわけではなく、インターネットを利用した芸術作品である。この作品を発案した芸術家によれば、彼の曾祖父が十九世紀末、レンズと鏡を駆使した巨大望遠鏡の製作を思い立ち、大西洋を結ぶ海底トンネルの工事にひそかに着手していた。その遺志を継いで、このたびトンネルの開通を達成したという(1)。これは架空のストーリーだが、このような装置が十九世紀末に構想されていたのは紛れもない事実である。

世界各地でテレビジョンの研究が本格化するのは一九二〇年代に入ってからのことだが、それを可能にする要素技術の開発は前世紀から進められていた。たとえば、サミュエル・モールスが発明した電信機の考え方を応用して、イギリスのアレクサンダー・ベインが写真電送（ファクシミリ）の原理を考案したのは一八四三年のことである。また、イタリアのジョバンニ・カセリが電信とダゲレオタイプを組み合わせた「フォトテレグラフィ」（一八六二年）、フランスのコンスタンティン・サンレクが電話とカメラ・オブスキュラを組み合わせた「テレクトロスコープ」（一八七七年）などの構想が知られている。

ブラウン管を用いたテレビの礎を築いたことで、「テレビの父」として名高い高柳健次郎（一八九九―一九九〇）（図6）は、一九二三年七月、横浜の洋書店で立ち読みしていたフランスの雑誌のなかに、「未来のテレビジョン」と書かれたイラストレーションを見つけた。ラジオの箱のようなものの上に額縁があり、そのなかで女の人が歌っている。高柳はこの絵に強く衝撃を受けたことで、本格的にテレビジョンの研究開発を志すようになったという[2]。鳥山拡や猪瀬直樹はこの絵が、アルベール・ロビダが一八八〇年代に描いたSFイラストレーション（図7）である可能性が高いと推測している[3]。画家であると同時に小説家でもあったロビダは、「テレフォノスコープ」と呼ばれる装置を構想していた。世界中の劇場と回線がつながっていて、まるでボックス席の最前列に陣取っているかのように、あらゆる舞台の公演を観ることができる。それだけではな

図6　高柳健次郎（1935年）
（出典：高柳健次郎『テレビ事始――イの字が映った日』有斐閣、1986年、134ページ）

図7　テレフォノスコープ（1883年）
（出典：アルベール・ロビダ『20世紀』朝比奈弘治訳、朝日出版社、2007年、79ページ）

い。相手の姿を見ながら会話ができるテレフォノスコープは、いまでいうオンラインショッピングも可能で、「電話の究極の完成品(4)」でもあった。荒俣宏が指摘するように、それは「放送と通信の区別のないコミュニケーション・システム(5)」だった。

　遠くの出来事を居ながらにして見聞きしたい、という人間の欲望の歴史はきわめて古い。それに触発されて日本でテレビジョンを開発したのは、決して高柳だけではなかった。

　ひとたびメディア技術の歴史をたどってみると、こうしたSF的想像力が現実の技術開発を先取りし、それに触発された「アマチュア」や「マニア」などと呼ばれる人びとが、きわめて重要な役割を担ってきたことがわかる。(6)それはテレビジョンも例外ではない。

　無線家の濱地常康は一九二二年、日本初の無線雑誌「ラヂオ」（ラヂオ社）を刊行した。日本でラジオ放送が始まる三年前のことである。その創刊号では、苫米地貢という人物がいち早く、テレビジョンを「活動写真電波映送機」という名称で紹介している。(7)高柳の自伝と照合すると、彼がテレビジョンの存在を知るよりも前のことである。また、濱地も翌年、著書のなかで「現今に於ては、遠隔の地の物体の活動までも線なくして見得る、ラヂオテレビジョンの計画さえ行はれつゝある(8)」

図8　苫米地貢
（出典：苫米地貢『趣味の無線電話』誠文堂書店、1924年）

図9　苫米地貢『趣味の無線電話』誠文堂書店、1924年

と述べている。

日本でのテレビジョンの知識普及で、苫米地が第一人者であったことは間違いない（図8）。認知科学者として知られる苫米地英人の大叔父にあたる人物である。一九二四年に出版した『趣味の無線電話』（図9）では、「電波活動映送機及受映機（Television by Radio）」と記していて、「無線活動受映機。で野球試合を見物して居る図」を掲載している（図10）。

諸君考へて見たまえ、此位便利な器械は今迄聞いた事も見た事もないでせう。例えば大阪の極東オリンピック大会を東京で見物が出来たり、御宅に居つて帝劇の御芝居を見物出来るなどとはまるで魔術の様な話でせう。処が出来るから不思議です。(9)

図10　「無線活動受映機。で野球試合を見物して居る図」
（出典：前掲『趣味の無線電話』30ページ）

したがって、テレビジョンという技術の存在が、その名称とともに知識として普及し、人びとのあいだで定着していく端緒を見いだすには、少なくとも大正末期にまでさかのぼらなければならない。

時代背景を簡潔に確認しておきたい。日本の電気技術は明治末から大正初期に、ようやく国際的水準に達するようになっていた。そして、一九一四年から一八年の第一次世界大戦は、日本に政治的かつ経済的な恩恵をもたらした。それにともなって政府は、国家資金を投じて科学技術の研究開発を推進していく。理化学研究所（一九一七年）、逓信省電気試験所（一九一八年）をはじめ、国による研究機関の設立が二二年までに集中していることが、世界大戦とそれによる産業の発展の影響を如実に示している。日本経済の発展にともない、都市化と郊外化が進行するとともに、ライフスタイルの西欧化が急速に定着していった時期でもある。

そこで本章では、初期テレビジョン研究の経緯を概観したうえで、一九三〇年前後の日本で、いち早くテレビジョンの自作に関心を向けたアマチュアの動向をたどる。そのための助走として、無線実業家やアマチュア無線家といった人びとが日本に登場する過程を跡づけ、特にラジオ放送が始まる二五年に先立って、彼らが積極的におこなっていた無線の公開実験に焦点を当てる。本書の冒頭で述べたように、公開実験という都市文化は、初期テレビジョン技術の受容過程を描くうえで重要な導き糸になるからである。

1 「テレビジョン」の初期衝動

機械式テレビジョン

アメリカのウィルビー・スミスが一八七三年、セレン受光素子に光を当てると抵抗値が変化するという光電効果を発見すると、光と電気の互換性に注目が集まるようになった。さらに、フランスのモーリス・ルブランが確立したスキャニング（走査）の原理を用いて、ドイツのパウル・ニプコーが八四年、発光体を電気的に再生するための金属円盤（ニプコー円盤）を発明する。渦巻き状に四十個の小さな穴が開いた円盤を高速回転させ、穴を通過してくる光点をセレンの板で受けることで、連続的な電気信号に変える（図11）。この円盤を一回転させると、一つひとつの穴が順に画をなぞり、仮に一秒間に十回転させると、毎秒十枚の画が送られることになる。穴の数は多いにこしたことはないが、その分高い精度の機械工作が要求される。穴の径を小さくすると、光の量が減って感度が悪くなるという課題もあった。この発想をニプコー本人は「エレクトリカル・テレスコープ」と呼んでいたが、これが機械式テレビジョンの要素技術となる。ニプコー円盤を用いた走査原

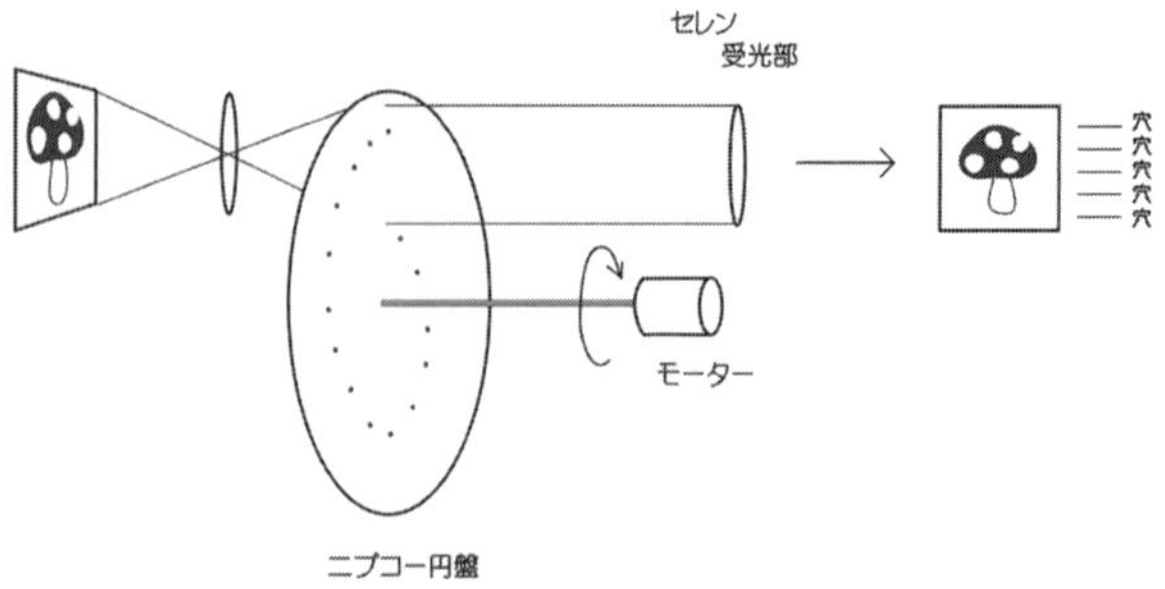

図11　機械式テレビジョンの走査原理

理は、一九〇七年にはロシアのボリス・ロージングがほぼ完成させていて、これを受けてアメリカで「テレビジョン」という科学技術用語が初めて登場したのは、〇九年頃のことである。そのため二〇年代から三〇年代にかけて、テレビジョン技術に携わっていた発明家や研究者たちは、しばしばラジオとの出自の違いを強調していた(10)。

ニプコーの考案は実装の困難から特許の取得にとどまったが、この原理を使って実際に装置を作り上げたのが、イギリスの個人起業家ジョン・ベアードである（図12）。ベアードは一九二四年、腹話術人形の頭部を被写体として、三十本の走査線、毎秒五枚の映像の伝送に成功した。機械式テレビジョンの原型を完成させたベアードは、ロンドンのソーホーにあった小さな屋根裏部屋で実験を重ね、二六年一月、王立研究所の会員たちにそれを初めて公開した。走査線は三十本、毎秒十二・五枚の映像だった。これが世界初のテレビジョンの公開実験といわれることが少なくない。この時点では学会内部での限定的な公開だったが、実験成功の報道はイギリス国内の人びとの意表を突くものだった。それまでベアードは、電気工一種の売名漢だとして学界から手厳しく非難されていたので、実際に実験を見ないうちは、学の専門家でさえ、その成功を信じなかったという。ベアードはその後、事業化に向けてベアード・テレビジョン会社を設立し、免許を得て実験放送を開始した。二八年には大西洋横断の長距離送受信実験に成功。また、「テレバイザー」と銘打った受像機を販売するとともに、翌年にはBBCと提携した実験放送を開始している。

図12　ベアードの初期テレビジョン
（出典：前掲『テレビ事始』50ページ）

アメリカでは、映写機を開発したチャールズ・フランシス・ジェンキンスが、一九二三年に無線による静止画伝送を成功させ、その二年後、つまりベアードよりも少し早く、その考えを利用した動画の送受信実験を公開している。このときに伝送されたのは回転する風車の影絵にすぎなかったが、その映像はアナーコスティアの海軍ラジオ局からワシントンの研究室まで伝送され、これを機に企業や研究機関が彼の原理に注目し始める。また、二七年四月七日にはAT&Tが、傘下のベル電話研究所で独自に開発したテレビジョンをニューヨークで公開している。実験は有線と無線の両方の方式でおこなわれた。ニューヨークで、まずはAT&Tの社長が新聞記者や実業家たちの前で講演した後、二百マイル離れたワ

図13　AT&Tによるワシントン―ニューヨーク間の有線テレビジョン実験
（出典：「ラヂオの日本」1927年10月号、日本ラヂオ協会、52ページ）

シントンから副社長の顔が電話線を用いて伝送され、横二寸（約六センチ）、縦二、三寸程度の受像幕に映写された（図13）。また無線では、三十マイル離れたニュージャージー州の放送局から、秘書の講演や黒人の童謡喜劇役者の歌や舞踏が送られた。このとき、人間の歯やタバコの灰まで明瞭に映されたという。そして、RCAが初めてテレビジョンの放送実験を挙行したのは、翌二八年一月十三日のことだった。

ブラウン管式（電子式）テレビジョン

一方日本では、高柳が、浜松高等工業学校（現・静岡大学工学部）の電気科助教授に就任した一九二四年、ベアードの機械式テレビジョンと、その要素技術であるニプコー円盤の存在を知る。しかし、その将来性に疑問を抱いた高柳は、機械式に比べて画が精密で美しく、騒音がなく、電力消費も少ないという見通しから、ドイツのカール・ブラウンが一八九七年に発明した陰極線管（＝ブラウン管）に着目する。電子銃から発射された電子の方向を、電界または磁界を変えることによって制御し、蛍光物質を塗布した面を走査するのが、電子式走査の基本原理である。

カメラに用いる電子式撮像管の試作に苦心していた高柳は、ひとまず、送像にニプコー円盤、受像にブラウン管を用いた折衷方式の実験装置を完成させた。走査線は四十本、毎秒十二枚の映像だった。雲母板に書いた「イ」の字をアーク灯で照らし、それを機械式走査によって送像することで、ブラウン管の蛍光面上に映出することに初めて成功した。一九二六年のことである。

高柳は当初から「ポスト・ラジオ」——すなわち、家庭での放送メディアとしてのテレビ——を目指して、テレビジョン開発に取り組んでいた人物である。その生い立ちを概観しておきたい。[11] 一八九九年、静岡県浜松市に生まれた高柳は、尋常小学校時代、海軍の兵隊が学校でおこなった無線電信の実験を目の当たりにし、それから数年後の一九一二年には、タイタニック号事件にともなうデヴィッド・サーノフの無線通信活動を耳にして、大いに感銘を受けたという。静岡師範学校に進学した高柳は、物理の授業で真空放電の実験を見て電気に大きな関心を抱き、原子や原子核に関する物理学研究の道を志すようになる。しかし高柳が次に進学した東京高等工業学校（現・東京工業大学）付属の工業教員養成所では、彼が望んだ物理学の基礎理論に関する講義はなく、既に確立した電磁気学などの理論応用がすべてだった。帝国大学に進むだけの経済的余裕がなかった高柳は失望したが、電気を応用した技術開発に転向する。

一九二一年三月に養成所を卒業し、神奈川県立神奈川工業学校に着任した高柳は、アメリカのピッツバーグでウェスティングハウス社が前年にＫＤＫＡ局を設立し、ラジオ放送を開始したという出来事を知る。無線電話に関する知識は持っていたものの、ラジオというメディアの存在を知らなかった高柳は、両者の決定的な違いである「放送」という概念に大きな興味を抱いたという。無線で声を電送できるなら、映像も同じようにできるのではないかと考えるようになった高柳は、その発想を「無線遠視法」[12]と名づけ、研究開発に専念するようになる。そして二四年、浜松高等工業学校に赴任したのである。

アメリカでは一九二七年、送像と受像の両方を電子的に走査するテレビジョンの開発が、フィロ・ファーンズワースによって初めて達成された。その後、RCA社長のデヴィッド・サーノフがウェスティングハウス社から引き抜いたロシア人技師ウラジミール・ツヴォルキンが三三年、電子式撮像管（アイコノスコープ）の開発に成功した。この功績によってアメリカでは、ツヴォルキンを「テレビの父」と呼ぶことが多い。高柳はすぐさま渡米し、ツヴォルキンを訪問した。サーノフはその後、NBCというテレビ局を設立し、三九年に放送を開始することになる。

このように技術史的な観点からみるならば、テレビジョンの要素技術の発明は当初、ラジオとは別系統で進められていた。ところが、社会的な受容の観点からみるならば、双方のあいだには途絶えることのない脈絡があった。日本では、一九二五年頃から三〇年頃（大正末期から昭和初期）にかけて、アマチュア無線文化のモダニズムが横たわっていて、テレビジョンなるものの存在にいち早く輪郭を与えていったからである。

テレビジョン＝昭和時代

昭和時代《テレビジョン》

青い灯。赤い灯。光の海の銀座。

ハイスピードの自動車と人の海。

急テンポのジャズ。近代女性の靴音。

午後八時の銀座。

淡桃色のネオン・サイン。人の海、光の海の銀座。

然り。ネオンサインが。光の海、銀座に、現はれ始めた。今日の銀座は。昨日の銀座ではない。

光の海も時と共に移る。変る。

昭和時代は、ネオン管の時代である。

若き血を有つ、学び人たちよ。

ネオンサインが、銀座に偉光《ママ》を放ち始めた。それは、何を暗示するのであらう。何を物語るのであらうか。

著者は。敢て、宣言する。昭和の文化は、ネオン管に依つて光輝を増すと。

即ち。ラヂオは、ネオン管に依つて。聴くラヂオから視るラヂオ時代へ。否、聴き且つ視るラヂオ時代にと移り、変り始めた。[13]

一九二九年に出版された『趣味のテレビジョン』（図14）の冒頭部分である。著者の苫米地貢は、無線黎明期を代表する研究家のひとりであり、ラジオの普及に貢献した啓蒙活動家でもあった。二四年、月刊誌「無線と実験」（無線実験社）の創刊号（図15）から主幹として関わり、日本のアマチ

図14　苫米地貢『趣味のテレビジョン』無線実験社、1929年

図15　「無線と実験」創刊号、無線実験社、1924年

ュア無線文化を牽引した。この雑誌は「ＭＪ無線と実験」（誠文堂新光社）として存続していて、いまでは自作派のオーディオファンを中心に愛読されている。

何十版もの増刷を重ねていた苫米地のベストセラー『趣味の無線電話』の続篇という触れ込みだったのが、『趣味のテレビジョン』である。苫米地が滑稽なほど繰り返す「銀座」とは、一九二三年に帝都を襲った震災からの復興期の文化を束ねる求心点であり、二〇年代の日本を席巻していく「モダン」の表層的なイメージがあふれる街にほかならない。光の海の銀座、急テンポのジャズ、近代女性《モダン・ガール》の靴音などを引き合いに出し、「聴くラヂオから視るラヂオ時代へ」という苫米地にとって、「無線電話」から「テレビジョン」への関心の広がりは、折しも「大正」から「昭和」への移行と重なり合う出来事であって、その連続性は明白である。

東京放送局（ＪＯＡＫ）は一九二五年三月二十二日、日本初のラジオの定時放送を開始した。同年には大阪放送局（ＪＯＢＫ）と名古屋放送局（ＪＯＣＫ）もまた、それぞれ定時放送を開始している。その翌年、三局を統合するかたちで日本放送協会が設立され、政府はラジオに対する統制を急速に強めていく。アメリカのジャズ・エイジを担う大衆文化の一翼として、苫米地たちがいち早くラジオを輸入したように、彼らにとってテレビジョンは、帝都復興期の銀座を彩るネオン管と同様、モダニズムを象徴する光輝のひとつだったのである。

一方、浜松高等工業学校の高柳が、世界で初めてブラウン管に「イ」の字を映し出すことに成功したのは一九二六年の冬、大正天皇死去の日だったと伝えられている。「私と助手は、夜遅く実験を終えて学校を出た。凍てつく戸外ではちょうど号外の呼び声が、大正天皇のご崩御を伝えていた。これから、昭和の時代が始まり、私にとっても新しいステップ、新しい時代が待っていた」[14]。猪瀬直樹がいうように、「遠視鏡すなわちテレビジョンの歴史は、奇しくも「昭和」という時間の記号と歩調を揃えて始まろうとしていた」[15]。

日本初のテレビジョン公開実験

日本国内でのテレビジョンの一般公開は、一九二八年十月、ラジオ商の伊藤賢治が、自ら赤門ビルでラジオ展覧会を開催し、欧米のテレビジョン装置に私案を加えたものを披露したのが、史料から知りうるかぎり最も古いものである。『テレヴヰジョンの基礎知識』という書物には、以下のような記述がみられる。

昭和三年十月、東京本郷のラヂオ界の先輩として吾れも人も許してゐる伊藤賢治氏が自らラヂオ展覧会を赤門ビルに開催して、この時アメリカ及びイギリスのテレヴヰジョンに私案を加へて公開実験した。

恐らくこれが日本に於けるテレヴヰジョンの公開実験の最初のものであつた。次で同年十一月家庭電気普及会が浜松高工教授高柳健次郎氏を聘して講演会を開催し、これに前後して神田の電気学校にて同氏の講演実験会が行はれ、茲にテレヴヰジョンの何ものであるかが一般人におぼろげながら知られて来たのである（この年の秋無線実験の古澤氏も亦記念展にテレヴヰジョンの実験をなした）[16]。

「無線実験の古澤氏」とは、「無線と実験」の編集を任されていた古澤恭一郎のことである。苫米地が主宰する衆立無線研究所に所属していた古澤は、当時、病後療養中の苫米地の任を継いで「無線と実験」の主幹を務めていた。苫米地によれば、古澤の実験が公開された東京市電気研究所の展覧会は、誠文堂を版元とする「無線と実験」「科学画報」「子供の科学」の共催で、「周期装置は仮設物であつても、一般公衆に、其送受信を実験公開し、併も成功した[17]」という。機械式のテレビジョンだったこと以外、伊藤や古澤がおこなった実験の詳細はわからないが、おそらくベアード式の装置をアレンジしたものだったと推測できる。

模型テレヴイジョン

図16　JOAKによる機械式テレビジョン公開実験の挿絵（1929年）
（出典：「ラヂオの日本」1929年6月号、日本ラヂオ協会、60ページ）

図16は一九二九年四月、丸の内有楽町の数寄屋橋の傍ら、東京市電気研究所一階の電気博物館で開催された放送開始四周年記念ラヂオ展覧会のなかで、ＪＯＡＫが実施した公開実験の光景を描いた挿絵である。この展覧会は、ＪＯＡＫ、日本ラヂオ協会、電気研究所の三団体共催によるもので、「ラヂオの日本」の「放送局時報（ＪＯＡＫ欄）」は、会場の様子を詳しく報じている。

> それは全く予期以上の盛況を見、天候著しく不良の日と雖も入場者三千人を下らず、土曜日曜の如きは一万数千人を突破するといふ有様だつた。
> 入口に近く造花乍ら桜花爛漫と咲き競ふ所に、日本放送協会認定ラヂオ機器の陳列があり、混雑の中にも実物の前で鉛筆を嘗める熱心家も度々見受けられた。
> 場内には最新を競ふ商品を列べて客を迎へ

るラヂオ店が、人を呼ぶためにそれぞれ設けた幾つものダイナミックスピーカーからは、放送時間には放送を、放送のない時にはレコードを掛け、沸き立つ様な景気を見せた。ビルデング全体が一つの大きなスピーカーとして働いてゐるかの様な観さへあつた。

テレヴイジヨンの実験は、スカンニングデイスクを一分間千五百回回転させるモーターの音響で直ちにそれと分り、期せずして群集の波は其方に動くのであつた。

短期間に作製された説明用実験装置であつたので、電波を以て送影するといふ事は行はず、（略）目下発達の道程にあるテレヴイジヨンの一方式の原理を理解するに必要な資料は一通り整へられ、しかも幻灯絵を用ひて実際に其実験が示されたのであつた。[18]

この頃、付属の研究所を所有していないJOAKの技術水準は、欧米から部品を取り寄せ、テレビジョンの実験に取り組んでいたアマチュアと同等だった。苫米地は当時、日本放送協会の嘱託職員だったことから、JOAKに技術協力していたと推測できる。このとき催された公開実験は、幻灯画を機械式走査によって有線で送像し、のぞき穴に投影された小さな映像を眺めるものだった（図17）。短期間で製作されたきわめて簡易なものだったことから、「模型テレヴイジョン」とも称されていたという。同誌に掲載された別の展評もまた、このテレビジョンの人気を次のように伝えている。

何と云つても人気のあるのは、「テレヴイジヨン」の実験である、押されながら、取付けて

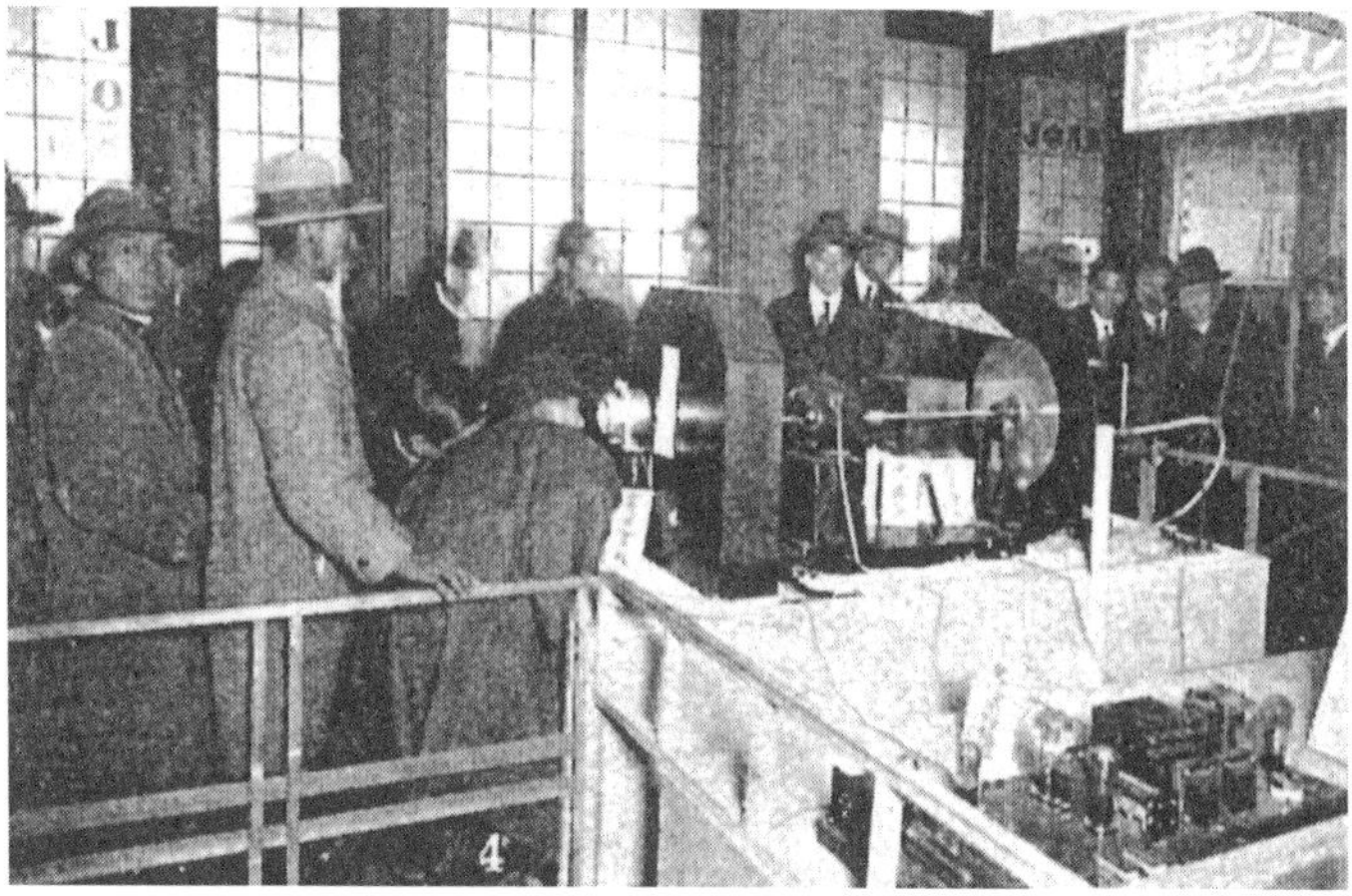

図17　JOAKによる機械式テレビジョン公開実験
（出典：「ラヂオの日本」1929年5月号、日本ラヂオ協会）

ある「のぞき」から見ると、線画の人の顔に簾を掛けた様なのが見える。然し「テレヴィジヨン」の如何なるものかは、普通の頭の人ならよく解る。(19)

テレビジョン技術は当初、かつての写し絵や幻灯の延長線上に位置づけられる、珍奇な視覚文化装置＝見世物としての側面を持っていた一方、その原理が明快な実験を通じて示されることで、アマチュアたちの熱を煽っていったのだった。

日本の初期テレビジョンの研究動向を明らかにしていく前に、次節では、ここで登場した伊藤賢治、古澤恭一郎、そして苫米地貢といった人物の出自を含めて、アマチュア無線文化の形成と展開について、少し時代をさかのぼって簡潔に跡づけておきたい。

2　ラジオの公開実験、路上のモダニズム

無線実業家の登場

一九二五年、東京、大阪、名古屋の三都市で足並みをそろえて放送を開始した放送局は、民間資本を基盤とする独立の経営組織として、それぞれ自主的な番組制作をおこなっていたが、その翌年、三局を統合して日本放送協会が設立された。よく知られているように、日本のラジオ放送はその後、逓信省の強力な電波行政のもとで、ナショナル・メディアとして急速な発展を遂げていくことになる。

もっとも一九二〇年代の前半では、ラジオに対する社会の認識は決して一様ではなく、民間資本のもとで無線の研究家たちが活躍する余地を残していた。二〇年のKDKA局の誕生はすぐさま全米に喧伝され、その熱気がジャズ・エイジのモダニズムの一環として日本に輸入された。その一方、国内でも既に無線電話の研究開発は一定の成果を挙げていたことから、民間でも部品が製作され、広く流通するようになっていた。

たとえば、麴町の本堂平四郎、京橋の濱地常康は一九二二年、逓信省から正式な許可を得て、それぞれラジオの実験放送を開始している。個人私設局だったことから、彼らはいまでこそ「アマチュア無線家」の先駆けと見なされることもあるが、当時からそのように認知されていたわけではな

かった。いずれも逓信省とのつながりが深い実業家で、民間放送の事業化と送受信機の販売を見据えていた。

警察庁警視として警察の要職を歴任していた本堂は、一九一九年に依願退職。「報知新聞」の特派員をしていた義兄から、アメリカでのラジオ放送の胎動を聞いていた本堂は、野田卯太郎逓信大臣や後藤新平東京市長などの後援を得て、二二年には東洋レディオを設立し、報知新聞社の新社屋最上階に入居する。そして、麴町の帝国毛織紡績に設置した出張所と、同じ町内にある自宅とのあいだで実験放送をおこなっていた。「白酔堂」と称していた自宅では、無線機器の製造や販売もおこない、やがて無線家たちの集いの場になった。

それに対して、個人実験家だった濱地は一九二二年、日本初の無線雑誌「ラヂオ」を創刊し、受信機を自作したい人びとのために部品の製造・販売を始めた。苫米地もそれに協力していた[20]。高橋雄造によれば、法律家だった父が福岡・黒田藩閥に属していた縁で、濱地は野田逓信大臣にかわいがられ、欧米の無線技術の動向を知ることができたという。欧米のラジオ放送を調査するために海外に派遣され、さらに逓信省嘱託として手腕を発揮した[21]。

そのほかにも多くの無線実業家が登場し、民間資本による放送局設立の機運が高まる。たとえば、早稲田大学在学中に無線交信に没頭していた安藤博は、自宅の六畳間から国内だけでなく、ニューヨーク、シカゴ、ロンドン、ホノルルなどの個人私設局と交信していたといわれる。一九一九年、安藤は十六歳のとき、多極真空管の発明で特許を取得している。イギリスでジョン・フレミングが〇四年に発明した二極真空管、アメリカでリー・ド・フォレストが〇六年に発明した三極真空管の不安定性を乗り越えるもので、安藤は「日本のエジソン」「東洋のマルコーニ」の異名をとるようになる。二二年には『無線電話』という著書を出版し、さらに二四年には同名の雑誌を発行している。

　そして、無線の啓蒙活動に最も熱心だった人物が、衆立無線研究所を主宰する苫米地貢だった。早稲田実業学校の教師をしていた苫米地が、自身の研究所から連日の実験放送を開始したのが一九二二年。翌年には自ら設計した携帯式送信機と小型受信機を携え、全国の小・中学校や軍隊で講演や実演をして回った。東京、名古屋、大阪、京都、滋賀、長野、静岡と続くこの旅を、苫米地は「雷地雄《ラヂオ》行脚」と名づけている。それは「何がしかの講演料をもらう山師的な商売[22]」だったという。

　そしてこの頃、全国各地で頻繁に開かれていた博覧会や電気機器関連の展覧会で、ラジオに関する講演会や展示会、公開実験などが企画され、国内のラジオ熱を盛り上げていった[23]。それらを主体的に担っていたのは、逓信省電気試験所、東京帝国大学や早稲田大学、電機学校といった研究機関のほか、本堂平四郎、濱地常康、加島斌、樋口卯太郎、苫米地貢といった、自前の研究所で実験をおこなっていた無線家たちである。そして彼らは、一般の人びとにラジオの装置や部品に親しんでもらおうと、ラジオ普及団体を数多く設立していく。新聞社や企業に対して技術指導をおこない、社会へのラジオ知識の浸透に主導的な役割を果たした。こうした人びとが登場したのは、帝国大学を頂点とする電気工学の教育体系のなかで養成された人材が、逓信省をはじめ、陸・海軍や鉄道といった諸官庁だけでなく、民間に流入していったことに起因していた。

メディア・イベントとしての公開実験

日本無線電信機製造所（のちの日本無線）の創立に関わった加島斌は、同社の隣に私的機関として無線電報通信社（のちの無線通信社）を設け、一九一八年、いち早く無線事業の業界新聞「無線之日本」を発刊した。これを翌年、「無線タイムス」として新装刊する。加島が主宰する無線科学普及研究会は二二年十月、両国国技館で無線電話機器を陳列し、その実験を公開した。

その翌年に加島は、二度の無線電話普及博覧会を開催する。[24] 関東大震災から間もない十月二十五日から十六日間、上野不忍池畔で実施された第二回の博覧会は、逓信省、陸軍省、海軍省といった官庁のほか、日本電気や沖電気をはじめとする七十あまりの製作業者や販売業者が参加し、欧米最新式のものから国産の試作品まで、送信機、受信機、部分品、参考品などの出品数は実に二千点に達したという。昼と夜の各一回ずつ試みられた実験放送では、カーテンや木綿を張って反響を防止したスタジオが事務所の階上に設けられ、邦楽や洋楽、独唱、講演などが放送された。この公開実験には報知新聞社が協賛していた。加島のもとで庶務の一切を仕切っていた岩間政雄によれば、

呼び物の放送は昼間は午後一時十五分からで、先づ東京市デー、各専門学校デーなどの名目のもとにそれぞれの名士が社会教育に関する講演を行ひ、次いで正三時に帝通の相場放送がありそれが済むのを俟つて報知の社員がゲラ刷の夕刊を持つて駆けつけ、それを放送する（略）何と云つても一番人気を喚んだのは午後七時十五分からの演芸放送で、（略）本郷座に出演中

の井上正夫が幕合に英百合子と一しよにメーキアップの儘かけつけてカルメンの科白を放送したり、その外ソプラノの武岡鶴代、中村慶子、柴田秀子、アルトの曾我部静子、村山文子、みち子の姉妹に童謡の本居長世氏父子、長唄の吉村孝次郎社中、吉田晴風氏夫妻の尺八と琴の合奏、筑前琵琶の高峰筑風氏及び豊田旭穣等々、当時の芸界各分野における一流どころを殆ど総動員したかの観を呈した。[25]

という。さらに「陸軍デー」には飛行機が上空を飛行して、会場とのあいだで無線連絡試験をおこなうなど、もはや民間人の発案による催しの域を大きく超えていた。「慰楽に飢えてゐた市民の心に受けたのかそれともラジオといふ新しい文化の贈物に対して一般世人が好奇心を動かした為めか、予想に倍する好成績で、毎日々々満員続き、時には札止めといふ大盛況[26]」で、加島が経営する日華無線電信機製造所が会場で即売した「ポケット・フォーン」という鉱石受信機が飛ぶように売れたといわれる。実験放送は、博覧会場の各所に取り付けられた受信機のほか、三越をはじめ、上野いとう松坂屋、銀座の日本蓄音器商会、鍛冶橋の中山太陽堂、日本橋茅場町のカフェ花園の五カ所でも受信することができ、「銀座の日蓄前などは群集がひしめき合つて交通巡査が出動するといふ程の大人気であつた[27]」。まるで戦後の街頭テレビと同じように、いわば「新時代のテクノロジーと大衆娯楽を混合させた格好の見世物[28]」として、その周囲に群衆を集めたのだった。

加島は当時、「無線タイムス」で電波行政のあり方を批判する論陣を張り、民間放送局の設置運動の先頭に立っていた。既にこの頃、放送開始の機は熟していて、この博覧会の総裁に就いていた後藤新平は、十一月に設立されたＪＯＡＫの総裁に就任することになる。

関西では同じ頃、樋口卯太郎が日本無線電話普及会を組織し、大阪で公開実験を精力的に実施していた。京都では一九二三年四月、岡崎公園万国博覧会で、馬淵鋭太郎がド・フォレストの送信装置を用いた公開実験をおこなっている。

また、ラジオに対する社会的な関心をいっそう高めたのが、新聞社が主導的な役割を果たした公開実験の数々である。全国各地の博覧会や展覧会で公開された実験は、とりわけ大きな注目を集めた。

一九二二年二月には、東京日日新聞社が有楽町の本社内に送信所を設け、日本工業倶楽部を受信所として実験を公開している。この半年後には紙面で、「未だ逓信省が許可してゐないので勝手に受話機を買つて受信する事は出来ないが、若しもこれが許可の暁にはわが社もブロードキャッスチングステーションとして読者の自宅へニュースは勿論音楽、講演等を送話する計画である[29]」と表明し、放送事業への進出に強い意欲を示した[30]。

他社もこれに遅れてはいなかった。同年に上野で開催された平和記念東京博覧会で、東京朝日新聞社は六月二日から、京橋滝山町の本社と博覧会場とのあいだで、レコード音楽による無線電話の実験を公開している。本社屋上では芸術写真展覧会が開催されていて、そこから「無線電話実況公開」と銘打って電波が発信され、博覧会場の電気工業館に設けられた安中電機の出品所で受信されたのである。「屋上に設けられた無線電話も頗る好人気で終日混雑を呈した[31]」という。

一九二三年三月二十日から五月二十日にかけて、上野の不忍池畔で開催された第三回発明博覧会では、報知新聞社が本堂平四郎の東洋レディオと提携して、有楽町の本社とのあいだで公開実験を実施している。「報知新聞」の社告には、「いよいよ無電の放送開始後は、毎日のプログラムを紙上に掲載して、一般傍聴者の便に供する筈ですが、発信所は丸の内本社（ムセン東京十番）受信所は発明博構内（ムセン東京十一番）で、午前十一時＝午後二時と、午後五時＝同八時の二回に、本邦最初の公開実験を行ひ、各種の音楽や諸名士の講演演説を無料公開に供する方針です[32]」と記された。

既に放送史のなかで精緻に跡づけられているとおり、無線の速報性に注目した新聞社は一九二〇年代初頭、ラジオが新聞事業の発展に有用な技術であるとして、その情報を紙上で取り上げるだけでなく、「一種のイベント・キャンペーン[33]」として、積極的に公開実験を実施していく。新たな購読者を創出するために新聞社が主催する、いわゆる「メディア・イベント」の一環として、ラジオの公開実験が企画されていったのである。

ダニエル・ダヤーンとエリユ・カッツは、マス・メディアに媒介された世俗的儀礼の演出と受容に焦点を当てた議論の伝統を踏まえて、「メディア・イベント」という概念を見いだしている。それは生放送と局外中継の大規模な組み合わせによって、日常の放送の流れが中断され、視聴者のあいだに特別な連帯の感情をもたらす「マス・コミュニケーションの特別な祭日」を意味する[34]。だが、それに先立って吉見俊哉は、大正期に電鉄資本と新聞社資本によって演出された博覧会を分析するなかで、「新聞社というマス・メディアと博覧会というマス・イベントの結びつき[35]」を明示的に表す概念として、「メディア・イベント」という言葉を用いている。ダヤーンとカッツのメディア・イベント研究が、日常の時間の流れから切断された次元に成立する、全国あるいは全世界の関心が集まるようなイベントに焦点を絞っていたのに対して、日本ではどちらかといえば、新聞社や放送局の事業活動を念頭に、もっと規模が小さな、日常との境界が曖昧なイベントに、強い研究関心が向けられてきた。[36] たとえば、大正末期以降の読売新聞社の事業戦略は、読売巨人軍とプロ野球リーグの創設につながり、正力松太郎による日本テレビ設立にともなって、戦後の日本社会にプロ野球中継が根づいていった。新聞社資本による事業活動が戦後、民間放送の社会化に及ぼした影響は著しいが、新聞と放送の最初の出合いは、大正末期の公開実験だったといえるだろう。

無線実業家の起業精神とその挫折

先導的な無線家たちの起業精神が大きな原動力となって、民間資本による放送局設立の機運が高まっていった。加島斌が主催した無線電話普及博覧会について、岩間政雄によれば、「表看板のラジオ普及運動と、大震災のため極度に荒廃し切つた市民の心に出来るだけ湿ひと慰楽とを与へやうといふのが、素より此の催しの真の使命であり、目的ではあつたものゝ、正直いふと（略）ラジオ熱勃興の機運即ち時代の波に棹して一儲けしたいといふ腹も万更ないではなかつた[37]」。家庭に電気が普及し、交通機関の機械化が進行するなかで、余暇の時間を持ち、ラジオを娯楽にできる金銭的余裕がある青少年によって、無線家の裾野は急速に拡大していった。彼らは当初、「無線研究家」「無線愛好家」、あるいは私設無線電信通信従事者などと区別する意味で「素人《しろうと》」などと呼ばれていた。

逓信省は一九二二年、放送という営みが行政機構に馴染まず、将来の見通しも明らかでないことから、放送事業を民営にすることを決定していた。ところが、翌年九月一日の関東大震災を経て、状況は一変する。逓信省が二三年の末に公布した「放送用私設無線電話規則」にしたがって、翌年五月までに放送事業計画の出願をしたものは、全国で六十四件にのぼった。そのなかには、大日本放送無線協会、国際無線電話、帝国無線電話、大阪無線電話、関西無電放送などの放送電話会社、東京朝日新聞社、報知新聞社、大阪朝日新聞社、大阪毎日新聞社、神戸新聞社などの大手新聞社、芝浦製作所、日本電気などの企業が含まれていた。ところが、震災によって放送事業の重要性を痛切に認識した逓信省の方針転換によって、事業免許の全申請者は、東京、大阪、名古屋での非営利の社団法人に統合することが命じられた。この決定に対して、新聞や無線雑誌は一斉に抗議の声を上げた。これまでの啓蒙活動に費やした労力を顧みれば、営利事業の機会が与えられて当然と考えられたからである。

一九二五年、東京放送局（ＪＯＡＫ）、大阪放送局（ＪＯＢＫ）、名古屋放送局（ＪＯＣＫ）が相次いで開局。三都市の放送局はそれでも当初、民間資本を基盤とする独立の経営組織として、それぞれ自主的な放送をおこなっていたが、逓信省は翌年二月、全国どこでも放送を聴ける「全国鉱石化」を目指し、三局を統合した全国組織体を作ることを省議で決定する（鉱石化とは、真空ラジオが普及する以前に用いられていた鉱石ラジオを広めることをいう）。これを受けて八月、日本放送協会が設立された。放送事業は強力な国家統制のもとに置かれ、全国一元的な放送網が二八年までに完成することになる。

「アマチュア」の誕生

ラジオ熱の高揚は、大正末期に起こった科学出版物ブームと相まって、無線に関する雑誌や書籍の流通を促進した。一九二四年三月に創刊された「無線と実験」は、無線の技術指導を望む企業家や青少年の要求に合致した企画を立て、好調な売れ行きを示した。同年九月の発行部数は七千部に達していたという。この雑誌は、東京大学向かいの赤門ビルでラヂオ電気商会を営んでいた伊藤賢治、伊藤のいとこの茨木悟が企画したものである。苫米地が主幹として参加することになり、苫米地が主宰する衆立無線研究所の古澤恭一郎も編集陣営に加わった。伊藤はもともと超短波医療器の販売で著名な人物だった。渡米経験があった伊藤は、アメリカで直接得た知識と経験にもとづいて二〇年代初頭、逓信省に対して放送局認可を申請していて、シカゴから取り寄せた放送機一式をビルの屋上に設置して準備を整えていた。茨木によれば、「アメリカ式に放送を開始すると同時にラジオの雑誌を発行して民衆に呼びかけ、雑誌を売りつけると共に、それに依つて自分の処で作つたセットを売りつけ、おまけに自分の処の放送を聴かして、三段儲けをしやうといふ実に蟲のよい計画を樹て[38]」ていたという。

ところが、「アメリカ式に放送を開始する」という思惑は、震災によって水泡に帰す。また、苫米地たちは雑誌経営の素人《アマチュア》だったため、「無線と実験」は三号目で発行元の誠文堂(現・誠文堂新光社)に一切の権利を譲渡する。誠文堂は「無線と実験」の販売によって、わずか数カ月で買収費を全額回収したという。同誌は、誠文堂が発行していた雑誌のなかで広告料と売り上げがいずれも首位を占め、代理部を通じて無線機器の通信販売をおこなう仕組みによって、同社の「米櫃」とまでいわれるようになった。(39) 伊藤たちの赤門ビルは、無線家たちの集いの場になった。

民間放送の挫折を経て、アメリカとの違いに対する失望も広がった。その反省を踏まえて、作動する装置の製作過程を楽しむことを通じて、青少年に科学技術に対する好奇心を芽生えさせようという啓蒙的な「趣味」教育の機運が高まっていく。その背後には、放送の事業化こそかなわなかったが、無線雑誌や受像機（あるいはその部品）の販売など、実業家による市場開拓のねらいもあった。一九二四年には「無線と実験」だけでなく、「無線電話」（日本無線電話普及会）、「無線の友」（無線の友社）、「家庭と無線」（家庭と無線社）、「無線之研究」（無線之研究社）などの雑誌が創刊された。その翌年には、「ラヂオ公論」（ラヂオ公論社）、「ラヂオファン」（ラヂオファン社）、「ラヂオの日本」（日本ラヂオ協会）、「ラヂオ画報」（ラヂオ画報社）、「日刊ラヂオ新聞」が創刊されている。(40) 一連の誌名の変化からわかるように、三都市での定時放送が開始される時期、「無線」という技術は「ラヂオ」というメディアとして急速に社会化していった。

こうして趣味としてのラジオに魅了された人びとが、この頃から「アマチュア」や「ファン」と呼ばれるようになっていった。装置としてのラジオに関心を向けた「アマチュア」の多くは、同時に聴取者の先駆でもあって、実験電波に乗ってやってくる声を待ち望んでいた人びとであった。その人口は東京市内だけで一万人とも三万人とも、あるいは五万人ともいわれた。(41) 苫米地や古澤のような無線実業家も、この頃から積極的に「アマチュア」を自称するようになる。(42) それはなぜだろうか。

技術思想としてのアマチュアリズム

「アマチュア」という言葉は、明治時代から「素人」と同義で注釈なく用いられていて、一九二〇年代初頭までには「アマチュア写真」「アマチュア映画」といった語法も定着していた。だが、無線文化の文脈における「アマチュア」とは、アメリカで民間放送の実現を先導した、敬意を払うに値する存在にほかならなかった。一般論として、アマチュアをプロよりも劣った存在として捉えるのではなく、アマチュアであることを尊び、その可能性を肯定的に評価するという構図の議論は、たとえば、一四年に夏目漱石が書いたエッセー「素人と黒人《くろうと》」にも見いだすことができる。

在来の型や法則を土台にして成立している保守的の芸術になると、個人の自由はほとんど殺されている。(略) 能でも踊でも守旧派の絵画でもみんなそうである。こういう芸術になると、当初から輪郭は神聖にして犯すべからずという約束の下に成立するのだから、その中に活動する芸術家は (略) ただ五十歩百歩の間で己の自由をみせようと苦心するだけである。素人の眼はこの方面においても、一目の下に芸術の全景を受け入れるという意味から見て、黒人に優っている。(略) 素人が偉くって黒人が詰まらない。一寸聞くと不可解なパラドックスではあるが、そういう見地から一般の歴史を眺めて見ると、これは寧ろ当然のようでもある。昔から大きな芸術家は守成者であるよりも多く創業者である。創業者である以上、その人は黒人でなくって素人でなければならない。(43)

専門家と非専門家のあいだで知識や技能が大きく乖離していく過程で、アマチュアの困難さと、そのために中間項として欠かせない存在であるという議論が、多くの技術分野で散見されるようになっていく。たとえば、園芸を愛好していた思想家の林達夫は、園芸雑誌に一九三九年、「アマチュアの領域」と題するエッセーを寄稿している。

現代の科学と技術が過去には到底思いも及ばなかった園芸的奇蹟を実現していることは事実だが、アマチュアはその教えと方法を残りなく駆使するという状態には不幸にして置かれていない。そこで多くの制約と不便との内でのさまざまな工夫とエクスペリメントが物を言う余地が幾らでもあるのだ。その工夫苦心をいわば即物的にアマチュアは語るべきだと私は思う。[44]

林は、専門家の記述が原則として「一般的、抽象的、概括的、平面的」なのに対して、アマチュアは「殊別的、具体的、個性的、立体的」であることに特色があるという。林の弟子にあたる山口昌男は後年、アマチュアの経験を専門家が吸収し、その知識を組織化していくためには、専門家のほうに柔軟性や体系性、思想的な抱擁性が必要になってくると主張している。[45]こうした議論は繰り返し形を変えて、今日まで息づいている。たとえば、マクルーハンは一九六〇年代、メディアが「環境」になることによって、ある時代の現実が形成されるようになると、その影響は人びとに意識されなくなってしまうと指摘したが、そうした「環境」の真の姿を見る力を持っている「反社会的」な存在のひとつとして、アマチュアを挙げている。

プロフェッショナリズムは環境的である。アマチュアリズムは反環境的である。プロフェッショナリズムは、全面化した環境のパターンのなかに個人を没入させる。アマチュアリズムは、個人による全面的な察知力、社会の基本原則を批判的に察知する能力を発達させようとする。(46)

専門家はいまある環境に没入してしまうが、アマチュアには批判的認識が宿るというわけである。夏目漱石が「富士山の全体は富士を離れた時にのみ判然と眺められる(47)」というのと、基本的には同じ認識を示している。

話を戻そう。アマチュアとして無線に対して関心を持つことについても、実用的な知識や技能を獲得するだけでは終わらず、そこにはある種の啓蒙主義ないしは理想主義がともなっていた。デボラ・ポスカンザーによれば、「苛立ちや不安をもって技術的な問題に対処するというよりは、むしろそういった困難を積極的に乗り越えていくことを、彼らは修養や自己実現の一端ととらえていた(48)」。

この当時、こうした理念が強く仮託されていた言葉のひとつが、「趣味」である。苫米地は『趣味の無線電話』の序文で、書名に「趣味」と冠した意図を次のように説明している。

題して『趣味の無線電話』とす意は専門に偏せず、通俗に流れず、無線電話の本体を趣味的

図18　上野無線展覧会放送室での苫米地貢の演説放送（1924年）
（出典：「ＭＪ無線と実験」編集部編『無線と実験――ラジオ放送開始より電気蓄音機まで〈1924―1935〉』誠文堂新光社、1987年、20ページ）

に解剖し、以て、今日迄読者の常に求めて止まざりし第四次元的最新科学に対する智識欲を完全に培かわん事を期して執筆せる[49]。

「専門」でも「通俗」でもない中間的な特質をもって、苫米地は「趣味」と呼んでいる（図18）。「素人無線研究雑誌」を標榜する「無線と実験」の「発刊の辞」でも、苫米地は、「されど人、各々職あり、故に必ずしも、直接に斯業に尽せと強要するに非ず[50]」と述べている。

実業に資することを強要しない「無線と実験」の姿勢を、一八九一年に創刊された「電気之友」（電友社）と比較すれば、その違いは明白である。「広く電気に関係ある職務の人々を師友とし互ひに経験する所知得する所を交換して其学術を益々実地に活用せんと期す」という趣意で創刊された「電気之友」は、日本で初めて市販された電気雑誌である。そのねらいは、電気工学に裏打ちされた実業の活性化であり、ここに「趣味」が入り込む余地はまったくない。電気に関する学理を極めた専門家が、実業家に知識を教示する媒体が要請された時代だったのである。

神野由紀が『趣味の誕生』で詳しく跡づけているように、「趣味」という言葉が人びとのあいだで日常的に使われるようになるのは、一九〇七年前後のことである。この頃、hobby とは異なる taste という概念が、新たに「趣味」という言葉に備わっていく。「〇〇趣味」と題された雑誌が数多く創刊され、「趣味＝hobby は都市で消費型の生活が確立されていくにつれその種類を増やしていく。その人がどんな趣味をもっているかが、その人を表す指標であるため、趣味は都市で暮らす人々、とりわけ上昇志向の強い新中間層にとって、重要なコミュニケーションの手段となった[51]」。

苫米地が「趣味の無線電話」というとき、これを洗練された taste にもとづく hobby として奨励し、その先覚者とすべく新中間層の青少年を啓蒙していたといえるだろう。これは苫米地ひとりの発想ではない。第一次世界大戦にともなう産業の発展を経て、専門家の需要が急速に増大していた当時、高等教育の裾野が富裕層に広がっていた。趣味としての無線を推奨することを通じて、「富裕な家庭の青少年が、其の恵まれたる境遇を利用して、科学諸部門の研究に潜心すると云ふ美風[52]」を涵養するという教育効果が期待されていたのである。こうした理念は、戦後の高度経済成長を経た一九七〇年代、科学技術教育に対する関心の高まりを背景に、アマチュア無線が「趣味の王様」と呼ばれ、青少年に広く流行した現象にまで連綿と息づいている。

もっとも戦後には、一九五〇年の電波法施行規則が、「アマチュア業務」を「金銭上の利益のためでなく、もっぱら個人的な無線技術の興味によって行う自己訓練、通信及び技術的研究の業務」と規定したため、起業精神の発動は法的に禁じられることになる。そればかりか、七〇年代に日本アマチュア無線連盟が発行した『アマチュア無線のあゆみ』では、この施行規則は「時間を越えて成立すると考える」とされ、アマチュア無線の歴史は過去にさかのぼって修正された。すなわち、「大正末期に長、中波の送信の正式免許を持っていた発明研究所（略）の浜地常康氏、安藤研究所（略）の安藤博氏は共に営利を目的としていたから、すぐれた先覚者ではあるがアマチュアとはいいがたい」[53]というのである。アマチュアリズムは、ある時期まで無線技術の発展に革新的な貢献を果たしていたにもかかわらず、やがて非営利の私的学究であるべきだという絶対的な規範に制約されるようになっていったのである。

街頭文化としてのラジオ

逓信省は一九二四年四月から約一年にわたって、芝公園の逓信官吏練習所設備から実験電波を継続的に発射した。午前と午後の二回にわたって「本日は晴天なり」と繰り返すだけのものだったが、アマチュアたちは大いに歓迎した。

また、大阪毎日新聞社は同年の四月十八日から五月十五日まで、堂島裏の本社と、三越、大丸、高島屋、十合（現・そごう）の各百貨店とのあいだで実験放送をおこない、同紙は連日、その盛況ぶりを克明に伝えた。このときの放送では、衆議院議員総選挙の開票状況が刻々と伝えられ、公衆の関心を引き付けた。「受信所前は空前の人だかりで、各候補の浮沈の一報一報がこれらの熱心な人々の心に伝はり一喜一憂となつて恐ろしいやうなどよめきを作」(54)ったという。さらには中村雁治郎、松本幸四郎、實川延若、中村福助などの歌舞伎の名優、伊井蓉峰ら新派巨頭による芝居、豊竹呂昇の義太夫のほか、ヴァイオリン独奏、独唱、ハーモニカ演奏、長唄、箏曲、常盤津などが送信され、いずれも好評を博した。とりわけ、山田耕筰による自作品のピアノ独奏や稀少なレコード盤の放送などが目玉だった。(55)

実験放送はさらに、松山、和歌山、新潟、横浜、札幌といった地方都市でも開催され、ラジオ熱は全国に伝播していく。定時放送の開始を目前に、ラジオの実験放送はこうして最盛期を迎え、あまたの潜在的な聴取者を創出していった。

ＪＯＡＫが定時放送を開始して間もない一九二五年五月十日、この日は皇太子結婚奉祝でにぎわい、芝浦の放送局では奉祝放送が試みられた。その呼び物は、尾上菊五郎、中村吉右衛門、守田勘彌による歌舞伎『鞘当』で、これが日本で最初の本格的な劇放送となった。この日、「名優の名台詞が街頭で聞けると云ふので、満都の好劇家の間に大センセーションを捲き起した。ラジオ店の前はどこでも人の黒山で神楽坂では通行止と云ふ騒ぎだつた」(56)と伝えられている。

こうしてラジオは、博覧会や百貨店での公開実験を経て、実験放送や定時放送の開始とともに街頭に進出していったのである。権田保之助がいうように、モダニズムとはまぎれもなく、「街頭の生活」だった。「「街頭」に於けるモダン生活の立役者たるモボも、モガも「家庭」に帰っては、髭を切られた猫の如く、牙を抜かれた虎のようなものである」(57)。江戸川乱歩が一九三一年に著した『黄金仮面』には、「その日は丁度フランス飛行家シャプラン氏の世界一周機が、東京の上空に飛来する当日であった。ラジオは、東海道の空を、刻々近づき来たるシャプラン機の位置を報道していた。東京市民は、その壮挙を迎えて、湧きたっていた。ビルディングというビルディングの屋上には、人間の鈴なりだ[58]」という記述があるが、これはラジオの集団聴取にもとづく群衆の集合的沸騰にちがいない。

山口誠は、ラジオの草創期から人びとが家庭でそれを聴いていたという前提を問い直すことによって、初期放送の聴取者の振る舞いを明らかにしている。その手掛かりとして山口が着目するのが、街頭に設置されたラジオの集団聴取であり、そこで聴かれていた昼の野球中継である。一九三〇年代の初頭までは、小売専業のラジオ商をはじめ、カフェや時計商、自転車販売店などが店先に受信機を置いていて、その集客力に着目した新聞社や百貨店が「野球速報板」を提供し、東京六大学野球や甲子園野球の時期に人気を博した。「ここで注目したいのは、速報板の周りに集まった人々が、黙って野球放送に耳を傾けるのではなく、それぞれの野球知識をもとに予想や意見を交換することも楽しんでいた姿である。これは家で一人、鉱石ラジオをトランシーバーで聴く「個聴」とは明らかに異なる聴取体験であり、さらには家庭でラジオを囲んで野球放送を聴く集団的な聴取の空間とも質的に異なる[59]」。家庭で聴く野球中継では得られない「気分」が街頭ラジオに独特な魅力を生み出していたことを押さえたうえで、山口の分析は、当時の人びとが「聴く習慣」を身につけていくプロセスの解明へと向かう。初期のラジオが、まるで物珍しい見世物のように、当分のあいだ都市の街頭で異彩を放っていた光景は、既にみたように、戦後の街頭テレビのそれと通底する要素が多い。スポーツ中継が初期放送の人気を支えたことも共通している。

新たな研究対象を求めて

定時放送の開始とともにラジオの契約者数は爆発的に増加し、受信機が広く普及するにつれて、アマチュアたちは次第に、放送の主たる聴取者ではなくなっていく。アマチュアたちと、ラジオを娯楽やニュースを受信する手段と見なす新しい聴取者たちとのあいだには、ラジオに期待する役割に埋めがたい断絶があったのである。そのうえ、三都市の放送局が日本放送協会として再編制され、無線を国家が厳しく管掌するようになると、アマチュアに研究活動の余地は残っていないように思われた。

そこで一部のアマチュアは、硬直化したラジオに代わる新たな研究対象を模索するようになる。その選択肢のひとつが、当時、欧米で芽生えつつあったテレビジョン技術だった。だからこそ伊藤賢治と古澤恭一郎は一九二〇年代後半、いち早くテレビジョンの試作品を海外から輸入し、私案を加えて一般公開したのだった。「無線と実験」の編集から退いて日本放送協会に入った苫米地は、同じ頃、テレビジョンの啓発を精力的に展開していく。(60) 彼らは失われていくものを悲しむより、新たに生まれてくるものに楽しみを見いだしていこうとしたのである。

公開実験という文化装置に照準することで、初期テレビジョンの社会化の過程は、アマチュアという概念の変容とともに検討する必要があることがわかる。大正末期、先導的なアマチュアたちの起業精神は頓挫を余儀なくされ、趣味教育という啓蒙主義だけが残った。そこで彼らは、科学技術に対する若者の好奇心を育むとともに、大衆にわかりやすく知識を伝達する「伝道師」としての自意識を、よりいっそう高めていく。一九二〇年代末から三〇年代初頭の、趣味としてのテレビジョンに対する関心の高まりは、こうした背景のもとで生じる。世界恐慌が幕を開け、金解禁にともなう物価の下落によって、日本経済は混迷を深めていった時期である。

3 テレビジョン・アマチュアの興亡――啓蒙家としての苫米地貢

「テレビジョン」とは何か

一九三二年生まれの作家・黒井千次は、少年時代に抱いていた「テレビジョンという電気の機械」の印象を次のように振り返っている。

テレビジョンという電気の機械があることを知ったのは、子供の頃に読んだ少年雑誌の中でだった。あまり質の良くない紙の、たしか青と赤の二色刷りのページの中央に縦長い箱が描かれていた。その箱の四角い画面に、ちょうど映画館で見るような絵が放送局からの電波によって映し出されるのであり、しかも将来、その箱はラジオと同じように家々に置かれることになるだろう、と説明がつけられていた。そうかもしれない、とぼくは思った。けれどそれはずっとずっと遠い先のことであり、自分にはあまり関係ありそうには思えなかった。(61)

少年雑誌にテレビジョンが登場するようになるのは、黒井が生まれる少し前のことである。たとえば、一九二九年三月の「子供の科学」には、「野球やフットボール戦がお家で見物出来る「テレヴィジョン」の実現」という記事が掲載されている。この記事を書いたのは、苫米地貢である。苫米地は「最も新しいテレヴィジョン法」として、ボクシングの中継を引き合いに出して、次のように解説する。

二人の選手が白い幕の前でボキシングをやつてゐます。之をテレヴィジョンで遠方へ送り、受ける方では之を小型活動写真に用ひるやうなスクリーンに映して見るのです。但し之はまだ完全に成功してはゐません、今後二三年もすれば完全なものが出来るでせう。(62)

もう少しさかのぼってみることにしよう。日本ラヂオ協会の機関誌「ラヂオの日本」でテレビジョンが初めて紹介されるのは、ラジオの定時放送が開始されて間もない一九二六年十二月号、昭和が始まる目前のことである。

「遥か遠隔の地に於ける話し声や音楽等をラヂオで聞く」といふ言葉は数年前から聞きなれて来た。之と同様に「ラヂオに依つて遠い所の実景を見る」と言ひ得る様になるのは何時の事であらうか？　活動写真は過去約二十年位で驚くべき発展をして民衆の娯楽教養の具に供せられて居るが、それは単に事物の片側である。名優の動作は見られるが、其声は聴かれない。放送無線電話に於ては名手の奏でる妙音や其の旋律に酔ふ事は出来其他声音を聴く事は出来るが、演者の身振や表情を見る事は出来ない。然るに演者の声音を聴き、その身振表情や舞台面を見る事が出来たらどうであらうか？　此事はテレヴイジョンの進歩に依つて近い将来に屹度実現するであらうと思はれる。(63)

当時の活動写真はまだ無声であって、トーキーが日本で初めて公開されるのは、この三年後のことである。本格的な移行は一九三一年を待たなければならない。したがって当時は、聴覚メディアとしてのラジオに、視覚メディアとしての映画を足し合わせたものとして、テレビジョンを説明することができた。

「ラヂオの日本」は以後、「内外時報」や海外の電気雑誌から訳出した「欧米新知識」といった記事のなかで、繰り返し海外のテレビジョン開発の状況を紹介していく。この頃はまだ、ブラウン管を用いたテレビジョンの存在はほとんど知られていないため、ここで紹介されているのは、のちに「機械式」と呼ばれる類いのものである。

また、大衆娯楽雑誌「キング」（大日本雄弁会講談社）の一九二五年七月号は、「トテモ素晴らしいラヂオの将来」と題した記事を掲載していて、ここでは「テレビジョン」という呼称こそ登場しないが、「姿見ラヂオ」という未来像が提示されている。これは「テレビ電話」に近い発想である。

電話で通話してゐる間に、相手の顔が傍らの鏡に映るやうな工夫は、現に着々と進行しつつあるから、遠からず成功するに違ひない。電話で成功するならラヂオで成功することも疑ひない。さすれば無線電話で友人と話し乍ら、向ふの顔が傍らの鏡に映つて来ると、話に中々興が乗つて来る。ウッカリ舌を出したりすると直ぐに判るから大変だ。時にはラヂオが混線して、美人と話してゐるところへ飛んでもないお婆さんの顔が現はれたりなどして、大騒ぎすることもあらう。(64)

「キング」に初めて「テレビジョン」という言葉が登場するのは、その二年後のことである。著者は逓信省電気試験所の技師であり、記事のなかで実に七ページにわたって、テレビジョンの原理や海外での研究開発の進捗事情を紹介している。

> 無線遠視を英語でテレビジョンと申します。テレビジョンのテレとは遠方と云ふ意味ビジョンとは視力と云ふ意味其処で全体を通ずれば、遠方を見ることの出来る視力といつた意味になります。
> これを電気工学方面の専門語《テクニック》であらはすと無線遠視といふ言句になります。
> 無線電波を使用して遠隔の地の風物を見る様になつてゐます故無線とことさらに冒頭したのであります。
> ベニスの夕べの情景でも又はロンドンの風景でも、或はスヰスの湖畔でも、遠くは北極南極の氷原でも自由にテレビジョン装置を用ひることによつて眺めることが出来ます。(65)

電気工学の専門家やアマチュア無線家たちを中心に、こうしてテレビジョンに対する興味が少しずつ高まりつつあった一九二八年、先述したように、伊藤賢治や古澤恭一郎はいち早く公開実験に踏み切ったのだった。

写真電送とテレビジョン

テレビジョンを主題的に取り扱った書籍のなかで、おそらく最も古いものは、一九二七年に刊行された鎌田弥寿治『テレヴヰジョン講話』である。ベル電話研究所が同年に成功させたテレビジョンの公開実験を受けて執筆したものであり、この本のなかでテレビジョンは、「顔の見へる電話即ち遠視術」と説明されている。著者の鎌田は東京高等工芸学校（現・千葉大学工学部）の教授で、本来は写真の専門家である。テレビジョンの存在はこの頃、一部の専門家以外にはまったく知られていなかったことから、「成る可く困難な理論や原理を避けて、一般の人々に解り得る様に講述[66]」することを目的としたものだった。

実際、電気工学の専門家集団のなかで当初、海外のテレビジョン発明家の動向を積極的に紹介する役割を果たしていたのは、希代のニューメディアだった写真電送（ファクシミリ）の研究に携わっていた人びとであった。たとえば、電気学会のなかで「テレビジョン」という用語が初めて紹介されたのは、同年の秋、東北支部が催した通俗講演会（一般大衆向けの平易な講演会）で、写真電送の専門家だった日本電気の技術部長・丹羽保次郎が、「写真電送とテレビジョン」という演題で言及したのが最初である。[67] 丹羽が開発した装置は一九二八年十一月、昭和天皇の即位大礼の写真電送に新聞社が使用したことで話題を集める。丹羽は戦後、テレビジョン学会の初代会長を務めた。

逓信省技師の鈴木寿伝次もまた、二七年の十一月に実施した「写真電送の話」という通俗講演会のなかで、テレビジョンの概要を「附とし」て紹介している。「何故テレヴヰジョンを出したか、テレヴヰジョンは写真電送の延長である。（略）若し実物其の儘のものを直ちに隔地間に見ること が出来れば宜い、斯う云ふことは自然の要求であります。それがテレヴヰジョン機能でありまして、即ち実影伝送とでも云ふべきものであります。テレヴヰジョンの原理は要するに活動写真の理によつて写真電送を行ふものである」。[68] 鈴木の講演のなかでは、国内の研究動向については一切触れられなかったのだが、折しも、この講演の全文が所収された「電気学会雑誌」（電気学会）には、高柳健次郎の初めての投稿論文「Television の実験」が掲載されていた。

忘れ去られた発明家たち

この頃の日本では既に、複数の発明家がテレビジョンの研究開発に取り組んでいて、電気工学の専門家やアマチュア無線家たちを中心に、彼らの存在が少しずつ認知されていた。高柳健次郎ただ一人が注目を集めていたわけではない。アマチュア無線家の秋間保郎は一九二七年の初め、「サンデー毎日」（毎日新聞社）に寄稿した「昭和二年のラヂオ科学界鳥瞰」という記事のなかで、「本年ラヂオ科学中最も進歩するものはラヂオ・テレビジョン即ちラヂオによる活動写真であらう。（略）筆者の親友、青年発明家安藤博君の如きも、昨年六月頃すでにラヂオ・テレビジョンの完成を見て目下特許出願中であるといふが、果して如何なるものか、まだ発表してくれない[69]」と述べている。

安藤はその翌年から欧米視察をおこない、無線界の重鎮グリエルモ・マルコーニのほか、イギリスのベアードやアメリカのチャールズ・ジェンキンスといったテレビジョンの先覚たちと対談している。ところが、この視察によってかえって、安藤のテレビジョン開発は大きく立ち遅れることになる。安藤の研究はむしろ、テレビジョン技術の動向が機械式から電子式に傾いたのちに開花し、ブラウン管を用いたテレビジョンに不可欠な技術的基礎を築いた。安藤は一九五二年、テレビジョン放送電波基準の設定をはじめとする各種法制化に関与することになる。

東京帝国大学の鯨井恒太郎もまた、安藤と同様、テレビジョンの開発に取り組んでいたが、対外的に研究成果を発表するには至らなかった。鯨井はもともと、一九二四年に有楽町に設立された東京市電気研究所の初代所長であり、就任当時、ラジオ放送を東京市の事業として計画していた人物だった。しかし結局、東京市は社団法人として創設されたＪＯＡＫの運営に関与できず、鯨井は大いに落胆していたという。

『最新テレヴィジョンとトーキーの研究』の序文をみると、「先覚伊藤賢治氏、古澤恭一郎氏、電気試験所の曾根有氏、浜松高工の青柳《（ママ）》教授等から貴重な資料をいたゞき[70]」とあることからも、この頃はまだ、複数の発明家が拮抗していたことがわかる。かつて無線電話の誕生に立ち会い、その可能性に魅了された発明家たちは、ラジオが放送事業として定着して以降、その揺籃時代の熱気を懐かしみ、次にはいまだ評価が定まらないテレビジョンの開発に参入していくのである。

図19　テレビジョン座談会での伊藤賢治の実験（1928年）
（出典：前掲『趣味のテレビジョン』）

「テレビジョンの訳語を何とするか」

苫米地は一九二八年十一月二十七日、「無線界の名士」二十一人を招集して「本邦に於ける最初のテレヴイジヨンの会」を開催している。その数カ月前から「無線と実験」の編集部では、「世界のラヂオ界が今やテレビジヨンへ進展しつゝあるの機運を推察し、大的にテレビジヨンの特集号を刊行するの計画を立て、夫々準備中であつた」[71]という。そこで「テレビジョン」という言葉を何と訳すべきかについて意見を聴き、「最も合理的なる訳語」を普及させたいというのが、この座談会の開催趣旨だった。

まずは伊藤賢治がアメリカから取り寄せたテレビジョン装置の実験を披露し（図19）、次いで本題である「訳語研究」に話が進んだ。「テレビジコン《(ママ)》と原語のまゝにするか、又は遠視術と、従来の訳語を用ひるかですな」「テレグラフィー、テレフオニーが電信、電話と訳されてゐるのであるから、訳するとせば電視とするのがよい」といった意見のほか、「電映」「電像」「電像写真」「電気活動」「映像電送」「幻像電送」「天眼機」「昭和のぞき」といった案が次々と出されたが、むしろ「訳さぬ方が分か《ママ》易い」といった意見も出た。日本放送協会の幹部からは、「テレビジョンといふのも長いから、略して「テレビ」としては如何。例へばテレビ送信機、テレビ受信機、将来はこんな使い方になるのではないかと思ふ」という発言もなされている。だが、「将来の中中《ママ》今日定め得ない。用途が次第に変つて行くのであるから」と逓信省技師に一蹴され、「それに、どうも皆さんはテレビジョンの内容を何とお考へか、ムービーも、写真電送も皆テレビジョンのやうに聞えたりしますが先づ此の内容の範囲を定限することが先決問題ではないのですか」と、いまだ曖昧さを含んでいた「テレビジョン」という語の定義にまで話題が立ち戻るありさまだった[72]。

この座談会について苫米地は著書のなかで、「如何にも幼稚の日本の状態が判る訳である[73]」と苦言を呈しながらも、伊藤がアメリカから取り寄せたテレビジョンを参加者に公開できたことが有意義だったという。「当日の列席の諸者は、現代日本の斯界第一人者許りである。が、三、四の方以外は、此日始めて、外国品を見た[74]」らしい。

しかしこの座談会に高柳は出席していない。高柳が電気学会関東支部で講演をおこない、ブラウン管を用いたテレビジョンを専門家たちに初めて披露するのが、この翌日のことだった。直前まで準備に追われていたのかもしれない。

高柳健次郎が表舞台へ――電気学会の講演実演会

高柳は一九二八年の夏、初めて電気学会に「Television の実験」という論文を投稿し、これを査読した学会は、関東支部での講演と実演を高柳に依頼した。こうして十一月二十八日の夜、東京・神田の電機学校（現・東京電機大学）で、高柳は初めて実験を公開することになる。その前日、「東京日日新聞」には「居ながら芝居見物 テレビジョン成功 浜松高工高柳教授の研究 あす電気学会で発表」という見出しの記事が掲載された。

> 浜松高工教授〔正確には助教授：引用者注〕高柳健次郎氏の苦心の結晶テレビジョン（無線遠視）は本年度文部省の自然科学研究奨励費から補助を決定された世界的発明である氏はわが学界でこれに対する唯一の研究者である。(75)

当日は五百人近くの観衆が集まり、電気学会の講演会としては記録破りの盛況だった。このときに公開されたのは、走査線が四十本、毎秒十四枚の受像だった。ブラウン管の製作には当時、東京電気（現・東芝の前身の一つ）の浅尾荘一郎が協力していた。

高柳と旧知の間柄だった苫米地は、前日の座談会に同席した加島斌のほか、ＪＯＡＫの局員、日本放送協会の秘書を同伴して、これに参加した。七年前、神奈川県立工業学校で教鞭を執っていた高柳は、苫米地にラジオの講演と実験を依頼していて、苫米地にとって高柳は、「無線と実験」の創業時の「有力なる応援寄稿家」だったという[76]。

高柳との質疑応答で口火を切ったのも苫米地だったが、どうも話がうまく噛み合わない。後日「電気学会雑誌」に掲載された講演録によれば次のようだった。

○苫米地　貢君　今廻つて居りますのは普通に使ふスカシニング・デイスクと同じ設計になつて居りますか

◎高柳健次郎君　外国でやつて居られるのでまだやつて見ませぬから何んともお答へしかねます。

○苫米地　貢君　ネオンチユーブを使つたのではうまく行きませぬか

◎高柳健次郎君　外国で已にやつて居られるので私はまだやつて見ませぬ故何んともお答へしかねます。

（略）

○佐野　芳壽君　もう一つ、今のは小さい受像の場合で、議会とかそれから御大典の有様とかの場合にはぼけてしまう、大きな図が出なくなる、さういふやうな点に付ては直並式をやらなければならぬだらうと思ふ、さういふやうな点に付ては直列式をあくまでおやりになるのも結構ですが、強ち直並式をとやかくいうて見捨てて了ふのはどうかと思ふ。

◎高柳健次郎君　御注意は有難うございます[77]。

逓信省工務局の技師だった佐野の意見は、明らかに写真電送を意識したものである。日本電気の丹羽保次郎らが、昭和天皇の即位大礼の実況写真を京都から東京に伝送してセンセーションを巻き起こしたのは、ほんの十八日前のことだった。参加者のほとんどは、高柳の研究に関してはせいぜい、いくつかの論文や雑誌記事から得た知識程度しか持ち合わせていないわけだから、実りのある討論が成り立たないのは目に見えていた。佐野は後日、この日の感想を「電気学会雑誌」の誌上に寄せ、「高柳氏が全く電気学者又は電気技術者としての立場を守られあくまで電気的に進まれやうとする態度は称揚せざるを得ない」と評価しながらも、「氏の如く実物に就て苦心せらるる多くの方達の陥り易い点は、現物に依り過ぎて又は実物作製に日も足らざるがため机上の空論を度外視せざるを得ざるか、又は習慣性となるか、将た又細微なる理論に気付かざる等の点である」と苦言を呈し、「故に学会に於て先輩有識者は進んで考慮を回らし、氏の為めに成功を助く可きである」(78)と述べている。

佐野に続いて加島斌、そして再び苦米地が発言している。

○加島　斌君　活動写真で御実験をなすつたことはありませぬか。

◎高柳健次郎君　ございませぬが、活動写真の方が増幅器が簡単になつて、よほど容易になると思ひます。(略)活動写真のフイルムを入れて、活動写真の電送を行ふといふのは一種の逃げ道でありまして、本当のテレヴヰジヨンといふものゝ使命からいふと矢張斯ういふやうな実物そのものを伝へなければ面白くないと思ひます。勿論真のテレヴヰジヨンの生れる階梯として考へられる事、或は新しいテレヴヰジヨン以外の使命を持つものとして有意義かとも存じます。
○苫米地　貢君　高柳さんは御自分でどれがお気に召さぬ点でございますか
◎高柳健次郎君　此の光電池附属の増幅器が気に入らぬのです。
○苫米地　貢君　お話がないとこれでは遺憾ながら判りかねます(79)

苫米地でさえこのように答えているわけだから、高柳が考える「真のテレヴヰジヨン」がどのようなものなのか、そのヴィジョンを会場内の人びとと共有することは難しかったにちがいない。高柳は発明家として、その研究の新規性ゆえに大きな注目を集めながらも、電気学会という専門家共同体のなかでは当面、周縁的な存在に甘んじることになった。

三つのお願い

こうして互いに嚙み合わないまま、技術的な議論は終わってしまい、高柳の上司である中島友正教授に発言の機会が与えられた。中島は「此実験装置はお見掛けの通り極く貧弱なものでありますが、私の方の設備及び経費を以つて行ひ得る最高点に達しましたので、多くの先輩が居られる当支部にて実験をお目にかけ、御批評を仰いで今後の発展の御援助を得たいと思ひまして」と切り出したうえで、「此機会にをきまして皆様に少しくお願ひを致したい」と述べ、参加者に対して三つの援助を願っている。

その第一は、研究に先立つ資金である。中島は、「此金の出途を御存知の方乃至自分のポケットまで投げ出してやらうと言ふ方、或はそういふ筋道に参興なさる方々がありましたならばどうか御援助をお願ひしたいと存じます」と請願している。結果的に彼らは、商工省や電気学会から研究資金を得ることができ、この希望は見事にまっとうされたといえるだろう。この頃の高等工業学校の教授は法令上、学生を指導するのが本務で、科学技術上の研究は認められていなかったことから、こうした措置はきわめて異例だった。

第二の要求は、専門家や企業による技術的援助である。「之れを発達致しますにはまだ改良すべき点が多々あるのでありまして、(略)現在のものは市場にあるものを高柳が手製で組立てたに過ぎないので、一つも此目的に適ふ様作つたものはありませぬ。こう言ふ点に関しましては専門の方々の御援助、専門の製造会社の義捐的の御努力を願はなくてはならぬと思ひます。それで此点に皆さんからの是非御援助を仰ぎたいのであります」

そして第三は、テレビジョンに対する一般の関心を引くために、宣伝の機会を設けてほしいという要求である。「斯う言ふ目新しい事は一般の興味を引きますと同様に又白眼しされ易いのでありますす。発表の方法なり機関なりは色々ありませうが、先づ学会に発表し其批評を待つて我々の第二の行動を定めなければならぬと考へ当支部で発表する様にした次第であります。之を素人の方に発表するのは宣伝がましくなるので其点を大に慎み度いと思ひますが、資金の調達にはどうしても素人の方に話しをしなければならぬ場合が多いのであります。そう言ふ場合に素人の方が同情した批判を下さる様に皆さんに御援助をして頂きたいと存じます」

中島が述べたように、研究成果を「先づ学会に発表し其批評を待つ」というのは、専門家共同体の構成員が遵守すべき規範であって、「之を素人の方に発表するのは宣伝がましくなるので其点を大に慎」まなければならなかった。そのため、高柳はこの日までにたびたびテレビジョンに関する一般講演をおこなってきたが、装置を実際に公開したことは一度もなかったのである[80]。職業専門家の高柳と違って、伊藤賢治や古澤恭一郎、安藤博たち在野の発明家は、こうした規範に拘束されてはおらず、双方の立場には大きな隔たりがあった。アマチュア無線家たちに比べて、専門家の高柳が、大衆向けの公開実験を実施することが困難な状況にあったことには留意しておきたい。

この第三の要求に対して会場からは、「電気学会あたりでも卒先して高柳さんを後援するやうな会を設けるとか、或は又適当に紹介するとか何とかして大にその完成の為めに心配をなれる《（ママ）》ことを希望する次第であります」という声が上がった。これに続いて苫米地は、「一般民間に最も簡単に分るやうにテレヴヰジヨンのお話をされるやうに願ひ、それと新聞雑誌さういふ方面に御発表の機会を成べく多く作つて頂きたい、斯ういふ希望を申上げます[81]」と述べて、発言を締めくくっている。苫米地は後日、「此会の成功、不成功は別問題である」としながらも、「同君の発明は世界に其比を見ぬ善き意味のアイデアから出発し、且つ成されて」いて「テレヴイジョン界の開拓者と推挙したい[82]」と評している。のちに日本放送協会の嘱託としてJOAK企画部長を務める苫米地は、たびたび大規模なテレビジョンの公開実験を企画し、高柳を招致することになる。

この講演会に立ち会っていた早稲田大学教授・黒川兼三郎の要望によって、高柳は一週間後、早稲田大学の構内で再度、公開実験をおこなった。その会場には、テレビジョンの開発にいち早く取り組みながらも一時的に中断していた山本忠興と川原田政太郎の姿があった。第2章で詳しく述べるように、朝日新聞社講堂で千数百人の大観衆を前に、二人が世界最大のテレビジョンを公開したのは、この一年半後のことである。

アマチュアたちの反応

電気学会での討論が嚙み合わないことに象徴されるように、テレビジョンに理解がある研究者が学会内に乏しいという状況は、高柳にとって非常に心もとないものだった。しかしその半面、テレビジョン技術に興味を抱いていたアマチュアのあいだでは、欧米の方式とは一線を画す独自の試作機を開発し、それを学術的な手続きに則って発表した高柳は、数少ない職業的権威として一躍注目を浴びることになる。それではいったい、高柳が抱いていたテレビジョン像は、アマチュアたちのあいだで共有されてきた従来のそれとどのように合流していったのだろうか。

アマチュアたちのあいだには当初から、テレビジョンの研究開発には大規模な経済投資が必要だから、容易に参入できるものではないという諦念があった。アマチュアはせいぜい、RCAやAT&Tといった海外の研究成果をもとに追試験をおこなうか、製作が比較的容易な写真電送の装置を自作するなどして、好奇心を充足するしかないと考えられていたのである。[83]「ラヂオの日本」は一九二九年、フランスの無線雑誌 *La T.S.F. Pour Tous* から、以下のような記事を訳出している。

テレヴヰジヨン装置は自作できるか?

此の問題は、確かに興味を与へる問題である。我々は、イエスと答へやう……然し、今日、彼等は自分たちの努力の結果を利用することが出来るであらうか？　勿論、出来ない！　何故つて、ヨーロッパでは、未だテレヴヰジョンを放送してゐる放送局が一つもないから。だから、現在では、電送写真で満足するより外に方法が無い。諸君は、恐らく、無線アマチュアとしての存在を鉱石セットの組立によつて始めたであらう。それと同様に、諸君は、アマチュア遠視者としての第一歩を、電送写真受信機の組立によつて踏み出すであらう[84]。

こうした見解に対して、苫米地が繰り返し説いていたのが「広義のテレヴイジョン」の可能性だった。苫米地はまず、「テレヴイジョンとは時々刻に変化する或る地点の景色を障壁に障られて、直接見得ない地点に再生して、宛も現在活動写真を見るが如く、観察し得る方式」という、高柳をはじめ諸外国の研究者が提唱する所説は、「第一期のテレヴイジョン研究家」による「狭義のテレヴイジョン」であると位置づける。そして、それは「確に理想の定義で、誠に結構の主義であるが。神様が私に与へて下さつて、居るであらう処の生命ある中には、間に合みそふ（ママ）もない。勢ひ、変節改論もしたくなるではありませんか[85]」とする。

それに対して、「活動を撮影する先から先から現像して、放送するも、時間的に見て、最近の技術では、三十分後には、充分間に合ふであらう」と推定し、若干の時間の遅れがあるとしても、毎日定時にニュース・フィルムを放送するほうが「実行性（ママ）[86]」があると主張する。すなわち、テレビジョンの妙味である同時性をひとまず捨て、フィルムを用いた放送を実現するのが「広義のテレヴイジョン」である。この発想はのちに「仲介フィルム方式」と呼ばれるようになる。

こうして苫米地は、「純学者は、益々、此狭義のテレヴイジョンを深く究められんことを希望して止ぬ[87]」としながらも、「純学者」にすべてを委ねてしまうのではなく、多くのアマチュアが、かつて無線の進歩に貢献したように、発明主体として「広義のテレビジョン」の開発に参入する機会が生じることに期待をかけている。苫米地は「広義のテレヴイジョン即行論者であり、併も今日の狭義のテレヴイジョンは、此広義のテレヴイジョンを施行し得る程度にある成人である」として、「敢て、親愛なる読者諸君、学界、放送界、資本家及び一般大衆に問はんと欲するも《ママ》である。また此一石を投じ、波紋の那辺に迄、波及するかを、知らんと欲するものである[88]」と訴える。

苫米地がこうした理念を示すなかで、テレビジョン・アマチュアの実態はどのようなものだったのだろうか。高柳は晩年の自伝のなかで、当時の様子を次のように回顧している。

> この時期になると、日本でも色々な方がテレビジョンの研究を始められた。早稲田大学の両先生は御自分で考案されたのだが、その他にも、外国からニポーの円板とかネオンランプなどを輸入して、機械式のもので研究する人がかなりあった。東京大学の赤門前に輸入商がいて、そうしたマニアのために海外からの材料を取り寄せて紹介し、相当賑わったりもしたのである。[89]

赤門前の輸入商とは伊藤賢治のことであり、「無線と実験」を取り巻く人脈のにぎわいのことを指しているのだろう。苫米地は、電気工学の職業専門家ではないアマチュアが、往時の無線電話と同様、テレビジョンの研究に積極的に介入することを強く期待していた。『趣味のテレビジョン』のなかの「栄冠は誰に――受映機研究の好機は今」という小見出しがついた文章は、彼の見解を端的に示している。

著者は切に、諸君に御奨めする。一日早ければ百年の長たり得る。此テレヴイジョン研究は、実に、今が絶好の好機である。

余輩は単に現在程度のテレヴイジョンを、諸君に研究せよと云ふのではない。併し先づ第一歩を印し。更に深く、電波学界の応用方面に新開拓を希望するのである。

軍用に、警察用に、医学に、産業に応用すべきものは、実に多々ある筈です。諸君の御奮励を俟つ事切なる次第です。[90]

苦米地によれば、「此頃のアマチュア界のテレヴイジョン熱」は大正末期の「ラヂオ熱より、ズント高いが、フアンの数は其程でもな」く、「アマチュアで三、四十人、ラヂオ商工者が五、六人」いて、送影機の研究をしていたのは「ラヂオ商では、での《ママ》、K・I君。アマチュアでは、K・F君位だらふ[91]」という。いうまでもなく、「K・I」とは伊藤、「K・F」とは古澤のことを指している。かつて無線の啓蒙に真っ先に取り組んだ苦米地にとって、「アマチュアで三、四十人、ラヂオ商工者が五、六人」というのは、決して少ない数とはいえなかったはずである。近い将来、テレビジョンに取り組むアマチュアの数が急増する可能性を、ラジオのときにそうであったように、現実的に考えていたにちがいない。受像機だけを作っていたアマチュアがいったい何を楽しみにしていたのかといえば、次のことがある。

時に君、今のテレヴイジョンアマチユアは、(略)放送の音楽や講演を、受映機に受けて、ネオン、ランプのアノ淡桃色の明暗を見別けて、此はジヤズだ。此は、義太夫だ、此は講演だ、ウン、此講演者は、仲々話上手だ、声に抑揚がある。なんて比評してるよ。で。最後には。矢張り君の、所謂早くテレヴイジヨンを放送して呉ぬかナァーだ。判つたかネ。[92]

つまりテレビジョン・アマチュアたちは当初、映像を無線で送受していたのではなく、ラジオの放送電波の振幅や周波数の変化を、受像機に光の波形として描いていた。そしてこの頃には、「電車の中でも、ちよいちよい、テレヴイジヨンを語る声がする」[93]ようになったという。

無線草創期のアメリカにおいて、「放送」というコミュニケーション形式は、アマチュア無線家たちのあいだで、無線活動の応用領域のひとつにすぎないものと考えられていた。彼らにとって、メッセージの送信と受信は等価であった。しかしラジオの大衆化によって、一方向コミュニケーションとしての「放送」が支配的になっていった。その過程で彼らは大いに失望感や喪失感を味わうことになる。それに対して日本では、いち早く無線電話の研究に従事していたごく少数の研究者を除いて、「無線」から「放送」への矮小化の過程に落胆する者はなかった。既に述べたように、一部の専門家にしか試験放送が許可されておらず、無線を趣味として個人で装置を組み立てていた人びとの多くは、「嗚呼早く、放送が始まらないかナァ」という感慨を抱きながら、初歩的な試験放送を聴いて楽しむことしかなかった。テレビジョンに関しても、かつて営利事業としての放送局設立を本格的に進めていた伊藤や古澤を別にすれば、民間研究者の大部分は送影機を所有することなく、「早くテレヴイジョンを放送して呉ぬかナァー」と待ち望みながら、独自の受像機の回路設計を考案していたと考えられる。かつて伊藤や古澤と同様、無線電信法にもとづく無線電話の実験許可を得ていた苫米地は、「今日テレヴイジョン研究に入る人ぞのみ栄冠を得く(94)」と断言している。いずれテレビジョンの社会的影響力の大きさが明らかになってくると、ラジオと同じように逓信省の統制下に置かれ、自由な研究活動が実践できなくなるであろうことを、おそらく彼は予感していたのではないだろうか。

苫米地だけではない。『趣味のテレビジョン』と同年に出版された『最新テレヴィジョンとトーキーの研究』で、著者の平田潤雄と秋間保郎は、ラジオ草創期での「苦い経験」を振り返りながら、これから出現するであろう「ファン」のポテンシャルに期待を寄せている。

> 私達はラヂオが流行せんとして放送局設立当時以前の苦い経験を持つてゐます。ラヂオファンは日に日に続出する、放送事業はその経営を如何にすべきか方針さへ決定しない(勿論政府当局者の失態である)ラヂオの発振はおろか聴取装置の設備も出来ないアンテナを張つてひどい目にあつた人は随分ありました(略)筆舌につくせぬ苦しみをなめたあげくが本日の成果です、五年後の人間の姿です。

テレヴヰジヨンの聴取規則放送規則なるものも何れ具体的に発表されるでせう、当局はまだテレヴヰジヨンをそれまで大したものでないと見てゐるからです。

然しフアンの力は恐ろしい。

あの短波長の発見は誰であつたか、欲求やまぬフアンの苦心の結晶ではありませんか、私達はテレヴヰジヨン完成に向つて研究の歩をつゞけねばなりません。

然も時は今です、何事も完成してからでは遅い、初期からこつこつと研究して自己の力に依つて一つの或画時代なものを創造する――否それまでゞなくとも初期時代の研究は熱と力に依る何物かを得るものです。

例へば、今簡易なラヂオの受信機を組立てゝ聴くことには、さほど感興を湧さなかつたものが、往年あの揺籃時代、書類にたより友人先輩に見聞きしつゝ組立てた時代は苦しくともその後に大きい楽しみがあつたものであります。

普及後では遅蒔《おそい》です。[95]

ラジオ草創期の「苦い経験」を反省して、アマチュアによって放送事業化の道筋をつけようという矜持が読み取れる。平田と秋間はいずれも、ラジオ技術をはじめとする通俗科学の調査と普及活動に力を入れていた人物であり、この前年には『活動写真の新智識』（〔趣味の文化叢書〕、子供の日本社、一九二八年）と題する活動写真の解説書を共同執筆している。日本無線電話普及会の創設に参画した秋間は、その機関誌「無線電話」の編集長となった後、家庭科学普及会を主宰していた。

彼らの主張は苫米地のそれとほぼ重なるが、「ファン」に対する期待の内実は曖昧で、具体性を欠いている。この本に序文を寄稿しているＪＯＡＫ社会教育課長の仲木貞一もまた、ラジオの発展形としてのテレビジョンの開発を促進するうえで、アマチュアを養成する必要性を強調している。

我が日本に於いても、早晩テレヴイジヨンをラヂオ同様に凡ての人が持ち得る時は来るのである。その時には、ラヂオの始まつた当初と同様に、若いフアンは競つてそのセツトを作るであらう。斯界の発達は又一にフアンの手工如何に拠る所である。故に凡ての若いフアン連中に、テレヴイジヨンの概念を与へると共に、その製作法を十分に知らしめる事は、フアン連中を仕合はせにすると云ふ計りでなく一般文化を広める意味に於て、テレヴイジヨンの発達を促進する上に於て、科学的研究を進める上に於て、実に計り知られぬ重要性を持つものである。(96)

だが、ここで想定されている「ファン」が、かつてのラジオファンのように、放送局を凌駕するほどの技術力を有する発明主体であったとしても、最終的にその成果は、逓信省の監督下に枠づけられてしかるべきものであると捉えられていたように思われる。実際、テレビジョン研究に取り組む当事者たちから、その将来の事業主体のあり方を問う論議は、この時期にはほとんど見ることができない。この頃、国家によってラジオは急速に統制化され、一九二七年には、実験成果を逓信大臣に報告するなどの義務を課したうえで、弱い短波に限ってアマチュア無線が許可されることになっていた。無線に対する国家統制が整っていくなかで、空中の電波帯は誰でも自由に利用できるものではなく、国家が管理する専有物だという考え方が自明性を帯びていったのである。

アマチュアリズムの残滓

アマチュアの起業精神が大きく減退していたなかで、テレビジョンに関する実験や試作を通じた趣味教育が注目され、一九二〇年代末頃から三〇年代初頭にかけては、テレビジョンの動作原理や製作法を平易に解説した書籍の出版が相次ぐ。たとえば、三〇年には丹羽保次郎・加納八郎・秋間保郎の『テレビジョンの知識――大衆科学の尖端』(明王社出版部)など、三一年には、早稲田大学の山本忠興が監修した田辺重樹と長沼恭一の共著『テレヴヰジヨン受影機の組立法』(朝日書房)をはじめ、加納八郎と平田潤雄の共著『テレヴィジョン』(正和堂書房)、加納八郎と秋間保郎の共著『最新ラヂオ受信機とテレビジヨンの作り方』(日本科学模型研究会)などが出版された。そして三二年には、曾根有『テレヴィジョン装置の作り方』(工政会出版部)をはじめ、荒川文吾『テレヴィジョンの基礎知識』(春秋社)、金山秀一『最新智識テレヴヰジヨンの原理と受影機の製作』(服部文貴堂)、金山と西川秀男の共著『テレヴヰジヨン装置の製作法』(厚生閣)、木村書房編『ラヂオ・テレヴィジョン』(木村書房)などが出版されている。

一九三〇年代なかば、逓信省電気試験所の曾根が独自に開発した機械式テレビジョンについては第3章で詳しく述べることになるが、彼は同じ頃、テレビジョン技術に対するアマチュアの関与を推進することにも努めていた。『テレヴィジョン装置の作り方』は、三一年に「ラヂオの日本」で八回にわたって連載した記事をまとめたものである。

殆どすべての発明、発見、進歩、発達は経験と努力の賜であつて、理窟は後から付くのが常であり又それで十分である。理窟を抜きにする事は到底許されないが、兎に角理窟より実際的経験の方が大切であり又利庸《（ママ）》厚生の道を完うする所以であるが故にテレヴィジョン、フアンの活躍を期待する次第である。外国雑誌の報ずる所に依れば、米国には十万人のテレヴィジョンフアンが居ると云はれてゐるし欧州にも同様多数のフアンが研究に熱中している由である。

一般ラヂオ、フアンはラヂオの発展に少なからず貢献したことは何人も認める所であるが、フアンの貢献は総てその初期にある。即ち開拓者として大いに能率を発揮し得るが、やゝ成熟したる今日の一般ラヂオに対しては、或は単に消費者として製造工業を助力する以外に活躍し得る範囲が無くなつて来た様である。須くテレヴィジョンに方向転換して百パーセントの能率を発揮すべきではなからうか。(97)

曾根は「未だテレヴィジョンの将来を正確に云々するのは気が早すぎると思ふ(98)」と、将来のあり方やその事業主体の判断に関して、きわめて慎重な立場をとっていた。「幸にしてテレヴィジョンは現今第一段の成功を見んとし、又テレヴィジョンは今日未だ十分に吾人の欲求を満足せしむる迄には発達し切つてゐないことが、反つてテレヴィジョン、フアンにとつては、今が絶好の機会であるといひ得る(99)」として、苫米地と同じく、さまざまな発明主体によって技術が進展していくことが望ましいと考えていた。

キットを買ひ来つて、ラヂオのセットを組み上げたり、何寸のボビンに何番線を何回捲くべし流の記事とは大いに其の趣を異にし、本講に依つて作られる装置は、簡単にも複雑にも各自の技量次第で、如何様にも応用せられ、装置の能率は、一に読者諸賢の手腕に俟つことにしたい。之即ち誌上で読者と相見ゆるに、最も礼を失せざる所以でもあり、且つ又、ファンがファンたり得て、自然に大いなる発明考案を生み得る機会を、最も多く発見し得る所以と考へるからである。(100)

現在の方式によるテレビジョンは既に限界が見えていて、根本的に何か新しい考案がともなわなければならない。したがって曾根は、「先づ現今の方式で行ける処まで進んで窮した揚句「窮すれば通ず」で何か名案でも生れる」として、「不完全ながらも早くテレヴィジョンを実用化して其の必要を痛感し而して早く其の不完全さに窮し而も之に屈することなく倦まず撓まず研究を続行する多数の勇者こそ誠にテレヴィジョンの至宝である」(101)という。つまり、機械式円盤は欠点が多くて実用化が難しいのはたしかだが、そうとわかっていても、ひとまずそれを究めてみることで、現状を打開できるかもしれないというのである。

さらに曾根は一九三四年、『テレビジョン』(〔岩波全書〕、岩波書店)を出版していて、テレビジョンの製作法をアマチュアたちに広く啓蒙していた。ところが、三〇年代なかばにさしかかるにつれて、こうした書籍の刊行は激減していく。

「ラヂオの日本」は一九三一年三月号から「電視欄」というページを設け、国内外のテレビジョン開発の進捗状況を詳細に報じていた。たとえば、一九三二年九月号では、「ブラウン管では超短波を使用する時は非常に鮮明な像が得られると云ふ事は事実で、技術が進歩するにつれてブラウン管が電視界に進出し、やがては円板を完全に征服するだらうが未だその時期が到来して居らぬ」[102]という *Television News* 誌の見解を紹介している。ただし、いずれブラウン管が覇を制するとしても、しばらくのあいだは機械式円盤も影を潜めることはなく、いっそう高能率を発揮するだろうと予想していて、機械式円盤とブラウン管の関係を、ラジオの揺籃期における鉱石と真空管の関係にたとえている。

丁度これと似た様な事が鉱石検波器にもあつた。一時は鉱石セツトの他は何もなかつたがその後真空管が出現するに及んで断然リードし現状を保つて居る。それでもオカシナ事で一寸信じかねる事かも知れぬが、真空管万能の今日でも尚多数の鉱石検波器や鉱石セツトが販売されて居る。[103]

比較的安価で簡単に鉱石ラジオが自作できるように、機械式テレビジョンもまた、この道に長けた人であれば誰にでも製作することができるはずだ。そこで翌月には、同じく *Television News* の記事から、「誰にも旨く出来る走査円板の穿孔法」を紹介している。

その鉱石セットを組立てるにしても部分品は何も無かつたし、あつたにしてもベラ棒に高かつたのでコイルは勿論バリコンや磁石、更に受話器の果て迄も皆自分で作つた人人も確にあつた。之はすでに過去の話であるが丁度之に似よつた時代が現在将に来らんとして居る。それは即ちテレヴイジヨン時代である。テレヴイジヨンはこの先どんな風に発展して行くかは全く予想が出来ないが然し先づ初めは兎に角円板式のものが一般に賞用されるであらう。第一非常に簡単で而も割合に安価に出来るからである。（略）我国でも追つつけ電視放送の始まる事は各国の例に徴しても殆んど確実らしい。その時は昔取つた杵柄で今度はテレヴイジヨンの部分品を作つてやらうと思つて居る人々への賜物として標題の様な円板の孔あけ法を進呈しやう。そうそう商人にボロイ儲さしたんぢや、やり切れねいや。(104)

だが、この「電視欄」も、一九三三年十二月号で姿を消した。テレビジョン技術に息づいていたアマチュアリズムの残滓は、その終焉を迎えたのである。

ラジオがテレビジョンを自らの正統な後継者と見なしていく背景には、日本放送協会の絶大な影響力があったことはいうまでもないが、それに先立つアマチュアの啓蒙活動によって、そのような認識がいち早く浸透していった。それにもかかわらず、伊藤や古澤がおこなった実験の詳細を示す史料が現存していないこと、そして何より、アマチュアのテレビジョン技術は「テレビ」の源流のひとつでありながらも、やがて水を湛える本流（＝ブラウン管）の傍で枯渇していった支流（＝機械式）であったことから、狭義の「放送（局）史」のなかでは、高柳が電気学会で公開した実験だけ、「日本初のテレビの公開実験[105]」としてクローズアップされるのである。

エルキ・フータモによれば、大半のメディア考古学に共通してみられるねらいは、「メディア文化についての規範的で正統的な物語を突き抜けて「掘り下げ」て、省かれたものや的外れに終わった解釈を指摘すること[106]」であるという。

それらの下には、イデオロギー的なバイアスが意図的に隠されているのかもしれないのだ。したがって、メディア考古学者たちはメディアの歴史の「隠され」、抑圧され、そして無視された側面を掘り出す。メディア考古学者にとって「袋小路」や「敗者」に見えるものごとは、世に知られた（トーマス・エジソンからスティーブ・ジョブズまでの）「勝者」よりも重要であり、メディアの進展を決定的で直線的な歴史として物語ることよりも大切なのである。[107]

アマチュア無線文化を電子産業や放送産業に対する「貢献」という視座から振り返ってしまうと、専門家と非専門家の「線引き」をあらかじめ自明のものとして捉えてしまうことになる。昭和初期に一時的な徒花であれ、テレビジョン・アマチュアが生まれた背景には、ラジオでの専門家と非専門家、あるいは送り手と受け手が「線引き」された矢先の、アマチュアたちの抗いがあった。「テレビ」の概念が再び拡散し、この技術に関わる諸集団の立ち位置が大きく揺らいでいるいまだからこそ、より広い歴史的構図のなかでいま一度、その足場を照らし直してみることが肝要だろう。

注

（1）http://www.devices-of-wonder.com［二〇一五年十二月三十日アクセス］

（2）高柳健次郎『テレビ事始――イの字が映った日』有斐閣、一九八六年、三九ページ

（3）鳥山拡『日本テレビドラマ史』映人社、一九八六年、二三―二四ページ、猪瀬直樹『欲望のメディア』（小学館文庫）、小学館、二〇一三年、四七ページ

（4）アルベール・ロビダ『20世紀』朝比奈弘治訳、朝日出版社、二〇〇七年、七六ページ

（5）荒俣宏『奇想の20世紀』日本放送出版協会、二〇〇〇年、二九ページ

（6）前掲『古いメディアが新しかった時』

（7）前掲『ラジオの歴史』四三ページ

（8）濱地常康『真空管式無線電話の実験』東京発明研究所、一九二三年、緒言

（9）苫米地貢『趣味の無線電話』誠文堂書店、一九二四年、二八―二九ページ

（10）「テレヴィジョンは世間からラヂオの延長の如く考へられてゐるが、よく之を考察して見ると物理学と電気学との密接な共同作業を必要とし、特に幾何光学、応用物理学等の分野と近代無線科学とが合理的に結合されたものであり従つて現代ラヂオ学者の外に昔時の物理学者の少からぬ恩恵を受けてゐるのである」（中西金吾「テレヴィジョンと写真電信の履歴」「ラヂオの日本」一九三一年六月号、日本ラヂオ協会、三八ページ）

（11）高柳健次郎の生涯については、前掲『テレビ事始』、前掲『欲望のメディア』などに詳しい。

（12）高柳健次郎「無線遠視法（1）――ラジオ・テレビジョン」「電気之友」第五百九十六号、電友社、一九二四年

(13) 苫米地貢『趣味のテレビジョン』無線実験社、一九二九年、一―二ページ

(14) 前掲『テレビ事始』七七ページ

(15) 前掲『欲望のメディア』四三ページ

(16) 荒川文吾『テレヴヰジョンの基礎知識』春秋社、一九三二年、一一ページ

(17) 前掲『趣味のテレビジョン』六八ページ

(18) 「ラヂオの日本」一九二九年六月号、日本ラヂオ協会、六〇ページ

(19) 同誌六一ページ

(20) 日本無線史編纂委員会編『日本無線史』第七巻、電波監理委員会、一九五一年、四ページ

(21) 前掲『ラジオの歴史』四一―四二ページ

(22) 茨木悟の回想。「無線と実験」一九七三年五月号、誠文堂新光社、一三一ページ

(23) 無線電話の公開実験は、法解釈的には二種類に大別された。その一方は、電気機器メーカー、研究機関、アマチュア無線家たちが研究実験を主目的として、無線電信法第二条第五号にもとづいて設置した施設で催されたものである。そして他方は、同法第二条第六号「主務大臣ニ於テ特ニ施設ノ必要アリト認メタルモノ」として許可されたもので、博覧会の会場や百貨店などに設置された臨時施設で催されたものがこれに相当した（『日本放送史』上、日本放送協会、一九六五年、一〇五ページ）。学術的意義の観点から、後者には多少の異論があったという。

(24) 第一回無線電話普及展覧会は一九二三年四月、海軍省と逓信省の後援のもと、丸の内の商工奨励館内で開催された。この展覧会を加島とともに取り仕切った三橋磯雄は後年、当時のことを次のように回想している。「あれが大体わが国に放送開始の運動をもたらした抑々の動機ではないかと思ふ、その時の機械は加島君が作ったものであったが、完全なものではなかったので、京橋の交叉点にあった

三栄商会といふところから、ウエスチングハウスの五ワットの機械を借りて来て、送受信とも僅かの距離を隔てた室内でやることにして逓信省の許可を得た、といふのは、当時放送の実験をするなどゝいふことは無線電信法の取締り規則によつて仲々難しかつたのである、そして毎日都下の中学生を招待して磯野君がたしか鉱石受信機であつたか、兎に角さういつたものを売つてゐたやうに記憶する」（岩間政雄編『ラジオ産業廿年史』無線合同新聞社事業部、一九四四年、一二〇―一二一ページ）。加島と三橋はその後、神戸の丸市呉服店の屋上と大阪天王寺のあいだでも試験放送を実施したという。三橋はまた、当時の実験放送の様子を次のように回想している。「たしか震災前後のことゝ記憶するが、報知新聞社の屋上から同社の佐々木といふ人――これは東洋無線会社の設立者であるが――の指導で、仕立て屋銀次を捕へたことで有名な太田といふ刑事上がりの人が上野へ向けて放送をしたこともあつた。また実業の日本の増田義一君が同社の屋上から放送したことなども記憶に残つてゐる（略）それから矢張りその当時のことであるが時事新報がまだ西銀座にあつた頃、日比谷との間に送受試験公開を行つたこともある、そのときは（略）公園にゐた女の子に唄を歌はせてお茶を濁したやうであつた」（同書一二一ページ）

（25）同書二九六―二九七ページ

（26）同書二九五ページ

（27）同書二九七ページ

（28）吉見俊哉『声の資本主義――電話・ラジオ・蓄音機の社会史』（河出文庫）、河出書房新社、二〇一二年、二三二ページ

（29）「東京日日新聞」一九二二年九月十六日付

（30）一九二三年一月、東京日日新聞社は再度、本社とお茶の水の東京女子高等師範学校とのあいだで実

験をおこなっている。このときは日本橋の三越本店にも受信所を増設した。「わが東京日日では早晩かゝる時期の到来すべきことを数年前より省察して逓信省の使用認可を受け既に昨年八月より成績を挙げ、先頃三越とも頗る明瞭に通話し得たのであつて、斯業の先駆者たりしことを心ひそかに愉快とするものである」と報じ、前年来の実績を強調している（「東京日日新聞」一九二三年二月二十五日付）。

(31)「東京朝日新聞」一九二二年六月三日付

(32)「報知新聞」一九二三年三月二十一日付。さらに同日の記事では、公開実験の様子を次のように自賛している。「場内の模擬店を賑はした様々な設備の中第一の人気を呼んでゐるのは我社の特設した無線電話である。余興場の前なる発明食堂屋上に受話機を装置し、これに拡声器をつけて社会のニュースや音楽などを多数の入場者が一時に聞かれるやうに設備されてある。午後一時になると門外に待ち構へた観覧者は一時に入場し博覧会気分漸く濃厚になつたが、この時本社からは第一報として先づ、摂政宮殿下が御病気御全快になり本日五十五日目を以て御機嫌麗しく御還啓相成つたことを通話し多数の入場者を喜ばした」。このとき「報知新聞」側のアナウンサーは、まるで電話をかけるように「もしもし、聞こえますか、もしもし……」とマイクに呼びかけた。そして「大きな声は場の隅々迄徹し多数の入場者はその度毎に驚異の目を見張つて余興場の広場に集まるといふ有様で非常な人気を博した」という。

(33)竹山昭子『ラジオの時代――ラジオは茶の間の主役だった』世界思想社、二〇〇二年、一三ページ

(34)ダニエル・ダヤーン／エリユ・カッツ『メディア・イベント――歴史をつくるメディア・セレモニー』浅見克彦訳、青弓社、一九九六年

(35)吉見俊哉「大正期におけるメディア・イベントの形成と中産階級のユートピアとしての郊外」「東

京大学新聞研究所紀要」第四十一号、東京大学新聞研究所、一九九〇年、一四六ページ
(36) 吉見は「メディア・イベント」の重層的意味を、①新聞社や放送局などのマス・メディア企業体によって企画され、演出されるイベント、②マス・メディアによって大規模に中継され、報道されるイベント、③マス・メディアによってイベント化された社会的事件=出来事、と分節化している。この整理は後続の研究で頻繁に援用され、日本でのメディア・イベント概念を決定づけた(吉見俊哉「メディア・イベント概念の諸相」、津金澤聰廣編著『近代日本のメディア・イベント』所収、同文館出版、一九九六年)。ダヤーンとカッツのメディア・イベント概念が②を意味するのに対して、ダニエル・ブーアスティンの擬似イベント論やギー・ドゥボールのスペクタクル論などを踏まえてさらに拡張された③の意味は、一九九五年のオウム真理教事件などを経て、「劇場型社会」といった議論にも継承されていく。それに対して、日本では当時から①の意味に重点を置いた実証研究に厚みがあった。それは新聞事業史研究会などを母体として、九一年に始まったマス・メディア事業史研究会(その後、メディア・イベント史研究会に改称)の成果によるところが大きい。明治以降、新聞社や放送局が主催または共催するスポーツ大会、博覧会や展覧会、音楽会や講演会などの催し物、さらには社会福祉や研究助成などを含む事業活動が、紙面を通じた言論・表現活動と並んで、いかに重要な社会的役割を果たしてきたかが、今日まで多様な事例研究にもとづいて実証されている。前掲『近代日本のメディア・イベント』、津金澤聰廣/有山輝雄編著『戦時期日本のメディア・イベント』(世界思想社、一九九八年)、津金澤聰廣編著『戦後日本のメディア・イベント——1945-1960年』(世界思想社、二〇〇二年)などを参照。
(37) 前掲『ラジオ産業廿年史』二九五ページ
(38) 同書一二五ページ

(39) 同書四五六―四五七ページ

(40) 無線関係の単行本の刊行も、この頃に黄金期を迎えた。一九二二年に安藤博『無線電話』（早稲田大学出版部）、翌年には関口定伸『最新無線電話と其原理』（小西書店）、毛利元良『誰にもわかる無線電話』（宇宙堂書店）などが刊行されている。この種の単行本は、二三年まではほとんどみられず、二四年は七種、二五年は五十六種が刊行されたが、二六年には二十四種に半減している（前掲『日本放送史』上、二二ページ）。

(41) 苫米地貢は後年、次のように回顧している。「当時、アマチュアは何人位居つたであらうかと云ふに、筆者が推定するところでは、著書の売行き、雑誌の固定読者等から見て、先づ五万人はあつたと云ひ得ると想ふ。此等の地盤が既に出来て居た上に、大震災によるラジオ欲求の声が、放送事業の成立に如何許りか役立つたかを回顧してみるが良い。たゞ。《（ママ）》自然と、ボンヤリと七〇〇万の加入者を獲た、と思はれては困る。放送開始前の五万の基本的種子があつたことは確認すべきではあるまいか」（苫米地貢「創業前後の回顧――主としてアマチュアの立場から」、前掲『ラジオ産業廿年史』所収、二六五―二六六ページ）

(42) それは本来、無線の事業化と矛盾するものではなかった。「アマチユア」を読者対象とすることが序文で明記されている苫米地の著書には、「無線を副業とする人の為めに」という章が設けられている。「諸君は、諸君の近隣の人々をリードする立場になる（略）私は読者諸君が、否半数の人々位は（略）無線器具提供家となることを、信じて、疑はぬ」（苫米地貢『無線電話機部分品製作と組立法』誠文堂、一九二四年、一〇四―一〇五ページ）

(43) 夏目漱石「素人と黒人」『夏目漱石全集』第十一巻、角川書店、一九七三年、二二五ページ

(44) 林達夫「アマチュアの領域」『林達夫集』（近代日本思想大系）、筑摩書房、一九七四年、九八ペー

ジ

(45)山口昌男「アマチュアの使命」「思想の科学」一九六三年九月号、思想の科学社

(46)前掲『メディアはマッサージである』九五ページ

(47)前掲「素人と黒人」二二五ページ

(48)デボラ・R・ポスカンザー「無線マニアからオーディエンスへ――日本のラジオ黎明期におけるアマチュア文化の衰退と放送文化の台頭」古賀林幸訳、前掲『エレクトリック・メディアの近代』所収、一〇二ページ

(49)前掲『趣味の無線電話』一ページ

(50)前掲「無線と実験」創刊号、二ページ

(51)神野由紀『趣味の誕生――百貨店がつくったテイスト』勁草書房、一九九四年、一一ページ

(52)毛利元良『誰にもわかる無線電話』宇宙堂書店、一九二三年。逓信省通信局長の米田奈良吉が寄せた序文。

(53)日本アマチュア無線連盟編『アマチュア無線のあゆみ――日本アマチュア無線連盟50年史』CQ出版、一九七六年、二七ページ

(54)「大阪毎日新聞」一九二四年五月十二日付

(55)「雨に煙る初夏、この細雨を冒して各呉服店は相も変らず満員を告げてこの日のプログラムの進むを待つた」(「大阪毎日新聞」一九二四年五月六日付)、「この日好晴で三越、十合、高島屋及本社前の受話所は連日に増した群衆を見たが、殊に三越ではこの放送につれて舞台に待つてゐた踊り子連が拍子揃へて見事に踊り納めたが、蓋し遠く離れた無電の歌で振りを合せたことは日本開国以来といつていゝ」(五月七日付)と、同紙は連日、その盛況ぶりを克明に伝えた。大阪毎日新聞社ではさらに、

送信所での放送の様子を公開する見学会や無線技術の講演会を併催し、放送への関心の高揚と知識の普及を図っていて、社の将来の経営戦略を踏まえたイベントであった（前掲『ラジオの時代』一九―二〇ページ）。『日本放送史』はこれを、「もはや実験放送の内容は簡単なアナウンスやレコード音楽だけの域を脱し、相場や講演・ニュースのほか選挙速報にまで及び、邦楽や洋楽のほか歌舞伎や新派俳優の出演を求めるなど、実験番組としては高い水準に達したことを物語っていて、草創期の放送番組編成に直接つながるものといえる」と評価している（前掲『日本放送史』上、二四ページ）。
(56) 大羽儔「言ひ知れぬ欣び」、前掲『ラジオ産業廿年史』所収、二九一ページ
(57) 権田保之助『娯楽業者の群・民衆娯楽論』（「権田保之助著作集」第二巻）、文和書房、一九七四年、二四二ページ
(58) 江戸川乱歩「黄金仮面」『江戸川乱歩全集』第七巻（光文社文庫）、光文社、二〇〇三年、三三〇ページ
(59) 山口誠「「聴く習慣」、その条件――街頭ラジオとオーディエンスのふるまい」「マス・コミュニケーション研究」第六十三号、日本マス・コミュニケーション学会、二〇〇三年、一五一ページ
(60) 茨木悟の回想によれば、苫米地が日本放送協会に入ることができたのは、「無線と実験」の主幹を務めていたのが理由だったという。前掲「無線と実験」一九七三年五月号、一三二ページ
(61) 黒井千次「テレビ断章」「現代詩手帖」一九七八年三月号、思潮社、八六ページ
(62) 苫米地貢「野球やフットボール戦がお家で見物出来る「テレヴィジョン」の実現」「子供の科学」一九二九年三月号、誠文堂、三六ページ
(63)「ラヂオの日本」一九二六年十二月号、日本ラヂオ協会
(64) 北畠利男「トテモ素晴らしいラヂオの将来」「キング」一九二五年七月号、大日本雄弁会講談社、

一九四―一九五ページ

(65) 槇尾年正「驚くべき無線遠視《テレビジョン》の発明」「キング」一九二七年十月号、大日本雄弁会講談社、二〇二ページ

(66) 鎌田弥寿治『テレヴヰジョン講話』修文館、一九二七年、序一―二ページ

(67) 電気学会編『電気学会五十年史』電気学会、一九三八年、二二一ページ

(68) 鈴木寿伝次「写真電送の話」「電気学会雑誌」第四十八巻第九号、電気学会、一九二八年、九二八ページ

(69) 秋間保郎「昭和二年のラヂオ科学界鳥瞰」「サンデー毎日」第六巻第七号、毎日新聞社、一九二七年、一八ページ

(70) 平田潤雄／秋間保郎『最新テレヴィジョンとトーキーの研究』弘文社、一九二九年、序八ページ

(71) 前掲『趣味のテレビジョン』七〇ページ

(72) 同書七三―七四ページ

(73) 同書七九ページ

(74) 同書六九ページ

(75) 「東京日日新聞」一九二八年十一月二十七日付

(76) 前掲『趣味のテレビジョン』六九ページ

(77) 「高柳健次郎君講演「テレヴヰジョンの実験に就いて」に対する質疑討論」「電気学会雑誌」第四十九巻第三号、電気学会、一九二九年、三六九―三七〇ページ

(78) 佐野芳壽「高柳氏「テレヴヰジヨンの実験に就き」に対する意見」、同誌三七三ページ

(79) 前掲「高柳健次郎君講演「テレヴヰジヨンの実験に就いて」に対する質疑討論」三七〇ページ

(80)討論の最中、座長の加藤静夫は次のように発言し、学会発表を優先した中島と高柳の二人の姿勢を称賛している。「先般実は家庭電気普及会に於て是非テレヴヰジヨンの話を高柳さんにして貰ひたいといふ議が起りまして、その旨を中島さんまで家庭電気普及会から御交渉になつたのでございます。所が中島さんからは、電気学会で第一に発表するといふ約束をしながらそれは出来ないといふ風にお断りになつた。家庭電気普及会の方では電気学会は学会向きの講演をなさるのだ、我々の方はさういふ高尚な学理や、又実際に物を見せてくれといふ風なことは要求しないからといふことで私共まで御相談を受けました。結局高柳さんは家庭電気普及会で一場のお話はなさいましたがそのお話は電気学会の為に御遠慮なさいまして、極めて簡単なことで、実験などは少しもお見せにならなかつたといふ次第でございます。即ち高柳さんは電気学会の東京支部に於て第一に充分に発表したいといふ御意見を完全に貫徹して下すつたのでございます」(同誌三七二ページ)

(81)同誌三七一ページ

(82)前掲『趣味のテレビジョン』六九ページ

(83)たとえば、AT&Tベル電話研究所が一九二七年に実施した公開実験について、「ラヂオの日本」は次のように報じている。「今回のテレビジョレ《ママ》装置の如何に大仕掛けのものであり且つ如何に金力が此の一新装置に注がれてゐるかを知るに十分だと思ふ。各部分々々極めて組織的に又純科学的に研究されてゐたもので何れも世界的権威者が指導しハーバート・イー・アイヴズ氏が全体を統括してゐるもので慥に一小研究所や一発明家の追従を許さないものがある。(略)大会社にしてはじめて企て得られる所であつて其の男性的計画と後援には吾々国を異にする者と雖敬意と感謝を捧げて然るべきだらうと思ふ」(「ラヂオの日本」一九二七年十月号、日本ラヂオ協会、五三ページ)

(84)「ラヂオの日本」一九二九年七月号、日本ラヂオ協会、四八―四九ページ

(85) 前掲『趣味のテレビジョン』一三四ページ
(86) 同書一三三―一三六ページ
(87) 同書一三六ページ
(88) 同書一四一―一四二ページ
(89) 前掲『テレビ事始』八七ページ
(90) 前掲『趣味のテレビジョン』一二〇ページ
(91) 同書一二一ページ
(92) 同書一二二ページ
(93) 同書八〇ページ
(94) 同書一二二ページ
(95) 前掲『最新テレヴィジヨンとトーキーの研究』一二―一三ページ
(96) 仲木貞一「序」、前掲『最新テレヴィジヨンとトーキーの研究』所収、四ページ
(97) 曾根有「テレヴィジョン装置の作り方(一)」「ラヂオの日本」一九三一年一月号、日本ラヂオ協会、一二二ページ
(98) 同論文一二三ページ
(99) 同論文一二三ページ
(100) 曾根有「テレヴィジョン装置の作り方(二)」「ラヂオの日本」一九三一年二月号、日本ラヂオ協会、一三ページ
(101) 曾根有「テレヴィジョン装置の作り方(八)」「ラヂオの日本」一九三一年八月号、日本ラヂオ協会、一七ページ

(102)「ラヂオの日本」一九三二年九月号、日本ラヂオ協会、六二ページ
(103) 同誌六二ページ
(104)「ラヂオの日本」一九三二年十月号、日本ラヂオ協会、六〇ページ
(105) 日本放送協会編『20世紀放送史』上、日本放送出版協会、二〇〇一年、一一九ページ
(106) 前掲『メディア考古学』iiiページ
(107) 同書iiiページ

第2章

パブリック・ビューイング——早稲田大学の劇場テレビジョン

第1章でみたように、無線技術の草創期に国内のラジオ熱を盛り上げたのは、全国各地で頻繁に開催されたラジオの展示や公開実験だった。ジャーナリズムの手段としてラジオの速報性に着目し、放送事業への参入をもくろんでいた新聞社は、博覧会場や百貨店、盛り場の路上など、人びとが集まる場所と、主に社屋とのあいだでの実験放送に取り組んでいた。受信機の前の群衆にとって、ラジオは、新時代の科学技術と大衆娯楽が結び付いた格好の見世物だった。

とりわけ人びとの強い支持を集めていたのが、野球の実況中継だった。「ラヂオの日本」一九三〇年十月号の巻頭言「ラヂオと野球」は、相互の結び付きの強さを次のような文章で表現している。

> 野球熱が一般民衆間に普及したる最大原因は実にラヂオによる中継放送であると思ふ。ラヂオは野球のために其大衆的実用価値を認められ、野球は又ラヂオによりて急加速度を以て民衆化せられたのである。即ちラヂオと野球とは今や全く不可分の相互関係によつて連結せられて

居るのである。[1]

　そしてこの巻頭言は、「テレヴヰジョンによりて野球場の実況を放送することは甚だ遠き将来ならんも、国際的無線中継によりてニューヨーク、シカゴ等の世界的野球競技場に於けるバッチングの音が近き将来に於て吾人の耳に達することを望むものである[2]」という一文で締めくくられている。

　テレビジョン技術の草創期もまた、こうした潮流の延長線上に考察される必要がある。一九三〇年代に入ると、まるで映画のように、スクリーンに大きな映像を投影する機械式テレビジョンを早稲田大学が開発し、一躍脚光を浴びることになる（図20）。本章で詳しく跡づけるように、それは帝都の博覧会や展覧会のなかで、大衆娯楽的に演出された見世物として一般公開された。早稲田大学はキャンパス内にある野球場から、無線による大学野球の実況中継にも成功し、博覧会場の群衆を大いに驚かせることになる。

図20　早稲田大学の機械式テレビジョン
（出典：篠原文雄編著『凜として――名物教授一代記ＴＶ開発の川原田博士』新興出版社、1990年）

　それは家庭でのテレビ視聴とはまったく異なる体験だが、戦後の街頭テレビによるスポーツ中継を先取りした見世物という見方もできる。加藤秀俊は『見世物からテレビへ』のなかで、日本には江戸中期から大掛かりな色付きの写し絵が存在していたことに触れ、「極彩色の大規模な写し絵になじんだ人間とそうでない人間とでは、映画を初期にうけいれたときのうけいれ方は当然ちがったはずだ[(3)]」と指摘している。テレビジョンもまた、定時放送の始まりとともに社会に姿を現したのではなく、こうした見世物文化の受容経験のうえに接ぎ木され、実に長い時間をかけて社会化されていったのである。

1 アマチュア無線文化の残滓から、帝国科学の権威へ

早稲田大学の世界的発明

「声と姿の放送に世界的の大発明」という見出しが「東京朝日新聞」の紙面に躍ったのは、一九三〇年二月二十五日のことである。早稲田大学理工学部の山本忠興の指導のもと、前々年以来、川原田政太郎を中心にテレビジョン研究が進められ、苦心の結果、「この程世界的に完全な受像装置を完成した」と報じる記事だった。川原田たちが開発した機械式の実験装置は、既に欧米で開発されているような写真の手札型ほどの大きさにしか受像できないテレビジョンとは違い、三尺（約一メートル）四方くらいの受像が可能で、いずれは活動写真にも劣らない大きさで受像ができるようになるというものだった。送像部にはニプコー円盤を使用して、送りたい像を光の点滅に変え、その光を光電管で電気信号に変換する。受像部ではアーク灯からの光を、ニコルプリズム、ケルセル、

そしてもう一度ニコルプリズムに通す。ケルセルとは、電圧で光の通過量を調整することができる物質である。この明滅光がワイラー鏡車によってスクリーンに投影される。このときの走査線数は六十本、毎秒画像数は十二・五枚だった。

装置が完成した二月二十四日には、この話を聞きつけた日本放送協会本部の常務理事、ＪＯＡＫの常務理事と技師長、さらに逓信省の無線係長たちが早大の実験室を訪ね、装置を実見した。そのなかのひとり、ＪＯＡＫ技師長の北村政治郎は、「世界一の大装置」という小見出しのもと、「東京朝日新聞」に以下のような談話を寄せている。

私は欧米のテレヴイジヨンを見て来ましたが、山本博士、川原田教授の完成したものに匹敵するものはないと思ふたしかに世界的な成功と思ひます。英国ではベアード、ドイツではカルロス、ミハリ、米国ではウエスチング・ハウス、ＧＥ、ジエンキンス、ベル等一流の各研究所がありますが、これ外国のものとも良いものにもずつとまさつてゐます。(4)

かつて逓信省電気試験所に勤務していた北村は、ＪＯＡＫの開局に際して、東京市電気研究所が所有していたアメリカ製の無線電信電話用送信機を借り受け、これを放送用に改造した実績を持っていた。その装置は「北村式」と呼ばれた。一九二八年から二九年にかけて、北村は欧米を視察していて、テレビジョンの視察もその要件のひとつだったという。北村は帰国後、テレビジョンを日本で独自に研究すれば、まだ欧米と肩を並べることができると考えていたことから、第1章で述べたように、二九年四月、開局四周年を記念して電気試験所で開催された展覧会で、ＪＯＡＫは簡易なテレビジョン実験の公開を試みている。早稲田のテレビジョン試作機が完成したのは、その十カ月後のことだった。

この世界的な機械式テレビジョンの開発に成功した川原田政太郎（一八九〇―一九八三）とは、いったいどのような人物だったのだろうか[5]（図21）。富山県魚津市近郊の旧家で生まれた川原田は、父親の事業の失敗による極貧状態のなかで幼少を過ごし、幾重もの苦労を経験する。官立大学の受験に失敗した末、早稲田大学の理工学部に進学、山本忠興と出会う。山本の紹介で小穴製作所（のちの日本電気精器）に入社し、発電機や電動モーターの設計・製造に携わるが、過労がたたって三年目に退社。その後、山本の説得によって早稲田大学に戻っている。一九一九年、「誘導同期電動機」の発明に対して特許が下り、それを小穴製作所に譲渡した資金をもとに、二二年に渡欧。ヨーロッパを遍歴するなかで川原田は、独学でテレビジョン開発をおこなう発明家ジョン・ベアードの名声を耳にする。ロンドンで川原田が初めて見たベアード式テレビジョンは、郵便切手ほどの大きさの画だったという。「画が小さくて一人しか見られない。何とかして大きな画を出したい」というのが、

図21　川原田政太郎
（出典：篠原文雄『発明の人――川原田政太郎』東明社、1970年）

川原田の当初からの願望だった。[6] やがてベアードの実験装置に自分の電気モーターが応用できることに興味を覚えた川原田は、四年間の欧米生活を経て帰国したのち、テレビジョンの研究に没頭する。青年期の川原田は、ＮＨＫ朝の連続テレビ小説『凜凜と』（一九九〇年）の主人公のモデルになった。

当初は資金繰りが悩みの種だったが、東京地下鉄道（現・東京地下鉄）の創業者で、「地下鉄の父」として知られる早川徳次の寄付を受けることができ、開発は軌道に乗った。早川は早稲田大学の出身である。実験装置が完成したという知らせを受けて、早川も実験室に駆け付け、大いに喜んだという。

朝日新聞社主催の公開実験

東京朝日新聞社はこの報道の直後、同社の企画としてテレビジョンの公開実験を催したいという交渉を川原田に持ちかけ、実現に漕ぎ着けている。川原田はまだ確たる自信はなかったが、数十回にわたる実験によって一応の成果を挙げていたことから、山本と相談の末、この申し出に応じたという。[7] 朝日新聞社講堂で公開実験が実施される三月十七日まで、「電光ニュースは毎晩テレビ実験の予報を続け、銀座マンの注意をひいて」いて、当日は「座席は全部満員、通路までぎっしり埋められて、全く立錐の余地もなく、講堂は超満員」[8] だったと伝えられている。資料によって入場者数は大小さまざまに伝えられているが、実際は千三百人前後だったと推定できる。

公開実験の当日、「東京朝日新聞」の朝刊は、その前日に実施された予行実験の状況を詳しく報じていた。少し長いが引用しておきたい。

その結果は非常な好成績で最初はまづ五階の展覧会場にすゑつけられた有線装置機によつて試験したが、受像機は鮮かに活動して五尺四方のデイライトスクリーンに動作そのまゝの人の顔、あるひは国旗、本社旗、花文字などがハツキリと映しだされた、人の顔とその動作がこんなに大きく、しかも鮮明に映しだされることは欧米にもいまだないといはれてゐる続いて五時半からは愛宕山のAK放送局から無線の試験をしたがこれも成績上々で同じスクリーンに最初に受けたのはラヂオの電波、しばらくするとAKのスタジオから「晴天であります」とアナウンスし次いで笛や太鼓の音を電波で送つて来る、すると美しい数条の電波の線はサラサ模様又は大小のしま模様を映し出して万化の音波がスクリーンを泳ぐ、見事なテレヴイジョン模様である。

音波の放送に次いで「A」とか「イ」とか色々な文字を送つて来たがこれもあつさりと受けて満足させた、かくて晴れの日を控えた試験は山本博士、川原田教授も「これなら大丈夫、世界第一の確信が出来た」と包み切れぬ喜びの声をあげ、これを見た人達もたゞたゞ驚嘆するばかりであつた。(9)

このように川原田たちは、無線と有線の両方の実験を実施している。無線の場合は、映像が媒介されたわけではなく、「万化の音波がスクリーンを泳ぐ、見事なテレヴイジョン模様」とあるように、第1章で述べたテレビジョン・アマチュアとまったく同じ方法で、電波の振幅や周波数の変化を、スクリーン上を泳動する模様として表現していた。

東京朝日新聞社は、会場の混雑を防ぐために入場無料とはせず、五十銭の入場料を徴収し、その収益は山本と川原田の研究室に寄贈した。また、「この世界最初の記録にして全日本人の誇りとすべき科学者の華華しき成功を祝しかつは世界最初のテレヴイジョン実験公開を記念するため」、当日の入場者に「美しきカード」なる記念品を配布した。(10)

公開実験の状況は無論、翌日の朝刊に写真入りで詳しく伝えられている。「最初は無線で愛宕山の放送局から放送されたのを実験いたします」というラウドスピーカーからのアナウンスに続いて、ステージの中央に置かれた五尺（約一・五メートル）四方のスクリーンに音波の波形が映し出される。「愛宕山の放送局」とはJOAKのことである。「細い数条の線は見る〳〵太い線となり、模様となり、波を描く」。ラウドスピーカーは、「今の音波は今日は晴天でありといふのです」「口笛です」「鐘の音です」と、それぞれを音波を解説し、最後に大きな円が伝送されてきた。五分間の休憩の後、今度は朝日新聞本社九階の展覧会場に設置した送映機室から、有線によって映像が送られてきた。

日の丸も国旗も、本社旗も、どれもみな風になびてゐるまゝくつきりとスクリーンに浮んだ、観衆は思はず「大成功」と叫んで拍手は引つ切りなし、驚異の眼が輝きだす頃、一々紹介されてまづ杉村本社顧問の笑顔が現れる「私は杉村廣太郎であります」スピーカーで呼びかけた声は姿と一致する、お次は下村本社副社長「殿下の台臨を仰ぎまたこの盛況を見たことは何共感謝に堪へません多くいひたいのですが何しろ光がまぶしくて…」といふ意味の言葉と共に姿を送つて一同を喜ばせ（略）今度は川原田教授の顔が出る髪をなでタバコをふかしてゐる煙までハッキリと映つた、かくてファンは驚きと喜びと満足の眼をじつとスクリーンにすひ寄せられてゐる（略）五時散会したが約一時間にわたる晴れの実験の成績は完全無欠、これによつて世界一のテレヴイジョンと折紙がついたわけだ。[11]

東京朝日新聞社副社長の下村宏（海南）[12]は後年、情報局総裁として玉音放送を指揮した人物であり、彼がいう「殿下の台臨」とは、戦後初の内閣総理大臣となる東久邇宮稔彦が列席していたことを指している。また、カメラの前でタバコの煙を燻らせるのは、既に海外で催されていた公開実験でのパフォーマンスの定番だった。こうして、公開実験は喝采のうちに終了したという。

もっとも、この日の実験がはたして、新聞紙上で絶賛されたほどの画期的な成功を収めたかどうかは疑わしい。たとえば、「無線と実験」の誌上で、「数年来テレヴイジョンに興味を持ち僅かながらも研究をつゞけて」いるという人物は、「ＪＯＡＫよりの無線実験」は「遂に何がなんだか分らずに終」わり、「有線による実験」も「輪郭不鮮明」で「自分の眼が霞んでゐるのではないかと眼をこすつて見たが駄目。次第に頭痛を覚えて来た」という。「何れの新聞を見ても世界的大発明とか、画時代的大発明とか云ふ題目で大々的に報じて居た」が、「実験公開を見、川原田教授の講話を聞いた時、なんだかものたりないやうな、だまされたやうな気がした[13]」というのである。

したがって、東京朝日新聞社の一連の「報道」はむしろ、自社イベントの「宣伝」の側面が強いものだったといわざるをえないが、「世界的大発明」あるいは「画時代的大発明」と報じる一連の大々的な記事によって、テレビジョンが一躍脚光を浴びたことの意味は大きい。電気工学の専門家やアマチュアを中心として、テレビジョン技術は知られつつあったものの、一般の人びとがその存在を広く認知するには至っていなかったためである。

技術力の主体としての「日本帝国」

この日、公開実験に先立って実施された講演会では、山本忠興、川原田政太郎、そして日本放送協会の嘱託になった苫米地貢がそれぞれ講演をおこなった[14]ほか、逓信大臣の小泉又次郎が以下のような祝辞を述べている。

斯くの如き発明は特に発明者諸君の御功績、御名誉が最上級のものであることは申すまでもなく、実に帝国科学の権威を世界に示して、御同様日本帝国の国民として誇るに足るべきものであると私は深く信じて疑はないのであります。

（略）

朝日新聞社が、その本来の報道機関としての任務の外に社会公共のために不断の御努力をなされて居りますことは天下公知の事実であります。本日のこの御催しの如きは蓋し社会政策上平素十二分の御尽力をされて居りますところの白眉と申して、これまた差支へないと思ふのであります。[15]

テレビジョン技術の実験は一九三〇年代を通じて頻繁に公開されることになるが、この小泉の発言はまさに、その後の一連の公開実験にみられる二点の特徴を先取りしている。

まず第一に、テレビジョンという科学技術の語られ方の変化に注目したい。「帝国科学の権威を世界に示して、御同様日本帝国の国民として誇るに足るべきもの」とあるように、今回の公開実験では、欧米の技術方式に依拠していたアマチュアたちのそれとは違い、技術力の主体としての「日本帝国」が強調されていた。大画面での受像をいち早く可能にした川原田、ブラウン管を受像機に使用した高柳健次郎による純国産のテレビジョン試作機の登場は、日本の電気技術の水準が欧米のそれに追いついたことを象徴する出来事だった。[16]世界恐慌にともなう各国間の経済的対立や国家主義の高まりを背景に、国際化のなかで「世界の一等国」を自負すべく、日本が世界に通用する証左のひとつとして、テレビジョンという科学技術の優秀性が高らかに喧伝されていくのである。[17]テレビジョン技術をめぐるこうした言説は、翌年の満州事変以降、ますます強調されることになる。

そして第二に、東京朝日新聞社による公開実験は、「蓋し社会政策上平素十二分の御尽力をされて居りますところの白眉」とあるように、企業としての新聞社によって企画・演出され、報道活動や広告活動をともなうという、近代日本のメディア・イベントに典型的な特徴を備えていたといえる。すなわち、イベント事業の社会的意義を謳い、「社会の木鐸」としての新聞社の役割をアピールすることで、新たな新聞読者を獲得することを企図していた。実際、下村は公開実験の終了後、三日間にわたって「ラヂオとテレヴヰジヨン」と題するコラムを本紙に連載している。[18] やがて、満州事変支持の姿勢を明示することになる新聞各社は、訴求力があるイベント事業を通じて国策との結び付きを次第に強めていったが、一九三〇年代を通じて繰り返されたテレビジョンの公開実験もその例外ではなかったのである。

第1章でみたように、無線技術の草創期には、新聞各社はこぞって、ジャーナリズムの道具としてのラジオの優位性に注目し、このメディアを掌握しようと画策した。実験放送時代、大阪朝日新聞社の専務取締役だった下村もまた、「来るべき世界は空中飛行と無線放送の時代だ」と電波に乗せて挨拶した経験を持っていて、[19] ラジオ放送に参入することで新聞事業を発展させたいと考えていたひとりにほかならない。しかし、新聞各社は結局、逓信省の統制によってそのもくろみが断たれたことに懲りたためか、新聞社独自の発想でテレビジョン技術の発展に関わっていこうとする意欲をみせることはなかった。

2 のぞいて見るか、あおいで見るか――浜松vs早稲田

ラジオ放送五周年記念展覧会

この三日後、ＪＯＡＫ主催のラジオ放送五周年記念展覧会が開幕する。[20] 日比谷の市政会館を第一会場として、前年と同様、ＪＯＡＫによる簡易テレビジョン装置が出品されたほか、この年は、早

稲田大学と浜松高等工業学校のテレビジョンがそろって出品された。この展覧会は無論、苫米地貢が企画に関与していた。

展覧会の会期中、関連企画として発明講演会が開催され、浜松高等工業学校の中島友正が「テレヴィジョンの研究経過」という題目で、高柳健次郎が「テレヴィジョン研究の難関」という題目で、それぞれ講演をおこなっている。講演のなかで中島は、出展に至るまでの経緯について報告している。中島によれば、彼らは前年の秋頃、この展覧会への出品を打診されたという。既に述べたように、この頃に欧米を視察したJOAK技師長の北村政治郎は、日本で独自にテレビジョンの研究をおこなえば、まだ十分に欧米に匹敵する水準に達することができると考えていた。そこで帰国後、早稲田大学や浜松高等工業学校との接触を図るのである。北村の打診に対して中島は、装置が「完成して居りませぬので、本来はお断り申し上げるのが道理でございますが、熱心なる御勧誘でございましたので、已むを得ず[21]」引き受けることになったという。しかし彼らには、必要な部品を会期までに製作する余裕がなかったことから、それをJOAKが肩代わりすることになった。「三月に近くなりまして、早稲田大学の研究の御発表がありました、是が為に新聞界の注目を一層高めまして、私の方にも、製作をして居る研究室内にドンドン新聞記者の方が押しかけられると云ふような有様になりまして私の方としては非常に泡を食ふ状態に立至りました」と、中島は早稲田の反響の大きさに驚いている。そして展覧会の直前、蛍光面の直径が十五センチと三十センチの二種類の試作ブラウン管が提携先の東京電気から届けられ、無事に装置が完成した。走査線の数は四十本、毎秒像数は十四枚だった。三月十三日に装置が完成、その日のうちに催促を受けていた新聞社の記者に披露している。そして翌十四日には東京に向けて搬出するという慌ただしさだった。[22] 展覧会には直径三十センチのブラウン管を用いた装置を出品したが、途中でフィラメントが切れたため、急遽、直径十五センチのブラウン管と取り換えた。だが、受像部が小さくて不鮮明な浜松工式テレビジョンの人気は、早稲田に遠く及ばなかった。[23]

早稲田大学の山本忠興は、出展に先立って「愛宕山からテレヴヰジョンをラヂオで放送して日比谷の市政会館で受映する積りで準備を試みて居るが、或程度の結果を見るべく又一挙斯界に進出する機運を造る事を期待して居る」[24]と意気込んでいたが、その言葉に違わず、ＪＯＡＫの愛宕山演奏所から無線で送信した幻灯画を市政会館の大型スクリーンに投影し、大きな人気を呼んだ。

高柳は晩年、「テレビジョン人気につられて上京した私の従兄などは、早稲田式と比較してがっかりし、私に語りかける言葉もなく、しおしおと帰っていったというような具合であった」[25]と回顧している。こうしたエピソードをともなって、双方の技術競争は、当初は早稲田に軍配、やがて浜松が逆転勝利を収めるという成功譚が、後年になって定着していく。

「天覧」というメディア・イベント

早稲田式の人気にははるかに及ばなかった高柳のテレビジョンだが、その重要性は学内で広く認められ、昭和天皇の浜松巡幸に際して、天覧に供されることが決まる。天皇に対して説明するには助教授では恐れ多いという理由から、急遽、高柳は教授に昇任した。天覧に備えて、直径十五センチの高真空ブラウン管のほか、直径三十センチのブラウン管が新たに製作され、教室を暗室にして送像装置と受像機二台が並べられた。走査線は三十四本で毎秒十二・五枚。ところが、天覧の一週間前、ブラウン管が自然爆発するという不測の事態が生じ、心穏やかでない高柳は斎戒沐浴して無事を祈るとともに、その予防対策に当日まで労苦を重ねていたという。

一九三〇年五月三十一日午前九時四十分、昭和天皇は浜松高等工業学校電気学科の実験室に入る。天皇を前に高柳が、テレビジョンの動作原理を説明した後、「賜天覧」という字、「君が代は千代に八千代に……」と書かれた巻き紙が奏楽とともに映し出された（図22）。奏楽は無論、別のところから拡声器で流された。それに続いて、漫画桜の花、富士、少女、猫、桃、桃太郎、犬、猿、雉などが映された。翌日の「東京朝日新聞」は、「浜松高工に臨幸　テレヴイジョン天覧」という見出しのもと、その様子を次のように伝えている。

図22　天覧での浜松高等工業学校の送像装置（上）と受像装置（下）（1930年）
（出典：前掲『テレビ事始』98ページ）

　浜松高等工業学校においては畏くも電気科第十

三教室において我国が有するテレヴイジョン研究の少壮教授高柳健次郎氏のテレヴイジョン実験を十三分にわたり天覧遊ばされた、同教授は中島科長の下に数年にわたりテレヴイジョンの研究に没頭し遂にこの度完成するに至つたもので、早大理工学部の山本博士、川原田教授の一般用テレヴイジョンの実験完成と共に科学界の誇りとされてゐるが、高柳教授の実験は一般向きの映写用と共に家庭用としてのテレヴイジョン完成に苦心が払はれ、受像器にはブラウン管を用ゐ高周波同期系統、低周波同期系統によつて像をだす点に特徴を持つてゐる。[26]

早稲田のテレビジョンを「一般用」と呼び、浜松のテレビジョンを「家庭用」と説明していることから、当時は早稲田のほうが実用性を期待されていたことがわかる。さらに、

当日陛下には四間に五間のせまい実験室に入らせられまづ図面及び実物について高柳教授の説明を聞し召された後暗室装置を施した上いよ〳〵実験に移つたがまづ垂幕に奉迎の文字が映じだされ君が代の全文と共に拡声機からは奉楽が起り続いて漫画桜の花、富士、少女、猫、桃、桃太郎、犬、さる、きじが描きだされ最後に中島教授が礼装で動作を行ふさまがはつきりと幕に映写されるさまを御起立のまゝ非常に御興味深く御覧遊ばされた、陛下が声の放送と共に姿の放送を行ふ近代テレヴイヂヨンの最新発明を天覧遊ばされたのはこれが最初で高柳教授の光栄のみならず川口校長以下全校を挙げいたく光栄に感激し奉つた。[27]

と続く。
早稲田の公開実験に関して先に指摘した二つの点――技術力の主体としての「日本帝国」、メディア・イベントとしての公開実験――については、この天覧もまったく同じ地平にあったといえる。明治初期の天皇の地方巡幸は、近代化された天皇を広く民衆に可視化させるために重要な手段のひとつだったが、明治後半以降、大規模な巡幸はほとんどおこなわれなくなっていた。しかし、昭和天皇が即位して間もない当時、京都での一九二八年の即位大礼をはじめ、地方行幸が頻繁に催され、それぞれが新聞やラジオによって逐一報道されていた。三〇年十月には、天長節祝典で三百年ぶりの天覧相撲が挙行され、大きな話題を呼ぶことになる。つまり、新しい天皇の存在を全国的に浸透させていくうえで、メディア・イベントとしての天覧が重要な役割を果たしていたのである。[28]
天皇に認知されたテレビジョンは、希代の科学技術としてオーソライズされ、高柳健次郎の名前は全国的に知られるようになっていく。高柳はその後、文部省からテレビジョン研究を正式に認める辞令を受けて、浜松高等工業学校のテレビジョン研究施設（電視研究室）の主任になった。母校である東京工業大学から助っ人の教授も派遣され、教授二人、助教授四人から五人、助手十人ほどの研究体制が実現した。[29] そもそも高柳は、それまで独立した研究施設を与えられてはいなかったのだが、ブラウン管から撮像機まですべてを自作するべく、すぐさま研究棟の新設が計画される。日本放送協会から研究費が支給されるようになったのも、この天覧の直後のことだった。同年六月二十七日に開催された日本放送協会第四回定時総会では、ラジオ聴取者が七十万人を超え、協会が初めて黒字を出したことが報告されると同時に、協会の第二期計画の一環として「テレヴイジヨン放送を行ふ」計画が公式に発表された(30)。こうして日本放送協会は、研究推進のために浜松高等工業学校や早稲田大学に対して研究費を継続的に補助することになった。

表1　高柳健次郎の研究費

年	研究費
1924―26年	文部省：500円
1927年	学校当局：2,000円
1928年	学校当局：1,500円
	商工省：3,000円
	電気学会：1,000円
	寄付金：50円
1929年	学校当局：2,000円
1930年	学校当局：2,400円
	日本放送協会：3,000円
	寄付金：500円
1931年	学校当局：2,000円
	発明協会補助金：1,000円
	日本放送協会：7,745円
1932年	学校当局：43,540円
	日本放送協会：58,600円
1933年	学校当局：53,911円
	日本放送協会：46,700円
	寄付金：100円
1934年	学校当局：31,761円
	日本放送協会：54,000円
	寄付金：1,050円
1935年	学校当局：25,000円
	日本放送協会：46,000円
1936年	学校当局：35,000円
	日本放送協会：48,170円
	浅野奨学祝金：1,000円

（出典：浜松市博物館編『イロハのイ――テレビ事始』〔浜松市博物館、2006年〕20ページの表をもとに作成）

期待と不安の急騰――「ラヂオの日本」一九三一年六月号「テレヴィジョン特集号」

このような動きのなかで、高柳健次郎と川原田政太郎はそれぞれ、組織的な研究体制を急速に整えていくことになる。その半面、水越伸が指摘しているように、「高柳らが、権威ある学者として新聞などのメディアに頻繁に現れることによって、かえってオルターナティブな発明主体の出現が疎外されてしまった。また、テレビジョン技術というものは、天皇によって権威づけられた、ありがたいものであり、素人が手を出すことのできる領域ではないことが印象づけられた」[31]。
もっとも、「ラヂオの日本」一九三〇年十一月号のなかで、呉の「SAU生」なる人物は次のように述べたうえで、機械式円盤に関する「小規模な実験データー」を紹介している。

最近大分喧しいテレビジョンは、日本でも二三の人が実験をせられ、例の早稲田式、浜松高工式、やれ何式と………、此テレビジョンは無理に、大きなスクリーンに映さなくとも、小さい画でも実用にはなるので、勿論ベースボールとか、ボートレースや角力なんかを公衆に見せようとすると、大変な苦心がいるが実験室で映しながら、他の実験室で名刺位の大きさに見るならばさまで困難なことではない[32]。

さらに「目下は昨年独逸から帰朝以来、或る実験室に居ることが出来る様になつたので、自分の実験の暇を見て材料を集め、子供ダマシ式の電視実験を始めた」と記していることから、彼はおそらく電気工学の専門家だが、テレビジョンの研究には趣味として取り組んでいたアマチュアのようだ。技術動向の先行きが不透明だったことから、好奇心が強いアマチュアたちが試行錯誤する余地が残っていたのだろう。
「ラヂオの日本」一九三一年六月号は「テレヴィジョン特集号」と題して、その巻頭グラビアには、当時世界的な反響を呼んでいたドイツのブラウン管式テレビジョンのほか、「戸塚グランドに於ける早大のテレヴィジョン実験」と「天覧を賜はれた浜松高工のテレヴィジョン実験装置」を掲載し、原理の異なる二種類の国産技術が相克している状況を演出している。特集記事には、早稲田大学の山本忠興、浜松高等工業学校の中島友正と高柳のほか、ブラウン管を高柳が発注した東京電気の浅尾荘一郎、日本放送協会技術研究所の中西金吾など、当時の第一人者たちが寄稿している。

ＪＯＣＫ技師長の上野七夫は、「研究は特殊の研究家に俟たねばならぬものと、所謂アマチュアの研究が功を奏する場合とがあるが、短波長の利用の如きは後者に負ふ所が多い」として、「テレヴイジヨンもまだ実験時代であるが兎に角放送を開始して、アマチュアの研究の道を開くのも発達の上に貢献する所が多くないかと思ふ[33]」と述べている。より具体的な提案もあった。苫小牧工業学校教諭の渡邊久夫は、日本放送協会の主導によってアマチュアのテレビジョン研究を推奨すべきだと主張していた。

一、日本放送協会がテレヴィジョン局を設置し一般ファンに現在のラヂオ受信機に相当するテレヴィジョン受影機を普及する事。

二、同協会が当局の一定型式試験を経たるテレヴィジョン受影機の部分品の代理販売を為し安価に提供さるる事。

三、波長を一定にし現今の短波発受信の様式でアマチュアのテレヴィジョン実験に関し検定を行ひコールサインを与へて許可さるゝテレヴィジョンも亦アマチュアーの力によりて長足の進歩を為すものと認めます[34]。

アマチュアがラジオの普及に大きく貢献したように、テレビジョンもまた、彼らの力なくして健全な発展は見込めない――無線技術の揺籃期を顧みれば、これは説得力がある見解のようにも聞こえるが、大きな支持を集めることはなかった。第5章で述べるように、こうした構想は戦後復興期、日本放送協会による定時放送の開始が現実味を帯びていくなかで、改めて浮上することになる。

さらに同号の特集では、「テレヴィジョンの未来を語る――現代の名士」という企画が組まれ、その将来像を科学者や技術者だけでなく、知識人や文化人たちに予見させている。仮に遠方の光景を自宅で見ることができるようになったとして、その際要望するプログラムについて、探偵小説家の海野十三は「三越のショーウインドウの中からショーウインドウを覗いてゐる人物を一日中漫然と写し出してくれるならば僕は仕事もなにもせず毎日電視機の中ばかり覗いてゐるであらう」と回答し、東京朝日新聞社の妹尾太郎は、「あの醜態の限りを尽す帝国議会の議場の乱痴気騒ぎを一般大衆の眼前に展開して貰ひたいと思ひます。それも出来るならクローズ・アップして醜の醜を公開すると世を明るくするに絶大の効果がありませう」と風刺している。このように知識人や文化人がテレビジョンの将来を予見する企画は、やがて日本放送協会の機関誌「放送」などでも頻繁にみられるようになる。

ところが、新聞や雑誌がテレビジョンを大きく取り上げ、それが実用化された「バラ色の未来」が高らかに喧伝されるにつれ、かえって、現状の技術の未熟さが目立つ結果となった。同号の特集記事のなかで、山本忠興は「昨夏ロンドン市のベアード氏の放送スタヂオを瞥見する機を得たが何となく全てが窮屈な気がした。我《わが》ＪＯＡＫであれば遥か気楽な自然的気分での放送が可能と考えられる」と述べ、今後の展開に自信を示している。とりわけ山本は、「我ＪＯＡＫ」という表現を繰り返していて、放送局との連携を強調している。だが、山本とは対照的に、高柳はテレビジョン研究の行き詰まりを率直に吐露している。

テレヴィジョンは全くあらゆる点で行き詰つて居ます。（略）何か現在考へられ、利用されてゐるもの以外に、テレヴィジョン其のものの要求をみたす独特の武器がある筈で夫が見付け出し得ない内は真空管出現以前の無線電話の様に非常に馬鹿げた、大げさな不経済な事をしてしかも甚だ不完全な結果をしか得ないでせう。

◇世の中の事は金力と権力とを濫用しますと可成りの事が出来る様です。テレヴィジョンに於いても、現在の知識を集め、金と人とにあかせて、複雑をいとはず、勢力を濫費してやりますれば、可成りの明細度の受像を得る事は考へられます。がかうして得られるテレヴィジョンは甚だ実用性と遠ざかりませう。(35)

二人の態度の違いは、機械式に対するブラウン管の劣勢を示しているともいえるが、高柳は、画面の明細度を増すにつれて装置の規模が大きくならざるをえない機械式の原理的な限界を、ここで暗に批判している。また高柳は、現状の行き詰まりから、「活動フヰルムの送受に於ける利用の問題はテレヴィジョンの真の完成の前に必ず一般は通らねばならぬ路と思はれます(36)」として、かつては批判的だったフィルム放送に対しても一定の理解を示している。「テレヴィジョン其のものの要求をみたす独特の武器」として、高柳がウラジミール・ツヴォルキンのアイコノスコープの存在を知るには、一九三三年の末を待たなければならなかった。

また、逓信省電気試験所長の高津清は、「実物を見ないで批評するのは当らないと思ひますが」と前置きしたうえで、「当面の問題としては実質的にもつと良いものを発表して頂き度いと思ひます」と、研究開発の現状に不満を示している。そして、電気試験所の技師だった河野廣輝もまた、次のように苦言を呈している。

テレヴィジョンの現状を考へるに、かのニプコーの円板或はスクリーンの上に投射する所の像は未だ道猶遠しの感がある。人間の要求は鋭く且力強い。大衆は大なる期待を以つてかの児童の落書を摺ガラスを通して見る如き像を見るであらう、が然し再び見る勇気は無いであらう。映画になれた現代の眼は見るものの標準に映画面を持つてくる。現在の科学の程度、現在の技術の程度、現在のテレヴィジョンの方式等よりすればこの標準は明かに過酷に失してゐるが大衆の声はあの像の前に何の斟酌もしないであらう。研究者の苦しみは並にもある将来の大衆の要求それが研究製作のゴールでなければならない。そのゴールはあまりに遠いのである。その鞭はあまりに酷しいのである。(37)

したがって河野は、この問題を解決するには「どうしてもブラウン管の如き電子の特殊な利用方法を構ずるか音波其の他の高速進行波動を利用する方向に新天地を開拓する他はない」として、高柳と同様、現在広く用いられているニプコー円盤やワイラー鏡車は「遠からずテレヴィジョンの世界より落伍するであらう(38)」ことをいち早く予見していた(39)。

逓信省電務局の竹林嘉一郎は、「現在行なはれてゐる多くの方式を以てしてはその完成は頗る難いといふのが本当の研究家たちの嘆声であ」り、その解決には「此超スピード時代に相応しくないが何うしても根本的な理化学の研究が必要である」として、「余り目先ばかりの実利一点張りの小利巧でなくもつと世間が小功を誇大に吹聴することを止めて基礎研究を許す様な世間になつてほしい(40)」というコメントを寄せている。日本放送協会の伊藤豊も誇大な報道に注意を促し、以下の三点を要望している。

一、無謀大胆なる予言を頻発するが如き人々の後を断ち真摯なる学者達の研究討議の発表。
二、俗説に惑はされず真にテレヴィジョンの発達の実情を知悉せる研究費の出資。
三、「某々の発明こそ世界に比なきものなり」等無暗に気上りせる記事を慎み有りの儘を誤りなく真面目に伝ふる言論機関の報道(41)。

より極端な悲観論として、たとえば、「テレヴィジョンを現在の如く電気的に解決せんとするのは無理である。蜃気楼の如き現象を人為的に応用出来たら理想的な物が生れはせぬだらうか(42)」といった見解も目にすることができる。

劇場テレビジョンの可能性

一口に「機械式」といっても、イギリスのジョン・ベアードが伝送技術の開発に主要な関心を寄せていたのに対して、早稲田大学では「テレヴィジョンの目標は当然活動と匹敵せる映像をスクリーン上に映出するにある」[43]として、当初から精細度の向上に執心し、活動写真の延長線上に来たる新しいメディアとして、それを劇場で観ることを念頭に置いて開発を進めていた。[44]山本は「果して娯楽用として興行価値のある程度の実用化と云ふ事が可能か不可能かが現下の問題であらねばならぬ」[45]と意気込んでいたが、大学の研究者という立場上、その興行価値をことさら強調することはなかった。[46]控えめな彼らに代わって、テレビジョンの興行価値を本格的に追求したのが、博覧会や展覧会の主催者だったといえる。

早稲田大学の機械式テレビジョンは、いずれは活動写真にも劣らない大きさと鮮明さで受像ができる――そんな期待を背負い、川原田たちは当面の目標として、屋外スポーツの中継を想定した広範囲の実体送像を掲げることになる。一九三〇年の秋、講演会のなかで山本は次のように述べ、その実現に自信を示していた。

> 実は早慶戦の切符問題には非常に困り一刻も早く野球の中継が出来る様にやつて見たいと思つてゐる次第である。(略) 少くとも投手や捕手の動作位は出されるであらう。此の放送と彼の放送局の松内君の名調子と相俟つて、必ずやファンをうならせる事が出来ると思ふ。[47]

「松内君」とは、スポーツの実況中継で人気を博していた松内則三アナウンサーのことである。一九二七年に東京六大学野球の実況中継で誕生した、「夕闇せまる神宮球場の空を、ねぐらに帰るカラスが一羽、二羽また三羽」という名文句で知られている。山本がこのような展望を抱いたのは、彼が当時、早稲田大学の野球部長を務めていたからにほかならない。山本は早稲田大学の理工学部長を務めるかたわら、学生スポーツ界の要職を歴任した人物だった。

そこで、山本と川原田は一九三一年の初頭、大学のキャンパス内にある戸塚球場の一塁側に十坪（約三十三平方メートル）ほどのバラック実験室を建設し、ここに送像装置一式を移転する。高柳に先立ってテレビジョン実験施設の認可を受けた彼らは、同年の六月三十日、あくまで有線だけだったが、大学野球部の新人選手による紅白試合を、球場から理工学部の実験室まで送信させることに成功する。[48] この実験には、日本放送協会や逓信省、電気工学の関係者、新聞記者など百五十人ほどが招待され、実験室は大混雑したという。ニプコー円盤の回転数は毎秒十二・五回、走査線の数は六十本で、実験室の受像装置を通して、二尺（約六十センチ）四方のスクリーン上に映写したところ、「選手のユニホームの「Waseda」のマークも判読出来、石灰の白線、飛んで来る白いボールも見へ、遊撃手や、打者のモーションも判読出来て大成功だつた」[49]らしい。

もっとも、わずか六十本の走査線では、そこまで明瞭に判読できたとは考えにくい。後日、実験室を取材した赤木杢平によれば、「野球のボールが見えるさうですが、ほんとに見えますか」とスタッフに尋ねたところ、「見えたと言へば、さうかなアと言ふ程度です」と言ってニヤリと笑い、

「勿論まだまだ未完成ですから」と付け加えたという。(50) ちなみに、赤木杢平というのは、漫画家で随筆家でもあった櫛渕真澄の筆名のひとつであり、取材記の誌面には複数枚の自筆イラストも掲載されている。

それに対して、ブラウン管による受像機の研究を進めていた高柳は、実用化のための条件としていた走査線百本、毎秒二十枚の受像実験に成功していた。送像にはニプコー円盤を用いていて、その製作は大隅鉄工所（現・オークマ）に発注していた。像の大きさは依然として手札ほどにすぎなかったが、これによって人物一人の半身像であれば受像が可能になり、ラジオと併用することで十分に実用価値があるという見通しだった。ここで想定されている視聴空間は、のぞき穴を備えた機械式テレビジョンのそれに近い。

この「のぞき見る」という視聴形態は、おそらく当時では、鉱石式ラジオをヘッドフォンで聴くという秘匿性に通じるものだったのではないだろうか。音量を増幅できない鉱石式ラジオは、雑音が混ざった不明瞭な音をヘッドフォンで聴くことしかできない。一九三〇年代の初頭、受信機の主流はスピーカーを備えた真空管式ラジオに移っていたが、それを居間で家族と一緒に聴くという聴取形態は、いまだ一般化してはいなかった。このことを踏まえれば、テレビジョンが当時、主としてラジオとのアナロジーで語られていたとしても、家族で視聴されることが自明だったわけではない。

一九三〇年七月にはアメリカのヴォードヴィルでも、早稲田と同様のテレビジョン公開実験がおこなわれた。ニューヨークのゼネラル・エレクトリック社でテレビジョンの開発をおこなっていた

Ｅ・Ｆ・Ｗ・アレキサンダーソンは七月二十二日——川原田に遅れること四カ月——、これまで一ドル紙幣程度の大きさに受像するのが精いっぱいだった「エーテルの役者」を「ハリウッドのスターの姿の大きさに拡大し」てみせ、喝采を浴びたという。

彼は突然、魔術師のやうに、突如として秘密のヴエールをひきはいで Provtors Theater にてテレビジヨンを上映して、観客を驚嘆させたのであります。彼はテレビジヨンが、最早、ヴオードビルの仲間に入ってもよいことを明かに証明づけたのであります。[51]

新聞が先立って、この「劇場テレビジョン（theater television）」を大きく宣伝したことで、公開実験の会場は観衆で満席となったという。東京朝日新聞社が主催した公開実験と同様、新聞社にとってメディア・イベントとしての価値があったことはいうまでもない。[52]日本では「劇場テレビジョン」という呼称は定着しなかったが、川原田が発明したスクリーン投影型の装置は、この頃から「大衆用テレビジョン」と呼ばれることになる。

テレビジョンを実現するための技術方式は、機械式とブラウン管式の二つに絞られていたが、その視聴のあり方はいまだ、のぞき穴から小さな映像を家庭で「のぞき見る」ものから、スクリーンに投影された大きな映像を劇場で「あおぎ見る」ものまで、大きな揺らぎをはらんでいたのである。

3 「興行価値百パーセント」――モダン都市の野球テレビジョン

第四回発明博覧会

一九三二年の初春、市内電車や市内バスが「発明博覧会行」の表札を掲げ、帝都を往来していた。上野不忍池畔の公園地帯で開催された第四回発明博覧会の宣伝活動の一環である。

帝国発明協会によって主催されたこの博覧会は、当時の博覧会の規模としては比較的小さなものだった。[53] しかし、会期に合わせてラジオでは『発明講座』[54]という番組が放送され、JOAKが聴取者全員に割引券を配布していたこともあって、一般の人気は好調だったようである。国産愛用協会の主催でおこなわれた「国産愛用デー」というイベントでは、「舶来品万能の偏見を排す」「国産愛用」といったスローガンのもと、博覧会出品者の寄贈品一万点以上が、当日の入場者に無料で配布されたという。[55]

この博覧会に再び、浜松と早稲田のテレビジョンがそろって出品された。公式記録には次のように記されている。

就中JOAK館の動物園は電波を利用し種種の動物模型が操縦に依り運動し又音声を発する等珍奇なる実験は頗る人気を喚びたり。殊に同館内及余興館に装備せる二種のテレヴイジョンは最新科学の粋にして実に本邦に於てこれが実演せられたるは蓋し之を以て嚆矢とすべく、非常なる人気を博し、会期中連日観覧者を整理入場せしむるの盛況にして実に本会呼物中の随一なり。(56)

「二種のテレヴイジョン」が「本邦に於てこれが実演せられたるは蓋し之を以て嚆矢」というのは正しくないが、これらが「本会呼物中の随一」だったことは間違いなさそうである。JOAK館というのは、百五十坪（約五百平方メートル）の敷地を誇る場内第一の大特設館で、その名のとおり、JOAKが自己資金によって館内の展示品の多くを監修していた。館内に設置された浜松高等工業学校と早稲田大学の送像室は対称をなしていて、両校の技術が互いに相克している状況であることを観衆に印象づけた。「はじめに」に所収した図4は、実はこのときの写真である。高柳健次郎の研究業績をまとめた『静岡大学テレビジョン技術史』にも、「浜松高工の家庭用ブラウン管式受像機と早稲田大学の大衆用機械式受像機との対比になっている点に興味があった(57)」とある。JOAKの企画課長として一連の展示品を監修したのが苦米地貢である。特設館に関する解説のなかで苦米地は、「テレヴイジョンが発明博覧会中人気の焦点になることは論ずるまでもなく一般の見学を希望する処である(58)」と述べ、テレビジョンに対する思い入れの強さをにじませている。

もっとも公式記録は、「早工式テレヴイジョンの受像装置を〔余興館の：引用者注〕館内に設け、JOAK館よりの放送を受け三尺四方のスクリーンに映し出して、大いに観客の賞讃を博せり(59)」と伝えるだけで、その詳細を知ることはできない。

探偵小説家の海野十三は、本名である佐野昌一の名義で、「発明博覧会の偵察報告」と題する観覧記を「ラヂオの日本」に寄稿している。「電気風呂の怪死事件」などの探偵小説で知られる一方、「火星兵団」「地球要塞」といった科学小説を数多く著した人物である。いずれも科学技術に関する深い見識に裏打ちされた作風で、日本におけるSF小説の始祖のひとりとして評価が高い。それもそのはず、早稲田大学出身の海野は、川原田政太郎のもとで電気工学を学んだ後、逓信省電気試験所で研究活動に従事していて、電気関係の記事を精力的に執筆する科学解説者の顔も持っていた。ちなみに、海野は一九三九年、佐野名義で『おはなし電気学』（科学知識普及会）という啓蒙書を出版している。この本は海野の死後、テレビジョンに関する記述を中心に改補され、日本でテレビの定時放送が開始される五三年、「テレビジョン入門」（明治書院）という新しい副題をともない、出版された。

当時三十四歳の海野は、「今年九歳になるター坊という腕白少年」と「今年早稲田の高等学院に入学した十七になる鞠子といふ少女」（「ラヂオの日本」の愛読者という設定）の二人を連れて博覧会を見物したとして、会場内で交わしたとされる三人の会話によって観覧記が構成されている。もちろんこれは海野の創作物にほかならないが、遠慮なく感想を述べる子どもたちを登場させることで、この博覧会の光景を生き生きと描き、忌憚なく所見を述べている。

「JOAK館て、JOAKの出張所なの。」

「よくは知らんがね。JOAKで大分金を出して作つたものらしい。初めは電波特設館といふ

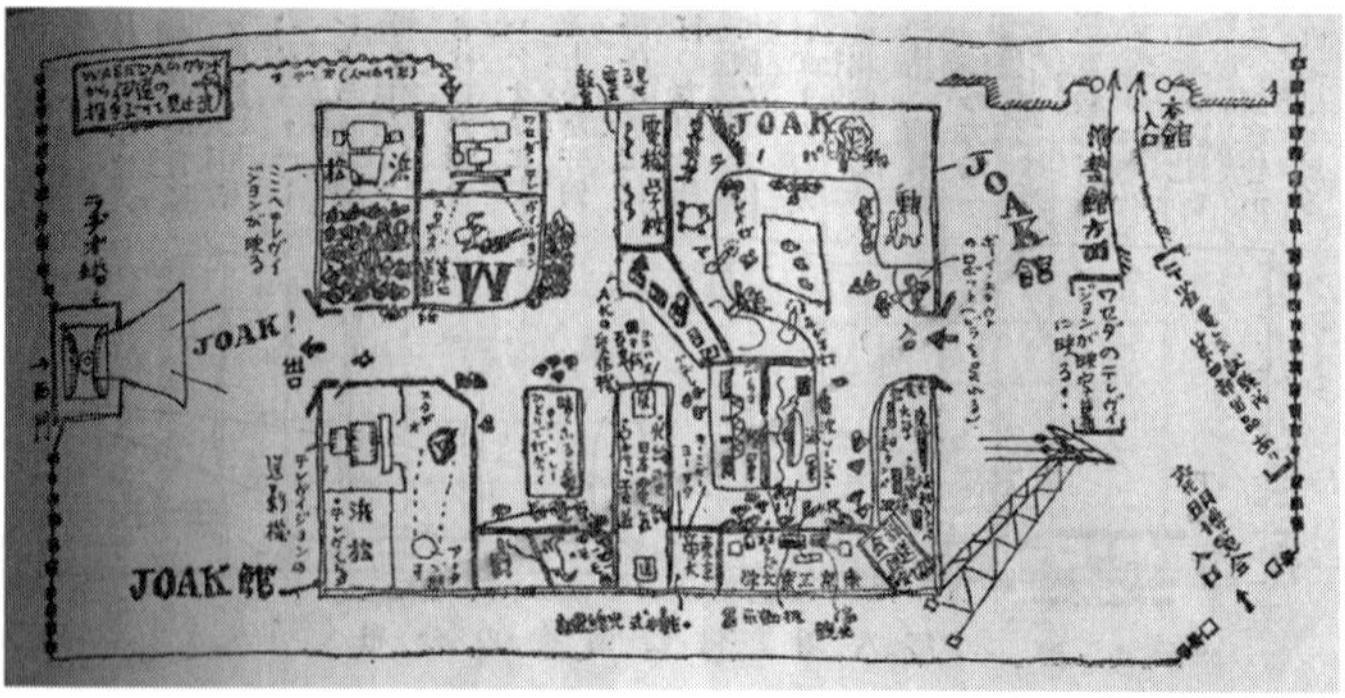

図23　発明博覧会のJOAK館見取り図（1932年）
（出典：「ラヂオの日本」1932年4月号、日本ラヂオ協会、14ページ）

名前だつたのが、急にＪＯＡＫ館にかはつた。中にはＪＯＡＫ以外の官庁や学校の出品があるのだが、すつかりＪＯＡＫに喰はれちまつた形だな。[60]」

図23は海野の観覧記に掲載されたＪＯＡＫ館の見取り図である。建物の入り口ではＪＯＡＫの職員が雑踏の整理にあたっていて、そこで観客が最初に目の当たりにするのは、館内の案内図が記載されたビラを配る、少年団の制服を着たロボットだった。そして入り口の脇には、電気仕掛けの動物園がある。電波によって象や孔雀、猿を、光波によってライオンを、音波によって白熊などを、それぞれ波動操縦でき、同時に音声も発する動物模型の実演が展開されていた。また、人体の静電気を利用することで金属製の鯛が遊泳する水族館が、とりわけ子どもたちの人気を集めていた。さらに館内に歩を進めると、「電気王国」というモチーフのもと、極超短波無線電話装置、光線電話装置、テルミンに似た国産の電気振動楽器、写真電送装置などが展示されていた。

だが、これらにまして観衆の目を引き付けたのは、原理が異なる二種類のテレビジョンだった。

ブラウン管の「世論調査」

海野たち一行はまず、浜松高工式のテレビジョンを見学している。発明博覧会の一般入場者は三十二万人強で、そのうちこれを観覧したのは、小・中学生を除いて七万人弱だったという。[61]

「やあ、テレヴイジヨンだ。テレヴイジヨンだ。」

「ああ、スタデイオが見えるのネ、四角に窓みたいなものがあつて、強い光が三方から、窓の前に立つてゐるマネキンの顔を照らしてゐるワ。」

「それが送像装置で、あの奥に送影機がある。マイクロフオンも置いてあるだらう。声も姿も送れるといふわけさ。[62]」

ところで、高柳は博覧会の前年、帝国発明協会から恩賜金を受けていて、「私共の粗末な研究に対して今秋帝国発明協会から発明奨励の恩賜金を頂いた事は誠に感激に堪へぬ次第で此事に対しましても一意専心聖旨を謹んで奉戴し一日も速かに此のテレヴィジョンを完成せねばならぬ次第であります[63]」と語っている。天皇の考えを意味する「聖旨」とは、皇室が協会を助成していたことに由来する。帝国発明協会は当時、この「聖旨」をしばしば引き合いに出しながら、発明振興が国内の不況を一掃するための打開策であると同時に、挙国一致を招来するものだとの見解を示し、「国産振興」や「技術報国」の重要性を強調している。この博覧会を総括していた山脇春樹は次のように説明する。

昔はよく言ったものです。「世界の問題となる様な大発明は一つとして〔日本の：引用者注〕学者の考案になるものはない」と、然し今日は全く反対の現象でありまして、例を諸外国に取るまでもなく（略）山本氏や高柳氏などのテレビジョン等我国内においても世界的の大発明が十指を屈する程あるのを見ましても明かなることであります。[64]

皇室の「聖旨」を受けた国産技術としてのテレビジョンは、帝国発明協会の理念を象徴する格好の発明品だったのである。

実用化に踏み切るための前提条件として、高柳は一万画素の映像を伝達することを目標に掲げ、その達成に向けて開発を進めていた。そして一九三一年八月下旬、無線テレビジョン実験施設の認可を受け、この博覧会の開催までには、百本の走査線、一万画素、毎秒二十枚の受像実験に成功していた。[65]だが、三月二十日の開会式には設置・組み立てが間に合わず、実験を公開したのは三月三十日午後からのことだった。会期中は「周波数の関係上三分に五十枚」という低速度の組み像だったものの、画面の鮮明さに関していえば、彼らが「実用に供し得る最初と予測したもの[66]」だった。

そうはいっても、「テレヴヰジヨンは如何程の像の大きさと、精細度を有する像を以て、公衆が満足するやは、目下種々論議され其留る処を知らず[67]」というのが現状である。そこで公開に際して、一般客を対象に実用化に関するアンケートを実施している。その質問は次の二つだった。

テレヴイジョン研究者よりのお伺ひ

(一)現在の像は絵素数十万〔正しくは一万:引用者注〕ですが、十万になし得る自信があります。私共方式の特長の一つは送像側が進歩しても、受像器には左程影響しません。之位から放送に移し進歩をお待ち下さる事出来ますか。

(二)ブラウン管使用では像は余り大きく出来ませぬ。せいぐ直径三十糎《センチ》の中に現し得る位でせう。家庭用として何程位の大さで御辛抱願へませうか。(68)

観衆に質問を印刷した私製葉書を配布したところ、四百人強からの回答を得た。表2がその集計結果である。これによると、「まず放送を開始して、その進歩を待つことができる」ので「一日も早く放送すべし」という意見が強いが、観衆にとって望ましいブラウン管の大きさは、中島たちが提示した三十センチを筆頭に、当時は不可能と目されていた五十センチ、六十センチと続いている。(69)

こうした「世論」に後押しされるかたちで、高柳はこの博覧会を転機に、実用化に向けて全力を注ぐことを表明する。家庭でラジオと併用するならば、人物一人の半身像を伝達できる一万画素のブラウン管には十分に実用価値がある。アンケートの質問に明記しているように、「送像側が進歩しても、受像器には左程影響し」ない。そのためこの機に受像機を商品化しても、購入者に迷惑をかけることはありえない、という攻勢を打ち出すことになるのである。

表2　浜松高工式テレビジョン公開実験の一般客アンケート結果

回答	内訳
第1問	
まず放送を開始して、その進歩を待つことができる（264名）	待つ事できる（110名）　一日も早く放送すべし（61名）　進歩を早めるために放送必要（23名）　放送に移して進歩を待つ（21名）　安価を要す（17名）　初期のラヂオに比して上上（12名）　充分なり（12名）　安価ならば（9名）　絵素数を増すこと（3名）　絵素5万を望む（1名）　絵素数10万を望む（1名）　より明るくなる様に（1名）　費用が安くなるなら（1名）　明るい所で見得る様に（1名）　色彩が現れる様に（1名）　平面に像を出して欲しい（1名）　ちらつかぬ様に（1名）　現在でも満足（1名）　将来活動写真位ゐ（1名）　絵素増加の見込みあらば（1名）
まだ放送を開始すべきではない（70名）	進歩した後に（24名）　鮮明になつてから（12名）　絵素数10万になつてから（10名）　尚早なり（8名）　否（5名）　絵素数5万になつてから（4名）　送像機が進歩してから（2名）　絵素数を増してから（2名）　絵素数2万になつてから（1名）　野球が見える様になつてから（1名）　完成後（1名）
可否不明（70名）	内挨拶に属するもの（56名）　質問に属するもの（14名）
第2問	
××くらいの大きさで辛抱できる（378名）	直径30cm（225名）　直径50cm（52名）　直径60cm（24名）　直径20cm（15名）　より大きく（15名）　直径40cm（10名）　パテー・ベビー大（10名）　端書大（9名）　新聞の大さ（7名）　小さくとも鮮明希望（4名）　直径10cm（4名）　手札型大（2名）　障子大（1名）
辛抱できぬ（3名）	
可否不明（23名）	

（出典：「ラヂオの日本」1932年8月号〔日本ラヂオ協会〕64ページの表をもとに作成）

しかし、海野たち一行の評価は手厳しい。ター坊は次のように酷評する。

「やあ、動いてらア。テレヴイジヨンて、緑色をしてゐるんだね。」

「うん、浜松の高柳先生のは、ブラウン管を使はれるので、蛍の光のやうに緑色に見えるのサ。」

「ああ、マネキンが澄ましてらア。マネキンて皆奇麗だなア。」

「これこれ。黙つて見てゐなさい。」

「テレヴイジヨンて、仲見世で一円二十銭出して買つて貰つた活動の映写機より、機械が悪いんだね。」

「どうして。」

「だつて、大きさつたら、名刺二つ位だし、活動よりボンやりしてゐるぢやないか。」

「活動と比較するのは、今のところ発明がすゝんでないから無理なんだよ。高柳先生のは、これでハツキリしてゐる方なんだ。大きさも、もつと大きいものが出来たといふ話だつたが、残念ながら、博覧会には間に合はなかつたさうだ。高柳先生のは、家庭用を目標にしてゐるんだから、これ位でいゝんだよ。」

「僕、もつと大きいのが欲しいよ。」

「わからずやだナ、お前は……。」[70]

佐野がター坊に代弁させているのは、トーキーの登場にともない日本の活動写真が最初の黄金時代を迎えていた当時の、ブラウン管に対する典型的な世評だろう。もともと家庭での視聴を念頭に置いて開発しているものを、博覧会の呼び物として群衆の面前に示しているのだから無理もない。それに対して、早稲田大学の機械式テレビジョンは、呼び物として活用するには格好の発明品だった。

大学野球の中継実験

「ぢや、こんどは、早稲田大学の山本忠興先生と川原田政太郎先生のテレヴイジヨンを見にゆかう。」

「こつちですネ。スタヂオがあつて、送影機がありますワ。だけど、どこで見るのでせう。」

「それは、あつちの演芸館の中だよ。」

「まア、演芸館！　まるで活動のやうね、いよいよ電視館が日本に初めて誕生したといふ訳ですのネ。」

「オヂチヤン、あんな小さいのを演芸館で見たつて、見られやしないぢやないか。」

「さうぢやないよ。早稲田のは、大きいんだ。」

「スクリーンにちやんと出る。」

「そんな大きいのがあるのかい。早く云つてくれりやいゝのに。」

「尤もこの方は、中々家庭向きには行かない。電視館でも建てて入場料をとつて見せる式の大がかりなものだ。(71)」

この博覧会で早稲田大学は、戸塚球場から無線による野球の実況中継に成功している。その受像の様子は、特別に余興館(演芸館)で公開された。余興館はその名のとおり、活動写真や手品、舞踏などの余興が催されたところで、戸塚球場からの無線信号とJOAK館のスタジオからの有線信号が、ここで交互に受信されたという(図24)。


「さア、演芸館へ来た。さア、入らう。」

「やあ、映つてゐる大きいなア、五尺四方もあるね。」

「さうもないだらう。しかしいくらでも大きく出来るはずだ。」

「まア、野球試合だと思つて見てゐたら、あれ伊達投手だワ。まア、まア。」

「やあ、ほんとだ、伊達の顔だ。伊達!伊達!」

「これこれ静かにしなさい。」

「オヂサン、伊達はスタデイオの中にはゐなかつたのにね。」

「早稲田のは、博覧会のスタデイオの中でも、早稲田のグラウンドからでも、どつちからでも送れるやうになつてゐるんだよ。つまり学校から出してゐるのは、無線で送つて、この博覧会でうけてあのスクリーンに出してゐるんだ。」

「ぢや、誰でもテレヴイジヨン受信機を持つてゐたら、受けられるぢやありませんか。」

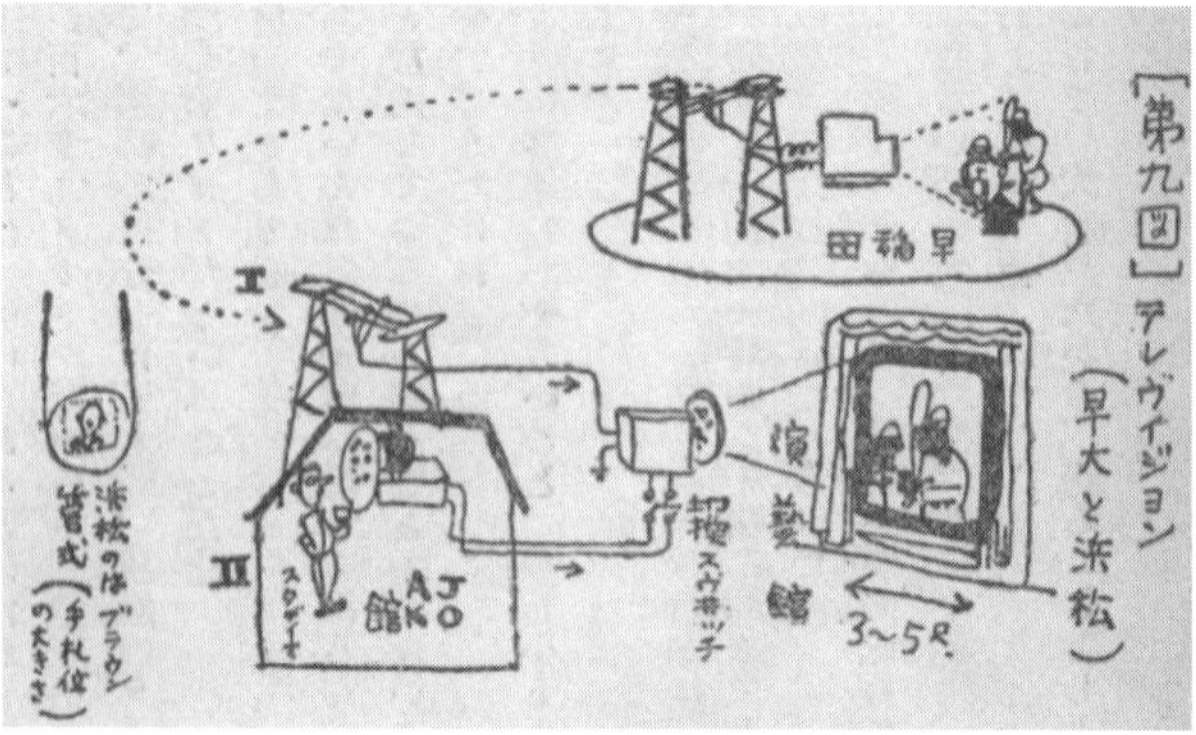

図24　発明博覧会でのテレビジョン公開実験（1932年）
（出典：前掲「ラヂオの日本」1932年4月号、23ページ）

（略）

「いつ放送するんでせう。」

「放送ぢやないんだ、博覧会へ送つてゐるんだ。」

「だけど放送してゐるのも同じことぢやない？」

「そりや、さうだけれど。[72]」


「伊達投手」とは、早稲田大学野球部の伊達正男のことである。伊達は当時、京都商業学校の沢村栄治と並ぶ鉄腕投手として、将来を嘱望されていた選手である。もっとも、早大野球部はこの年の五月、東京六大学野球の浄化を訴えてリーグを脱退している。伊達は晩年、「春はついに東大戦を行ったのみで終わってしまった[73]」と回顧していて、公開実験の画面に登場していたかどうかは定かでない。

早稲田大学のテレビジョンは、スポーツ中継のパブリック・ビューイングこそがテレビジョンの核心だという信念にもとづいて、野球中継の公開実験を博覧会で試みたのだった。ラジオと分かちがたく結び付いた野球は当時、モダニズムを象徴する新時代の娯楽として、ファンを急速に獲得していた。

ラジオによる野球中継の全盛期はちょうど一九三一年から三三年までの三年間で、早慶戦を山場とする六大学野球が実況放送の中心だった。[74] 正力松太郎が読売新聞社のメディア・イベントとしてベーブ・ルースやルー・ゲーリックらを擁する大リーグ選手チームを招聘したのを機に、大日本東京野球倶楽部（東京巨人軍）が設立されるのは三四年、そしてプロ野球のペナントレースが始まるのは三六年のことである。この博覧会が開催された三二年には、日本放送協会の聴取加入総件数が百万件を突破したことを記念して、大都市の公園など全国五十カ所にラジオ塔が建設されている。山口誠が詳しく跡づけているように、関西ではこれに先立ってＪＯＢＫによって、天王寺公園、京都の円山公園、奈良公園の敷地内に設置され、「夏の甲子園野球の中継時期には多くの野球ファンをそのまわりに集めたという。あるいは野球中継に耳を傾けるという体験を提供することで、放送はさらなる人々を野球ファンにしていったのかもしれない[75]」。

ラジオによる野球中継について、「ラヂオの日本」は論説のなかで次のように述べている。

野球熱が一般民衆間に普及したる最大原因は実にラヂオによる中継放送であると思ふ。ラヂオは野球のために其大衆的実用価値を認められ、野球はまたラヂオによりて急加速度を以て民衆化せられたのである。即ちラヂオと野球とは今や全く不可分の相互関係によつて連結せられて居るのである。

（略）

テレヴヰジョンによりて野球場の実況を放送することは甚だ遠き将来ならんも、国際的無線中継にニューヨーク、シカゴ等の世界的野球競技場に於けるバッチングの音が近き将来に於て吾人の耳に達することを望むものである。[76]

したがって当時、テレビジョンの実用価値を示すために、野球の実況中継はこのうえない格好の素材だった。機械式テレビジョンの先駆者だったイギリスのベアードも一九三一年に実用実験として野球中継を試みた実績があったし、後年には高柳も野球中継の公開実験を試みたという記録が残っている。「浜松高等工業学校の高柳健次郎教授が、十二ヶ年の苦心研究の核心である全電気式〝アイコノスコープ〟は一九三六年四月二日晴れの公開実験を行ひ、その野球放送実験は十六ミリ映画にいさゝかの遜色のない鮮明さに、列席者を唖然たらしめた程の大成功振りであつた」[77]。このように、映画には真似できない同時性こそが「放送」の醍醐味であり、かねてからスポーツ中継は、公開実験の要だったのである。

いうまでもなく、戦後の街頭テレビもその延長線上にある。一九五五年十一月末、日本放送協会放送文化研究所が実施した「自宅にテレビのない人の視聴状況調査」によれば、街頭テレビに限らず、飲食店などのテレビを含めて「この一ヶ月間にテレビをわざわざ見に行った人」は三〇パーセントを超え、男性に限っては四五パーセントに達した。そのなかでプロレスを観た人が八六・二パーセントで、野球が三六・一パーセント、相撲が三五・四パーセントとスポーツ中継が上位を占め、劇映画が一二・四パーセント、舞台中継が一一・五パーセントと続く。[78] この当時、早稲田大学の学生だった小林信彦は、「テレビ放送の初期というと、必ず街頭テレビの話題が出てくるが、あれはプロレスと野球に興味がない人間にとっては関係がない[79]」とまで言い切っている。

「街頭テレビ」の起源

こうして早稲田の公開実験は、群衆の関心を巧みに引き付けることに成功した。既に第1章でみたが、ラジオでさえ一九二〇年代には、カフェや商店などの店先に設置された受信機を囲む群衆、昼の野球中継を公園で放送するラジオ塔の人気などからもわかるように、家庭での聴取がまだ一般的とはいえなかった。吉見俊哉が指摘するように、当時の「テレビ公開に多数の群集が集まる状況は、山口が示した街頭ラジオのなかですでに日常的に実現していて、同時代の都市民にとっては馴染み深いものであった」はずである。「当時、街頭で野球中継に群れ集う聴衆を集めていたラジオから博覧会場でのテレビの実験放送、意匠を凝らした街頭広告や宣伝ビラに気散じ的な視線を走らせる遊歩者、そして駅や停留所で飛び交うニュースの呼び売りから路地裏の紙芝居まで、都市の街頭は新しいメディアや情報が受容されていく最大の基盤であった[80]」

一九三〇年代前半まで、とりわけ労働者層の家庭に対するラジオ受信機の普及は遅れていて、人びとが接触するメディアとしては活動写真のほうが圧倒的に先行していた。逓信省電気試験所の技師だった加藤誠之はこの頃、次のように述べている。

ラヂオでさえも碌々楽しめない人の多い世の中ですからテレヴィジョンの家庭化よりも先づ劇場化を研究して電視館を完成し今の活動写真館がラヂオ電視館に代る日を鶴首して待つて居

ります[81]。

無論、早稲田大学は大画面での野球中継に成功したとはいえ、戦後の街頭テレビとは技術水準に雲泥の差があったことはいうまでもない。この頃の公開実験の様子について、ＮＨＫの関係者は後年、次のように回顧している。

永山　上野の池ノ端で博覧会をやったときに、テレビを送ってきましてね。暑くて死にそうなのに、その部屋に入っていくと、真暗い部屋の七センチぐらいのところに、字か絵かわからないのが見える。汗だらけになって入ったのを覚えています。

山下　上野へ行ったのは昭和七年になるんでしょうか。池ノ端で第四回の博覧会というのがありまして、そこへ早稲田と浜松が出品したんです。

栗田　僕も子供のとき、どこの博覧会かわからないんですけど行きまして、早稲田のだと思うんですが、大きいスクリーンにうつしていました。ハーモニカの音だけは非常にきれいで、画は何だかわからないけれども、音だけはっきりするものがテレビジョンかなと思いました（笑）[82]。

それにもかかわらず、テレビジョンの公開実験は、当時の博覧会や展覧会の呼び物として、積極的に活用されるようになっていく。早稲田大学は第四回発明博覧会に続いて、名古屋、仙台、札幌、函館の各地で開催されたラジオ展覧会に装置を出品し、有線による実験をおこなっている。「こ二三年博覧会が開催されるとそれが少しでも最新科学に関係あるものなら必ずテレヴイジヨンが公開実験される様だ。そしてこのテレヴイジヨンが場内の人気の大半を吸収して居る所を見ると確かに興行価値百パーセント位かも知れぬ[83]」と評されるほどの「興行価値」がこの技術に見いだされ、実際に会場内の人気をさらっていったのである。

第四回発明博覧会を主催した帝国発明協会は、「徒らに余興的施設に流れずして而も大衆の人気を博し博覧会本来の公益的目的を達し得べき[84]」といい、時代が下るにつれて博覧会が、見世物気分が蔓延する大衆娯楽へと次第に変容してきた傾向を憂慮していた。しかし当時、「余興的施設」こそが「大衆の人気」を左右する重要な要素であり、テレビジョン技術の演出のされ方もまた、その潮流から逃れることはできなかった。

このことを端的に示していたのは、早稲田大学が翌年の春、万国婦人子供博覧会で実施した公開実験である。

万国婦人子供博覧会

一九三三年の春。フランス大統領寄贈の大国旗を先頭に、日本の学生たちや陸・海軍の軍楽隊が、日本在住のフランス人たちと一緒に東京の中心街を列をなして歩く。街中にも無数のフランス国旗が掲げられ、新聞や雑誌にはフランスを称賛する記事が並んでいる。昼は日仏両国親善の大講演会が開かれたかと思えば、夜には帝国ホテルで大夜会が催されていた。

「我国では珍らしい列国参加の万国博覧会[85]」と謳われた、万国婦人子供博覧会の一風景である。会期中には毎週、「仏蘭西デー」あるいは「英吉利デー」といった参加国の名を冠した催しがおこなわれていた。「列国参加」といっても、実のところ、各国の大使や公使、あるいは代理公使が顧問として名前を連ねていたにすぎなかったが、新聞には一面に記事広告が掲載され[86]、過去に前例がないほどの盛んな告知がおこなわれていた[87]。会期は三月十七日から五月三十一日で、上野恩賜公園内の東京自治会館などを含む「竹の台会場」、上野不忍池畔の産業館を含む「池之端会場」、芝浦製作所跡地を利用した「芝浦会場」の三カ所に展開していた[88]。

東京市内では開会前から、前売りチケットが大評判になった。空クジなしの福引き券がついていたためである。このチケットは、直売所や百貨店はもとより、区役所の窓口、市バスや市電の車内でも購入できた。また、当日販売のチケットにも二十五万枚の抽選券がついていた。「東京横浜間のデパートのショーウィンドーに、五十数体のマネキン人形をたてて、それに豪華な衣装をきせ、それを賞品にあてるとともに、市内有名商店から百万点の品物をうけ、それも全部賞品にあてた[89]」という。

三会場のなかで最大の芝浦会場には、「生活を楽しむ」というコンセプトのもと、絵噺やお伽噺をモチーフにした「子供王国」が建設された。上野から芝浦に至る沿道の中心商店街は、すべて博覧会所属の売店に仕立てられ、沿道すべてに誘導装飾が施されたという。敷地内には即売館、優良品館、娯楽館、演芸館といった余興的施設と並んで、建坪面積が五、六十坪（約百六十五平方メートルから二百平方メートル）程度の敷地にテレビジョン館が建設されていた。池之端会場のＪＯＡＫ館とは別に建設された、日本放送協会の特設館である。

「ラヂオの日本」は、「今度の博覧会には早稲田大学では（略）更に進歩したものを出品するとの由であるが一方浜松高工では今回は都合上国内での公開実験は中止になるらしい。然しその代りに新進の逓信省電気試験所では独特の方式のものを公開するさうでその結果は特に斯界の注目の的になつて居る」[90]と、その前評判を伝えている。高柳が参加できなかったのは、この博覧会と同じ時期、大阪三越で開催された「電気は進む電波は踊る展覧会」で公開実験を実施していたためである。[91]

スクリーンにミッキーマウス

道路を隔てて相対する二つの建物からなるテレビジョン館では連日、早稲田大学と逓信省電気試験所が交互に公開実験をおこなっていた。逓信省電気試験所のテレビジョンにとっては、この博覧会が初公開の場だった。その詳細については第3章で述べる。

早稲田大学はこれまでと同様、大学キャンパスに設置されたアンテナから、無線によって野球や陸上の実況中継をおこない、天気が悪い日には、大学の室内から絵や音楽などを送信したという。その一方で、ミッキーマウスなどのキャラクターの絵を投影して動かし、子どもたちを喜ばせたという。「ラヂオの日本」の「電視欄」に掲載された「万国婦人子供博のテレヴイジョンを見て」という記事には次のようにある。

始まりの合図があり室内の電灯が一斉に消えるとＷＡＳＥＤＡの字も鮮やかなペナントが現れた。しばらくの間はフエーズを合せるために像を上下に逃がして居たが丁度よい所に収まると次にスクリーン上に一人物が現れて色々喋つた。勿論顔のクローズアップだつたが相当鮮明に出て居る。（略）プログラムが進むにつれミッキーマウス等が現れて、子供達を喜ばして居たがあまりに早く左右に動かすので何となく気ぜはしかった[92]。

ディズニーのトーキーは日本でも数年前から人気を集めていたが、そのフィルムを用いていたわけではなさそうである。動く対象物のほうが効果的だと思ったのかもしれないが、「紙に書いたネヅ公」が左右に動いたのでは不自然で、かえって悪い印象を与えると、この記事の筆者は苦言を呈している。

このときの公開実験を、『テレビジョン技術史』は「わが国の大衆にテレビジョンの知識を普及し、テレビジョンの文化的重要性を認識させるのに貢献した[93]」と評価している。しかし、「子供の国」というコンセプトで設計された芝浦会場の最大の呼び物は、「開国以来の大騒ぎ」と報じられたドイツのハーゲンベック・サーカス団であって[94]、ＪＯＡＫは聴取者にサーカス団の絵葉書が同封された優待券（図25―1・2）を配布するなどして、前評判は上々だった。そもそも芝浦会場は、「サーカス団の渡来を歓迎する事にした」ものの、「何分上野公園内にはその収容の余地がないのみならず（略）其他多少大規模な計画は到底収容の余地がない[95]」ことから、その打開策として造成さ

図25-1　万国婦人子供博覧会ラジオ聴取者優待券（1933年）

れたものだった。その結果、会場の催しのなかでテレビジョン館だけが浮いていた感は否めない。このことについて「ラヂオの日本」の評は、次のように手厳しい。

ノラクラ等という代物がタンクの上に頑張つて居るかと思ふと一方にはお爺さんのハゲ頭を

図25-2　万国婦人子供博覧会ラジオ聴取者優待券（1933年）

利用したスベリ台がある。其他お伽の国とか海女館さては大サーカス等と見せ物小屋オンパレードだ。どうしてこんな所にテレヴイジョンをもつて来たものだらう。かうなると尖端技術もさしづめ子供のオモチヤか見せ物扱ひだ。(96)

「ノラクラ」と書かれているのは、田河水泡が二年前から講談社の「少年倶楽部」に連載していた人気漫画「のらくろ」のことだろう。この博覧会の企画に関わったランカイ屋の中川童二は後年、会場の様子を次のように振り返っている。ランカイ屋とは、博覧会や展覧会での展示館、ジオラマやパノラマといった展示物や装飾物に関して、その企画から施工までの一切を請け負った業者のことである。

象がトラをのせて樽わたりをやったり、熊とライオンがシーソーをやったりするのだから、子供たちだけではなく、貧弱な日本のサーカスしかしらない大人たちまでが、目を見はった。芝浦には、ほかに子供の娯楽物として、世界旅行豆汽車や、飛行塔、例の海女館、ＪＯＡＫのテレビ実験所があったが、みなサーカスのかげに消えてしまった。(97)

博覧会は大正期を通じて、「大人だけの学習の場から、家族連れを想定した娯楽の場へ」(98)と変節を遂げていたのであり、遊戯機械があふれかえる東京市内の博覧会場に限っては、テレビジョンの公開実験が、科学的な「呼び物」として絶大な効果を発揮する時代は早くも終わりを告げるのである。[99]

ロジャー・シルバーストーンのミュージアム論を踏まえて光岡寿郎が指摘するように、教育施設としての社会的意義が自明視されていた時期のミュージアムは、個々のモノが持つ学術的価値に依拠することができた。だが、娯楽性を強めるミュージアムでは、来館者を楽しませる「物語」が期待されることで、モノ固有の価値は相対化され、物語のなかでそのつど与えられる意味がより重視されるようになる。[100] 博覧会での展示もこれと同じことがいえるだろう。一九三〇年代なかば以降、テレビジョンの展示でも、「技術報国」（第3章を参照）、あるいは「国威発揚」や「国民統合」（第4章を参照）といった企図に則った「物語」が重視され、教育と娯楽の両立が模索されるようになるのである。

アイコノスコープの衝撃

一九三二年のロサンゼルス・オリンピックに陸上選手の総監督として参加した山本忠興は、その冒頭二週間の余暇を利用して、アメリカのテレビジョン研究の実情を視察した。山本は帰国後、その感想を次のように報告している。

> 自分の感ずる所では、米国に於けるテレヴィジョンの現状は別に我国の状態より特に進んだと思はれる点がないやうに思ふ。（略）試験放送の実験もよくないと云ふ話である。今日のところ、テレヴィジョンの実験放送としては英国のベヤードの方が犠牲も払い又或る程度民衆的

となつて居る。（略）テレヴィジョンに関しては画時代的の発明は今のところ行詰つた状態であつて、現状にありてその最善を尽すより致しかたがないと思はれる。[101]

日本電気の小林正次と早稲田大学理工学部の廣田友義もまた、ほぼ同時期に海外のテレビジョン研究を視察していて、その現状を帰国後、それぞれ次のように報告している。

ドイツの逓信省のバンナイツ博士のテレビジョン、英国に於けるベヤードのテレビジョン米国に於けるR・C・A及びジェンキンスのテレビジョン等を見た。何れも放送も受信も見たが結果は皆大同小異でテレビヨ《ママ》ジョンは何れの国でも行く所まで行つたと云ふ様な感じを深くした。[102]

米国のテレビジョンは？　一口に云へば評判程ではない。成程放送はしてゐる。が誰が受けてゐるのやら甚だ頼りない話と見受けられる。（略）折からの不況に鑑み、来る可きシカゴ博覧会を機として一整に売り出すであらうと声明してゐるのも期待は出来ようが、現在大きい研究所には研究を放棄してゐる所もあり、数年前に試用された装置が放置されて埃の積るにまかせた儘のもある様な状態である。[103]

ドイツでは、代表的なテレビジョン研究雑誌だった *Fernsehen*（ドイツ語で「テレビジョン」の意）が廃刊になり、アメリカでも専門雑誌は廃刊になるか、あるいはオーソドックスなラジオ雑誌として新装刊されるようなありさまだった。

ところが、ロシアからアメリカに亡命していたウラジミール・ツヴォルキンによって開発された「アイコノスコープ」と呼ばれる撮像管が引き金となって、世界中のテレビジョン技術者たちの勢力図は一変する。*Popular Science* の一九三三年九月号に掲載されたアイコノスコープ完成のニュースは、即座に日本でも報じられた。「このアイコノスコープこそはテレビジョンの最後の難関を突破するものだと云はれて居り同博士〔ツヴォルキンのこと：引用者注〕もテレビジョン研究の科学的部分は既に仕遂げられて後は只商業的及経済的方面の問題が残つて居るばかりだと云つて居る」(104)

その結果、機械式からブラウン管式への趨勢の移行は決定的になり、日本では高柳が一躍注目を集めることになった。しかもアイコノスコープの生産には高度な技術開発力を要するため、研究者たちの組織化を加速させる原動力のひとつにもなった。

だが、その開発は容易に真似ができるものではなく、アイコノスコープによる走査線二百本の野外実景送像に高柳が成功するのはこの二年後、一九三五年の十一月のことだった。

日本テレビジョン学会の創設――逓信省と日本放送協会による監督体制

日本放送協会技術研究所が小規模ながらテレビジョンの研究開発を独自に始めたのは、一九三一年のことだった。そして、放送事業を管掌する逓信省もまた、付属の研究機関である電気試験所で、独自に研究開発に取り組んでいた。こうして複数の研究機関のもとで研究体制が確立されるにつれて、それに特化した合理的な連携のあり方を探ろうとする機運がにわかに高まっていく。

そこで一九三三年七月七日、蔵前工業会館で開催された会合で、逓信省電気試験所の楠瀬雄次郎が発起人となり、浜松高等工業学校、早稲田大学、日本放送協会、東京電気が中心となって、日本テレビジョン学会の創設が決定する。[105]研究者相互が連携協力や情報交換をするための懇談協議の機会をつくることはもとより、統制事項の申し合わせをおこない、知識の普及や関連事業の振興を図ることも、この学会の趣旨とされた。当初の会員数は十七人で、同年の九月三十日に電気倶楽部で開催された第一回会合で、会則とともに役員が次のように決定された。会長は逓信省工務課長を務めていた稲田三之助、副会長は日本放送協会技術研究所長の高田喜彦、幹事は逓信省電気試験所の楠瀬と、日本放送協会設計課長の伊藤豊だった。だが、浜松の中島や高柳、早稲田の山本や川原田など、既に研究実績がある研究者は役員に含まれておらず、研究交流のための学会というよりも、逓信省と日本放送協会による監督体制の素地づくりを目指したものだったといえる。

日本テレビジョン学会は翌三四年十一月、第一回公開講演会を開催している。早稲田大学の山本忠興は、独自に考案した鏡車を用いた走査方式について報告しているが、あくまで要素技術の解説に徹していて、テレビジョンの将来を見通すような発言はおこなっていない。

それに対して高柳は、同年の夏期休暇を利用して敢行した三カ月間の外遊について報告している。文部省と日本放送協会の資金援助を得た高柳は、アメリカ、イギリス、ドイツ、フランス、そして再びアメリカの順に巡り、各国の研究所を視察している。この出張の最大の目的は、アイコノスコープを発明したRCAのウラジミール・ツヴォルキンに面会することだった。アイコノスコープ完成の一報がもたらされたとき、高柳はちょうど、ツヴォルキンと同じ積分方式の撮像管の開発に取り組んでいたところだった。高柳はＲＣＡ社長のデヴィッド・サーノフに手紙をしたためたところ、ツヴォルキンとの面会を快諾するという返事を受け取ることができた。ツヴォルキンとの面会を果たした高柳は一九三五年十一月、独自の工夫を取り入れた最初の試作機を完成させることになる。

高柳はまた、毎年八月下旬にドイツで開催されているラジオ展覧会も見物していて、「独逸に於ける如く、大規模な送信機を備へつけて、試験する処がないのを遺憾と思つてゐる。今は此方面にも手をつけなければならぬ時と思ふが故に、此際至急に逓信省か、日本放送協会に於いて、日本国を代表して相当大規模の試験送信機を設置してテレビジョン実施に対する技術的研究に歩を進まれんことを熱望する次第である」[106]という意見を述べている。このように、帰国後の高柳はブラウン管式テレビジョンの優勢を確信し、その実用化を促進するためのキャンペーンを積極的に展開していった。[107]その結果、一九三六年の初夏には、日産コンツェルンの総裁・鮎川義介がテレビジョンの事業化に興味を抱き、高柳を日産に迎えようと説得に訪れたという。[108]

劇場テレビジョンの期待と挫折

この時期になると、著名な芸能人や文化人がテレビジョンの将来像について、いっそう積極的に発言するようになる。「ラヂオの日本」一九三五年一月号は、「テレビジョン特集号」と題し、一九三一年六月号に続いて二度目の特集を組んだ。[109]ここでも前回と同様、「テレビジョンの未来を語る――現代の名士」という企画を掲載している。

「今迄の放送プログラムで斯んな時にテレビジョンがあれば――とお感じになつた事がありますか。

若しあつたとすればどんな場合でせうか」という問いに対して、エノケンこと榎本健一が「私が放送する度に思ひますんです。テレビジョンが有つたら、もつともつと聴取諸賢に楽しんで頂けると御感じになるんです。特に感じるのは、矢つ張り自分の事で――」というのに対して、ロッパこと古川緑波は「自分の放送はゼツタイ　テレビジョンになつちや困りますな」という。また、新派女優の水谷八重子が「舞台の放送の如きテレビジョンでなくては何にもなりません」というのに対して、帝劇女優の森律子は「テレビジョンが発達致したため劇場へわざわざおいでになるお客がへる様な事があつてはそれこそ一大事、職業にかかわつて来ます事、或は舞台中継の時だけはホトトギス式に矢張り今迄通り声丈けに願ひたいと存じます」と述べている。なお、「道具を使はない私の物まねはぜひテレビジョンに願ひたいモンです」という江戸家猫八をはじめ、徳川無声や松井翠声、桂小南といった漫談家や演芸家の多くは、おおむね好意的な見解を寄せている。(110)

また、機械式に対する期待はすっかり影を潜めていたが、映画館での大型受像を要望する声も依然として強かった。

それ以外でも、映画『十三番目の同志』(監督：小石栄一、一九三一年)の原作・脚本を手掛け、のちに黒澤明監督作品『姿三四郎』(一九四三年)などを企画する松崎啓次は、一九三四年に次のように述べている。

トオキーは、聴覚と視覚との芸術である。
聴覚芸術としてのラヂオと、トオキーとは、全く異つた表現形式を選ぶであらう事は自明の理である。

が、この聴覚的方面では、然し「シャム兄弟」の如く、マイクロフオンによつて連結する二ツの芸術属は、将来人々が、現在の之等の機械に飽き始めた時、各々の欠点を相互に補ふ事で、飛躍的の発展——即、テレヴイジヨンを生むだらう。(三)

映画プロデューサーの松崎は、「(改良されたる)ラヂオ+(改良されたる)トオキー=テレヴイジヨン」という理解のもと、「科学者達がテレヴイジヨンを発明する迄は、そして更に、立体と色彩を持つたテレヴイジヨンが、完成される迄は」、映画とラジオという現在の機械芸術のなかで、それら性能の根本的欠陥を補うことに努めざるをえないと考えていた。

それに対して、テア・フォン・ハルボウの『メトロポリス』やエリッヒ・マリア・レマルクの『西部戦線異常なし』など、多数のドイツ文学作品の翻訳家としても知られた東京宝塚劇場支配人の秦豊吉(丸木砂土)は、興行師としての立場から、テレビジョンの完成によって「興行」と「放送」が今日以上に密接な関係を持つことに期待を表明していた。

歌舞伎の舞台でもレビユウの舞台でも、今日の音楽と台詞による中継放送ではなくなつて、トオキイ映画そのまゝの中継放送になる訳である。(略)

その場合には、私的事業である興行会社に於ても、例へば一劇場と一映画館とを近接して持つてゐる場合には、一劇場の舞台を、一映画館の映写幕の上に、そのまゝ映写する事が出来るに相違ない。テレビジヨンの進歩は、今日の映画館の仕事に、一大変化を与へるに違ひないと私は信じてゐる。客は単に映画を見るばかりでなく、舞台劇を見るに至るのである。かうなると今日何の関係もない映画館と劇場は、新に離れられない関係に結び付かれるのである。同時に映画館は、この種類の放送を、どう扱ふに至るか、これにも面白い問題である。

興行者側から見たる放送事業として、直接の問題は舞台の放送だけしか私にはない。舞台の俳優が、放送用俳優として適当かどうかは、重大な問題で、まだ今日ではそこ迄研究してゐる人も少いであらう。[112]

これは早稲田大学が構想していたテレビジョンのあり方に限りなく近いが、日本の映画界や演劇界の内部からは結局、それを現実化しようとする具体的なはたらきかけは生じなかった。それはなぜだろうか。

瀧口修造は一九三五年、ジャン・コクトーなどフランス文学界の巨匠のラジオドラマ観を「放送」誌上で紹介した際、「今後に期待すべきテレヴイジヨンの完成と応用とは、無声映画から発声映画への転化以上の、複雑、圧倒的な影響を与へるにちがひない」と期待を表明しながらも、「兎にかく、当面の問題は、天分豊かなフランスの作家達が、ラヂオフオニイの新しい世界を、いかに消化し、開拓してゆくであらうか、といふ所にかゝつている」[113]と続けている。この時期、日本の演劇界や映画界、あるいは美術界はおおむね、テレビジョンの表現力がいまだ映画に遠く及ばない点に不満を抱き、さほど関心を向けていなかったといえる。[114]

日本テレビジョン学会は一九三六年の初頭、日本放送協会に対して、近い将来に実施すべき試験放送の暫定方式として、走査線二百四十本、秒間二十五枚のブラウン管式を進言している。この頃から電気機器メーカー各社も、ブラウン管式テレビジョンの研究開発に集中し、相次いで受像機の試作を進めていくことになる。たとえば、日本電気の大澤壽一は同年、次のような見解を示している。

家庭用としてのブラウン管、大衆用としての仲介フイルム、これは今後十年間位は動かない枢勢であらう。然しこゝでも結局仲介フイルムは排除されなければならぬ。時間の遅れ等は問題ではないが劇場等で数百人の観衆に見せる場合以外不経済で仕方がない。所が劇場などで見せる場合が多いかといへば大いに疑問である。テレビジョンはトーキーの分野に進出するものでなく放送の方面が主であらう(115)。

こうした動向に対して、山本忠興は次のような考えを示している。

大型テレビジョンは(略)本質的に面白い方式でない為に独逸でも廃止の方針との事である。我邦の興行界から急いだ要求があれば此方式を以て始むべきかと多少準備はして見たが、其要がないと見て中止して根本事項の部分的研究に将来の時代に適するものゝ創造に努力せんと自分達の研究方針を定め、目下としては真空管式の我邦に於ける急速の完成を冀ふて居るのが自

分心達《ママ》の境である。(116)

興行界からの要請がないからには、大型テレビジョンの準備は中止せざるをえない。一九二〇年代末から劇場テレビジョンを構想していた山本にとって、これは敗北宣言に等しいコメントだった。

注

(1)「ラヂオの日本」一九三〇年十月号、日本ラヂオ協会、一ページ
(2) 同誌一ページ
(3) 前掲『見世物からテレビへ』三五ページ
(4)「東京日日新聞」一九三〇年二月二十五日付
(5) 川原田政太郎の生涯については、篠原文雄『発明の人――川原田政太郎』(東明社、一九七〇年)などに詳しい。
(6) 前掲『テレビジョン技術史』六―九ページ
(7) 前掲『発明の人』一〇四ページ
(8) 同書一〇四―一〇五ページ
(9)「東京朝日新聞」一九三〇年三月十七日付
(10)「東京朝日新聞」一九三〇年三月十六日付
(11)「東京朝日新聞」一九三〇年三月十八日付

(12) 下村海南は、東京帝国大学政治学科卒業後、逓信省で貯金局長や台湾総督府民政長官を務めた後、一九二一年に朝日新聞社入社。社内の組織化、営業網整備を進め、全国紙企業への拡大に貢献した人物である。この公開実験がおこなわれた三〇年には、朝日新聞社副社長と中央放送審議会委員に就任している。その後、三六年に退職。翌年に貴族院勅選議員、四三年には日本放送協会の三代目会長に就任していて、四五年、鈴木貫太郎内閣のもとで国務相と情報局総裁を兼任、ポツダム宣言受諾と終戦の玉音放送実現に動いた。歌人・随筆家でもあった下村は、日本文学報国会理事、評論随筆部会理事などの役職も歴任し、名実ともに戦時期日本のマス・メディアおよび言論界の重鎮となる人物である。

(13) テレビ生「早大のテレヴイジヨンを見て」「無線と実験」一九三〇年六月号、誠文堂、四一七―四一九ページ

(14) 山本忠興は「人類の欲求とテレヴイジョン」と題した講演をおこなった。その要旨は、「声のラヂオから今は姿のテレヴイジョンの時代が来たテレヴイジョンの研究は五十余年の歴史を持ち各国とも相当研究は進んだが今日このやうな大多数の前で実験公開するのはこの点でもいまだ聞かぬ、テレヴイジョンも急所をつかみ得たから、もうあとは完全な設備をする資力さへあればこの秋の早慶戦もラヂオの声の放送と共に姿をスクリーンの上に実現し得るのは単なる夢ではないと思ふ」というものだった。川原田政太郎は「テレヴイジョンの解説」という演題で、図を用いながら通俗的な解説をおこなったという(「東京朝日新聞」一九三〇年三月十八日付)。

(15) 朝日新聞社『テレヴィジョンの話』(「朝日民衆講座」第十七輯)、朝日新聞社、一九三〇年、二―三ページ

(16) 高度経済成長期に一般化する家電製品の多くは、一九三〇年代までに国産品として出揃っている。

関東大震災後、熱源としての電気の利用価値が再認識され、東京を中心に電熱機器の需要が増加していった結果、家庭電気器具の開発と販売は三〇年前後に頂点に達し、電気調理器や電熱器だけでなく、電気洗濯機や電気掃除機、あるいは電気冷蔵庫までも、海外からの技術導入によって次第に国産化され始めていた（吉見俊哉「「メイド・イン・ジャパン」――戦後日本における「電子立国」神話の起源」、嶋田厚／柏木博／吉見俊哉編『デザイン・テクノロジー・市場』〔「情報社会の文化」第三巻〕所収、東京大学出版会、一九九八年、一三九―一四〇ページ）。

（17）たとえば、広島高等工業学校の久保進は一九三一年、次のように述べている。「無線によるテレヴィジョンの実用的完成を見たとき電気工学も其真使命を半ば遂げ得たと云へやうと思ふ。学術の発達とは必ずしも多くの理論家をもち数学家をもつことではない。吾々人類の実在生活上エポックを作るべき技術的、又は精神的発明を如何に多く有するかゞ国家としても真の誇りであるべきである。我国は近代科学の進歩を自ずから世界に誇りつゝある感があるが、此テレヴィジョンが我国人の手によつて完成さるゝか否かゞ此自負心の真否を実証するものであらうと思ふ。研究者の努力を希望すると同時に国家国民が此際一段の後援を惜しまざらんことを熱望する」（前掲「ラヂオの日本」一九三一年六月号、二五ページ）

（18）下村によれば、早稲田の実験室から持ち込んでいた手動直流アーク灯の光源では受像が鮮明さを欠き、講堂での実用に堪えないことが判明したため、実験当日の午前二時頃、朝日新聞社が所有するモーター付きセルフ・フィードの映画用大型映写アーク灯に取り換えたところ、今度は光度が強いため、鮮明な画像を映写することができるようになった。この予期せぬ成果に対して、山本忠興は「今回の朝日講堂における実験により少くとも約半ヶ年の研究を一夜にして成就しました」と述べたという（「東京朝日新聞」一九三〇年三月二十八日付）。この一部始終は、主催者である朝日新聞社にとって、今回の公開実験が単なる大衆娯楽的な催しではなく、学術的な意義がある試みでもあったことを事後的に印象づける、またとない逸話となった。

(19)「大阪朝日新聞」一九二五年二月十五日付

(20)三月二十一日の午前十一時からは、ラジオを通じて全国の聴取者を参列者と見なす「会場の無い開会式」がおこなわれ、大きな話題を呼んだ。開会に先立ってJOAKは、管内の聴取契約者に一戸当たり五枚の無料入場券を配ったところ、その発行枚数は百八十万枚あまりに達したという。会期中の入場者数は約四十五万人を数えたが、そのうち無料入場券による入場者が八割八分の四十万人を占めていた（「ラヂオの日本」一九三〇年六月号、日本ラヂオ協会、六六ページ）。

(21)中島友正「テレヴイジョン研究経過と所感」、前掲『テレヴィジョンの話』所収、五四ページ

(22)同論文五六―五七ページ

(23)この翌年に登壇した講演会で、高柳は、「私の従来やりました方式は外国には例もあつた様ですが一般の方式とは多少異り、色々と不完全な点があり皆様と肩を並べるだけの成績を挙げる訳には参らなかつた事を残念に思ひます。昨年ラヂオ展覧会に出品した折も粗末なもので皆様の御目にかける事は慙愧の到りと思つて居ります」と反省の弁を述べている（高柳健次郎「ブラウン管式テレヴィジョンの進展（上）」「ラヂオの日本」一九三一年十一月号、日本ラヂオ協会、二ページ）。

(24)山本忠興「テレヴヰジヨン実施に就て」「ラヂオの日本」一九三〇年三月号、日本ラヂオ協会、六ページ

(25)前掲『テレビ事始』九六―九七ページ

(26)「東京朝日新聞」一九三〇年六月一日付

(27)同紙

(28) 当時、天皇が学校を行幸した場合、関係者は後日「感泣録」や「感激録」と題した作文を書くのが通例だった。猪瀬直樹によれば、中島友正は「天覧の栄に感泣して」という一文を残している。中島が記しているところによれば、高柳が図面を指し、電視法の原理を説明しているとき、天皇はいちいち頷き、「装置につきて説明申し上ぐるに至っては、つとに立ち寄らせたまいて注視」したという。かつてマンチェスターで自ら映画フィルムを回した経験がある昭和天皇は、この新しいメディアに対して大きな興味を示し、猪瀬の言葉を借りれば、「古い天皇の死とともに産声をあげたテレビを、新しい天皇が認知するという構図がここに生まれ」たのである（前掲『欲望のメディア』五二ページ）。

(29) 一九二九年四月、東京高等工業学校から東京工業大学に改組している。

(30) 「東京朝日新聞」一九三〇年六月二十八日付

(31) 前掲「日本のテレビジョン技術」一二二―一二三ページ

(32) SAU生「テレビジョンの実験」「ラヂオの日本」一九三〇年十一月号、日本ラヂオ協会、四七ページ

(33) 前掲「ラヂオの日本」一九三一年六月号、二五ページ

(34) 同誌三〇ページ

(35) 高柳健次郎「テレヴィジョンに活路を与へよ」、同誌四ページ

(36) 同論文五ページ

(37) 河野廣輝「テレヴィジョン進展上の諸問題」、同誌八ページ

(38) 同論文九ページ

(39) その半面、「問題を出来るだけ分析して研究して行かなければテレヴィジョンの如き複雑なものになると取扱ひにくいし研究能率も悪い事になる」として、機械式の要素技術である光電管やケルセル

などは、テレビジョンを離れても存在価値があるものだし、分像組像と同期運転の問題もそれぞれ別々に研究を進めることができることを強調していた（同誌一一ページ）。

（40）同誌二四ページ

（41）同誌二六ページ

（42）同誌二七ページ

（43）山本忠興「揺籃時代のテレヴィジョン」、同誌三ページ

（44）朝日新聞社主催の公開実験に先立って、山本忠興は次のように発言している。「今度朝日講堂の実験の様に千人以上の人が一度に見ることの出来る様な公開実験をやつたといふ話はまだ聞いて居ない、かつてアメリカでクーリッヂ大統領の姿を送つたのも小さなものであつたさうでこの点では世界でも類のない試みだと思ふ、我々としては動く像形を電流を通じてスクリーンの上に在りのまゝの姿を映じ得た点に興味があるわけで、まだまだ現在の活動写真の様に進歩するには相当の日があると思ふ」（「東京朝日新聞」一九三〇年三月十六日付）

（45）前掲「揺籃時代のテレヴィジョン」二ページ

（46）「早稲田大学の電気科でも先年一寸した試験を試みたが、寧ろ興業的興味のものかと一度は着手を差控へたが、（略）学理的研究と云ふ程でなくても電気学の研究室では些事と雖も一度之を実際に手にして仕上げて見ると、夫れから夫れへと教へらるゝ事が多く意外の獲物があ」った（前掲「テレヴヰジョン実施に就て」五ページ）。

（47）山本忠興「テレビジョンの現状」「ラヂオの日本」一九三〇年十二月号、日本ラヂオ協会、一九ページ

（48）早稲田大学の四年生だった伊達正男投手は晩年、次のように振り返っている。「早慶戦の興奮もま

だ覚めない六月三十日、早稲田大学理工学部の山本忠興博士による、テレビジョンの実験が、戸塚球場（安部）と、理工学部内に設けられた受像器の間で行われた。野球部の新人が、フリーバッティングなど、練習をやって、それを映像として実験室に送り、受像器にうつし出そうとするもので、日本では初めてのテレビの実験であった」（伊達正男『私の昭和野球史』ベースボール・マガジン社、一九八八年、一六〇ページ）

(49) 前掲「ラヂオの日本」一九三一年八月号、四六ページ

(50) 赤木杢平「早稲田のテレヴィジョンを覗く——山本博士の実験室拝観の記」「ラヂオの日本」一九三二年四月号、日本ラヂオ協会、七七ページ

(51) 丹羽保次郎／加納八郎／秋間保郎『テレビジョンの知識』明王社出版部、一九三〇年、九八—九九ページ

(52) 場内は普通の活動写真と同じように薄暗がりだったが、舞台中央のスクリーンのそばにはひとりの男が立っていて、電話で一マイル離れたスタジオを呼び出していた。開始の用意がすべて整ったと彼が語るのを聞くことで、観客は、この日の催しがフィルムによる映画ではなく、生の映像であることを確知した。やがてスクリーンいっぱいに入ってきた光は、「初期の活動写真のやうに幾分ちらちらと動揺し」ていたという。最初に現れたのは、アレキサンダーソンの同僚であり、この日の司会者でもあるメリル・トレーナーだった。「画面は極めて明瞭で、観客は之に対して我を忘れて称讃の声をあげ」たという。彼はレシーバーを通じて劇場内の音声を聞くことができたから、まずはお辞儀をして、熱誠なる喝采に対する感謝を述べた。それから、舞台にいた男が電話で、トレーナーにタバコを吸って見せるように頼んだところ、彼はポケットからタバコを一本取り出して、マッチを擦り、煙の輪を吐いてみせたが、それはスクリーンを横切って消えてしまったという。次にソプラノ歌手マチル

ダ・ルスが歌い、それからヴォードヴィルの役者たちが、この装置を用いてさまざまな「いたづら」をおこなった。たとえば、一人の役者がスクリーンのなかで、おどけた身ぶりをしながら冗談を言うと、ほかの役者がステージの前でそれに応答し、また、劇場にいたオーケストラは、スクリーンに映る指揮者のタクトを見ながら合奏したという。この公開実験では、アレキサンダーソンの講演もおこなわれた。「テレビジョンの家庭セットを、商業化さすやうにすることに対して、果して一般公衆がテレビジヨンに多大な関心を持つか、又は充分なる満足をそれによつて感ずるかは、やがてはつきりするだらう」と述べ、劇場テレビジョンの可能性については、「大都会の凡べての映画館は、テレビジヨン映画装置を持たねば、一人前でないやうになるのは必然です」と断言している（同書九七―一一〇ページ）。この公開実験の様子は、早稲田のそれと酷似している。

（53）帝国発明協会は、一九〇四年に農商務大臣清浦奎吾や特許局長久米金弥らが創設した工業所有権保護協会を前身としていて、優れた工業技術に対して表彰や奨励をおこなう機関として、政府主導の技術政策の一翼を担っていた。『発明博覧会報告』によれば、関東大震災によって「発明界も亦幾多の障害に遭遇せるも困難は却て刺戟となり、特許其他の出願件数増加せるのみならず、其実質に於ても進歩の勢を呈」していることから、「財界の難局を打開するは発明発見の奨励に在る」という認識のもと、この博覧会が発案されたとされている（衛藤俊隆編集『発明博覧会報告 第四回』第四回発明博覧会、一九三二年、一―二ページ）。この頃、発明品を常設展示できる施設としては、特許局付属の特許品陳列所と東京科学博物館の二カ所があったが、博覧会の理事によれば、「前者は尚大に内容の充実を計るの要あるを認め、後者は発明を主としたる陳列館でないから、発明紹介のみに専念する訳にはゆか」ず、折りしも「大規模なる発明紹介の常設機関」の設置が熱望されていた時代だった（鶴見左吉雄「発明と其産業化」「工政」一九三二年四月号、工政会、一三ページ）。

(54) この番組のなかで、商工大臣の前田米蔵は「外国の特許発明に比して遜色なき国産発明の振興を計り、輸出産業の発達を促さゞる限り、輸入防遏輸出増進の貿易政策もつひに万全を期することが出来ない」と述べた(前田米蔵「産業と発明」、発明推進協会/発明協会/特許庁/帝国発明協会「発明」一九三二年四月号、発明推進協会、七ページ)。関東大震災の復興事業を妨げるかのような世界同時不況に直面していた当時、この博覧会は、国産振興によって外貨獲得を重視する政・財界の意向を端的に反映したものだった。

(55) 前掲「発明」一九三二年四月号

(56) 前掲『発明博覧会報告 第四回』三ページ

(57) 静岡大学テレビジョン技術史編輯委員会編『静岡大学テレビジョン技術史』浜松電子工学奨励会、一九八七年、四二ページ

(58) 苫米地貢「JOAK特設館」、前掲「発明」一九三二年四月号、一七ページ

(59) 前掲『発明博覧会報告 第四回』四三ページ

(60) 佐野昌一「発明博覧会の偵察報告」、前掲「ラヂオの日本」一九三二年四月号、一六ページ

(61) 入場者数をカウントしやすくするため入場制限が講じられていたが、小・中学生は自由に観覧することができたため、実際には七万人より多数の観覧者がいたことになる。

(62) 前掲「発明博覧会の偵察報告」二三ページ

(63) 前掲「ブラウン管式テレヴィジョンの進展(上)」三二ページ

(64) 山脇春樹「発明博覧会の特異性」、前掲「発明」一九三二年四月号、一四ページ

(65) この実験の成果について中島友正は、JOCKで放送された『ラヂオ科学講座』で、「今日はテレヴィジョンの将来を楽観する(略)少しく誇張した形容であるが、今日迄の研究成績は、順風に帆を

上げて逆巻く波を蹴破つた概があつて、欧米と肩を並べ我国独特の方式を得る自信を有し、意気に燃えて居るのを喜んで下さい」と述べている（中島友正「浜松高工式テレヴィジョンと其進路」「ラヂオの日本」一九三二年八月号、日本ラヂオ協会、四一―四三ページ）。第四回発明博覧会での公開に先立って、高柳は一九三一年十一月一日、電気学会東海支部で講演実験会を開催している。一万画素の映像の映出に初めて成功したのは、その直前にあたる十月下旬のことだった（中島友正／高柳健次郎「テレヴヰジョン研究報告」、同誌）。「これを見て、それまで半信半疑であった日本放送協会は大乗気となって、その将来を有望視し」、研究の援助費として総額十万円余が支給されることが決まったという（前掲『静岡大学テレビジョン技術史』四二ページ）。

(66) 中島友正「第四回発明博会期中に於ける、テレヴィジョン観覧者の意向」、前掲「ラヂオの日本」一九三二年八月号、六三ページ

(67) 前掲「テレヴヰジョン研究報告」七〇ページ

(68) 前掲「第四回発明博会期中に於ける、テレヴィジョン観覧者の意向」六三ページ

(69) 中島としては、「此質問は高級に過ぎ一般人には了解されぬとの評」が否めず、観覧者を選抜して簡単な説明を添えるという手法をとりたかったという。もともと会場には一度に約五十人ずつを入れて、数分間で順次入れ替えていく心積もりだったのだが、直径十三センチの比較的大きめのブラウン管の製作が間に合わなかったうえ、中島の意向を無視して会場が設計されてしまったため、やむをえず観衆を流すことになった。「之には私は大に失望したのであつて、回答の葉書中にも無理解の結果が見えたのは極めて遺憾である」（同論文六三ページ）。そこで一般客とは別に、四月上旬の五日間にわたって、「吾等に予て援助を賜り、又充分理解を持ち擁護者たる方面の方々」を招待し、午後五時から特別に実験を公開して意見を願った。これに招待されたのは、帝国発明協会をはじめ、日本放送

協会、逓信省、文部省、陸軍省、海軍省、電気学会などの関係者だった。その結果、「もう放送して良い将来の進歩を早める上にも早く放送するが良いと言ふ人がかなりあつて、私共は大に意を強くはして居るが、之等は理解ある方だから、安心するのは早計とせねばなら」ないと分析している（前掲「濱松高工式テレヴィジョンと其進路」四二―四三ページ）。
(70) 前掲「発明博覧会の偵察報告」二三―二四ページ
(71) 同論文二四ページ
(72) 同論文二四ページ
(73) 前掲『私の昭和野球史』一六四ページ
(74) 志賀信夫『昭和テレビ放送史』上、早川書房、一九九〇年、四五ページ
(75) 山口誠「〈耳〉の標準化――認定ラジオという逆説」、吉見俊哉編著『一九三〇年代のメディアと身体』（青弓社ライブラリー）所収、青弓社、二〇〇二年、二二六ページ
(76)「ラヂオの日本」一九三〇年七月号、日本ラヂオ協会、一ページ
(77) 仲西保治『テレビジョンの常識と設計製作法』竹原文泉社、一九三六年、四ページ
(78) 前掲『20世紀放送史』上、三七四ページ
(79) 小林信彦『テレビの黄金時代』（文春文庫）、文藝春秋、二〇〇五年、二二ページ
(80) 前掲「テレビが家にやって来た」三三ページ
(81) 前掲「ラヂオの日本」一九三一年六月号、二七ページ
(82) 日本放送協会編『続・放送夜話――座談会による放送史』日本放送出版協会、一九七〇年、四三ページ
(83)「ラヂオの日本」一九三三年三月号、日本ラヂオ協会、五七ページ

（84）前掲『発明博覧会報告 第四回』二ページ

（85）牧野良三『万国婦人子供博覧会について』万国婦人子供博覧会事務所、一九三三年（未刊行史料、市川房枝記念会蔵）、五ページ

（86）「東京朝日新聞」一九三三年二月二日付

（87）万国婦人子供博覧会を主催したのは、家庭教育を目的に文部省主導で一九三〇年に設立された大日本連合婦人会と、技術者の社会運動団体として一八年に設立された工政会（現・日本科学技術連盟の源流のひとつ）である。その開催趣旨としては、「婦人並児童の常識及情操の向上を図らん事」、および世界同時不況下で「産業の振興により我生産品の品質を向上せしむると共に消費経済を指導改善する」という、二つの側面が挙げられていた。これは無論、主催団体である大日本連合婦人会と工政会の意向をそれぞれ反映したものである。さらに博覧会名称に「万国」の名が冠せられたことは、「近時の複雑微妙なる国際関係に処し、我国と締盟各国との婦人及子供の間に、真摯にして有意義なる友誼交換の機会を作」ること（大日本連合婦人会編『大日本連合婦人会沿革史・系統婦人会の指導と経営』〔「愛国・国防婦人運動資料集」第七巻〕、日本図書センター、一九九六年、九四ページ）が、当時の日本の国益にとって最優先の事項だと政府が考えたためだった。このように主催団体である大日本連合婦人会と工政会、そして後援する政府機関とのあいだでは、それぞれ異なる思惑が交錯していたわけだが、結果的には著しく産業振興の色合いが濃い博覧会となった。

（88）万国婦人子供博覧会事務所編『万国婦人子供博覧会報告』万国婦人子供博覧会事務所、一九三五年、五三―五四ページ

（89）中川童二『ランカイ屋一代――わが博覧会100年史』講談社、一九六九年、二二〇―二二一ページ

（90）前掲「ラヂオの日本」一九三三年三月号、五七ページ

(91) 主催はＪＯＢＫと関西の電気関係諸団体。「暗い受像室に入ると、昔懐かし名調子大羽仙外氏の大きな声が少し雑音をまじへて、テレヴイジョンの通俗解説をして」いて、「見ると約十(ママ)糎《センチ》平方と思はれる蛍光色の同じ映像が二つ、スピーカーの声と一致した巧みな表情、ゼスチニユアで可なりハッキリと映されてゐ」たという（「ラヂオの日本」一九三三年五月号、日本ラヂオ協会、六九ページ）。大羽仙外はＪＯＡＫ開局時からのアナウンサーのひとりだった。

(92) 同誌六三ページ

(93) 前掲『テレビジョン技術史』五九ページ

(94) ハーゲンベック・サーカス団は、ドイツ大使館の斡旋によって来日した。「ハーゲンベックの大サーカスは世界最大の規模で最も豊富な動物を有して居る独逸シュテリンゲンの動物園の所有に係るものであるだけに、その数に於ても質に於ても他に類例を見ない程の訓練された動物を有して、人間も及ばぬ芸当をやり、本博覧会中全国より最大の興味を以て迎へられた」という（前掲『万国婦人子供博覧会報告』一一五ページ）。百六十五人の団員に百八十二頭の動物。西條八十作詞、古賀政男作曲の「サーカスの歌」、ドイツ・パルロホーンによる畑喜代司作詞の「サーカスの唄」などが巷をにぎわせていた（同書三七ページ）。このサーカス団は、万国婦人子供博覧会を皮切りに、その後、名古屋、神戸、福岡など日本各地の主要都市で公演を打ち、いずれも成功を収めている。

(95) 同書一一二ページ

(96) 前掲「ラヂオの日本」一九三三年五月号、六二―六三ページ

(97) 前掲『ランカイ屋一代』二二五ページ

(98) 橋爪紳也『日本の遊園地』（講談社現代新書）、講談社、二〇〇〇年、五五ページ

(99) 万国婦人子供博覧会の二つの主催団体も、テレビジョンよりサーカス団の宣伝に力を注いでいた。

一方の工政会の機関誌「工政」一九三三年三月号では、「三会場一週り記」と題した紹介記事を八ページにわたって掲載しているが、サーカス団に関しては、記事のあいだに十六枚に及ぶ関連写真が差し挟まれているのに対して、テレビジョンに関しては、「JOAK施設のテレヴイジョン館は二館に相対してあり、早大式と曾根式が交互に実演される」と記されているだけである。他方の大日本連合婦人会の機関誌「家庭」一九三三年四月号でも、「お母さまと坊や嬢や連れ立つて上野へ婦人子供博覧会を観にまゐりました」と題された記事が掲載されている。これは「本誌読者のために道案内をかねた参観記」としているが、芝浦会場に関しては紙幅の過半数がサーカス団の紹介に使われていて、やはりテレビジョンの印象は薄い。

(100) 光岡寿郎「なぜミュージアムでメディア研究か?――ロジャー・シルバーストーンのミュージアム論とその射程」「マス・コミュニケーション研究」第七十六号、日本マス・コミュニケーション学会、二〇一〇年、一一二ページ

(101) 山本忠興「米国に於けるテレヴィジョンの近況」「ラヂオの日本」一九三二年十一月号、日本ラヂオ協会、三ページ

(102) 小林正次「欧米ラヂオ界見聞記」「ラヂオの日本」一九三二年十二月号、日本ラヂオ協会、九ページ

(103) 廣田友義「欧米偶感抄」「ラヂオの日本」一九三三年七月号、日本ラヂオ協会、二八ページ

(104) 「ラヂオの日本」一九三三年十月号、日本ラヂオ協会、六六ページ

(105) 楠瀬は前年、欧米のラジオ産業を視察した体験を踏まえて、次のように述べている。「最近の傾向として各国が互に関税牆壁を設けて輸入防遏を図る時には製品の販路を国外に広める事困難となるが、斯かる時国境を越えて侵入し得るものは無形の資本であつて発明特許も其の一つである。他方相手国

が国産奨励をなすに従て外国の優秀な発明を採用する傾向は著しくなり益々右の傾向を助長し、斯くて自国の発明を相手国に供給して国内に於て製品化して一層の利益を得るに至り延いて経済的勢力の進出となるのである」。具体的にいえば、アメリカ資本が次第にヨーロッパへと進出し、特にイギリスやフランスに系列の研究所が設立されたことによって、アメリカと自由な技術交流をおこなう組織が現れてきた。それに対して楠瀬は、「科学と技術の超国境性により外国に於ける進歩は及ぶ限り自国に取入れるに吝であつてはならぬが、他方に於て自からも斯界の進歩に貢献する処がなければならぬ」として、科学技術のアメリカニズムを牽制し、国産技術を振興すべきであると主張していた（楠瀬雄次郎「欧米ラヂオ研究所覗き」「ラヂオの日本」一九三二年二月号、日本ラヂオ協会、二八ページ）。

(106) 高柳健次郎「欧米に於けるテレビジョンの近況」「ラヂオの日本」一九三五年一月号、日本ラヂオ協会、四九ページ

(107) 高柳は晩年、次のように回顧している。「帰国後、私は精力的に米欧での見聞と自身の考え方を報告した。学会の方々や放送関係、電機メーカーの皆さんには、報告講演会を催してお話した。電子式テレビジョンがついに実用化の段階に入ったこと、そして世界中がそちらの方向へ動き出し、急速に進歩することが必至であること」（前掲『テレビ事始』一三一ページ）

(108) 高柳は晩年、次のように回顧している。「お断りしたのは、テレビの研究・事業化には長い準備期間と資金が必要であり、当時の日本の私企業ではとても支えられないだろうと思われたからである。その事業化はＮＨＫのような公共企業体にこそふさわしい、私はそう考えていたのである」（同書一三一ページ）。また猪瀬直樹に対して、高柳は次のように証言している。「たしかにＮＨＫはテレビ事業に強い関心をもち、それなりに私を援助してくれてはいた。でも実際に幹部の人が訪ねてきて契約

したわけではありません。突然、中止しますとなればとやかくいえる立場にない。鮎川さんはそこを見抜いていた」（前掲『欲望のメディア』八四ページ）。鮎川の訪問は、一九四〇年のオリンピック開催地が東京に決まる直前のことであり、日本放送協会がテレビジョンの実用化に乗り出す前に高柳の協力を取り付けようとしていたと考えられる。

(109) この特集号には、テレビジョンを題材にした海野十三の読み切りSF小説「或る宇宙塵の秘密」が掲載されている。小説の舞台は近未来の日本。しかしテレビジョン放送は、いまだ実用化には至っていない。そんな折、「航空テレビジョン機」を開発した「渋谷博士」は単身、ドイツ製のロケット機宇宙号に無断で乗り込み、「火星探検のテレビジョン放送」に出発してしまう。そしてこの博士の無謀な行動が引き金となって、世界各国のテレビジョンが実用化されるのである。ところが、宇宙からの単調な報道に世界中の人びとが飽きてきた頃、ロケットは「万有引力の中点」に陥って停止してしまう。この緊急事態を脱するためにはロケットの質量を変えなければならないとして、博士は機内から飛び出して宇宙の塵に帰す。動きだしたロケットは火星に向かったが、火星人に捕獲されてしまったせいか、地表数百キロのところで連絡が途絶えた（海野十三「或る宇宙塵の秘密」、前掲「ラヂオの日本」一九三五年一月号）。当時としてもずいぶんと荒唐無稽な展開ではあるが、電気工学に熟達した海野らしい未来的想像力と遊び心を多分に含んだ作品である。

(110) テレビジョンそれ自体に否定的な見解もみられた。宗教学者の姉崎正治は、「ありませぬ。由来ラヂオの放送は音を主にすべきもので、形を見たいといふ念を起させない方がよいと考ふ」と述べている。また、アドルフ・ヒトラーの演説や戦場のテレビジョン放送を望む声があったことも注目に値する。英文学者の岡田哲蔵は、以下のような見解を示している。「空陸海の立体的将来戦争は人類の最大なる活動となるであらう。それが遠視で同時に世界人類の目に映ずるとき、彼等はその惨劇に目を捲ひ平和確立の道を履むであらうが、或は之に反してその絶大の壮観に心酔し、古羅馬人が決闘実演を看物としたる残酷に似たる心境を復活すべきか、このとき人々は遠視が神のものか、悪魔のものかを判別するであらう」（前掲「ラヂオの日本」一九三五年一月号、四二―四三ページ）

(111) 松崎啓次「ラヂオ芸術に映画は何を寄与するか（上）」「日本放送協会調査時報」第四巻第四号、日本放送協会、一九三四年、一一ページ

(112) 秦豊吉「興行眼より見たる放送事業」「放送」一九三四年十二月号、日本放送協会、三二ページ

(113) 瀧口修造「仏文学界巨匠のラヂオドラマ観」「放送」一九三五年十月号、日本放送協会、一一四―一一五ページ

(114) 水越伸によれば、「一九三〇年代において映画技術は誕生してすでに半世紀近くが経過しており、日本においても独自の文化領域を形成していた。このため、映画に関わる人々は、映画の技術的レベルではなく、表現レベルに関心を寄せており、わざわざ新たな技術の誕生の場に立ち会うことはしなかったのである」（前掲「日本のテレビジョン技術」一二八ページ）。

(115) 大澤壽一「十年後のテレビジョン」「ラヂオの日本」一九三六年十一月号、日本ラヂオ協会、一二ページ

(116) 山本忠興「其後のテレビジョン（一）」「ラヂオの日本」一九三六年三月号、日本ラヂオ協会、一九ページ

第3章

テクノ・ナショナリズム——逓信省電気試験所のテレビジョン電話

一九三〇年代初頭、既にラジオ放送が始まっていたとはいえ、とりわけ労働者層に対する受信機の普及は遅れていて、当時は映画のほうが馴染み深いメディアだった。そのため「ラヂオでさえも碌々楽しめない人の多い世の中ですからテレヴィジョンの家庭化よりも先づ劇場化を研究して電視館を完成し今の活動写真館がラヂオ電視館に代る日を鶴首して待つて居ります(1)」という意見が、それなりの説得力を持っていた。

「ラヂオの日本」は一九三一年一月号に「漫画 一九三〇年のラヂオ」という特集を掲載していて、早稲田大学によるテレビジョン開発の成功を、図26の挿絵とともに伝えている。前章で詳しく述べたように、早稲田の機械式テレビジョンは、まるで映画のように、多くの観衆に対して映像を投影することを最大の特徴としていて、この挿絵は実物と似ても似つかない。挿絵と実物の奇妙な不一致は、「生」の映像を電気的に送受信することが可能になれば、その技術はきっと電話にも応用されるはずだ、と広く考えられていたことに起因している。

2月20日
早大山本博士及び
川原田博士により
テレヴィジョン大装置
完成さる!
〃モシく裸などで
なんです。
混線したら
みっともない
ぢやないか
!

図26　早稲田大学のテレビジョン電話？
（出典：「ラヂオの日本」1931年1月号、日本ラヂオ協会、96ページ）

「テレビジョン電話」という発想それ自体は当時、決して目新しいものではなかった。その具体的構想をAT＆Tベル電話研究所が発表したのは、一九三〇年九月のことである。ニプコー円盤を用いた機械式の装置だった。これによって技術者たちのあいだで、その可能性が現実味を帯びて語られるようになる。たとえば、三二年に出版された『テレヴヰジョン装置の製作法』には、次のような記述がある。

> これを極く通俗的にいふと、先づ顔の見える電話がテレヴヰジョンの一種と思へばよろしい。（略）
> モシモシと電話機に相手を呼び出すと、ハイハイといふ声とともに何百里も遠方にゐる人の顔が電話器の上部に現れ、互に笑つたり怒つたりして談話する。これが一つのテレヴヰジョンである。(2)

また、東京帝国大学の星合正治は同年、アメリカ視察の経験を踏まえて「テレヴィジョンの種類」を次の三つに整理している。その一つ目が、「電話を竿頭一歩進めて、お互の顔を見ながら談話を交換しようとするもの」で、イギリスではジョン・ベアードが、普通の電話を併置した機械式テレビジョンを発表したばかりだった。二つ目は、「劇、催物等を受けて之を他の個所に写し、大勢の公衆に見せ様とするもの」で、「ジー・イーのアレキサンダーソン博士が有名で、我が早稲田大学 山本、川原田両教授のテレヴイジョンも此の目的のものと承知して居る」。そして三つ目が、「最も普通に通常のラヂオ放送の場合と同様、受ける方が一般家庭で、観る人数が少い場合」で、「最も普通に云ふテレヴイジヨン放送であつて、我が浜松高工 高柳教授のテレヴイジヨンと同一目的のもの、アメリカでも此の式のものが一番多い様であつた[3]」という。いうまでもなく、これらはそれぞれ、電話、映画、ラジオの系譜上にテレビジョン技術を敷衍したものである。

アメリカでは当時、どのメディアの後継にテレビジョンが位置づくのかをめぐって、各業界のあいだに緊張関係があった[4]。「テレビジョン」がもともと「遠視」を可能にする技術の総称を意味していたとするならば、テレビジョン電話は当時、「テレビジョン」+「電話」という足し算の発想にもとづくものではなく、いまだ「テレビジョン」そのものの概念の揺らぎの内にあった。言い換えれば、「テレビジョン」は当初、「放送」と分かちがたく結び付いた技術ではなかったのである。

こうしたなかで一九三〇年代なかば、東京近郊にとどまらず地方都市にまで射程を広げて、テレビジョン電話の公開実験を積極的に展開したのが、逓信省電気試験所（現・産業技術総合研究所）だった。電気試験所は、三三年の春から三六年の夏までおよそ三年のあいだに、北は樺太から南は台湾まで、植民地を含む全国十八会場にわたって、実に四百日以上を公開実験に費やしている（表3）。

表3　逓信省電気試験所によるテレビジョン公開実験の一覧

年次	公開場所	所在地	実験装置	実験日数
1933	万国婦人子供博覧会	東京	スタジオ用送影機、家庭用受影機、野外実景用送影機、大衆用受影機	70
	愛知発明協会講演会	名古屋	スタジオ用送影機、家庭用受影機、野外実景用送影機、大衆用受影機	3
	電灯市営10周年記念電気科学博覧会	大阪	スタジオ用送影機、家庭用受影機、野外実景用送影機、大衆用受影機	21
	東京電気株式会社照明学校講習会	東京	野外実景用送影機、大衆用受影機	1
	東京科学博物館（全国博物館週間）	東京	野外実景用送影機、大衆用受影機	7
	ラジオ通信展覧会	東京	野外実景用送影機、大衆用受影機	20
1934	国際産業観光博覧会	長崎	野外実景用送影機、大衆用受影機	53
	第2回発明博覧会	東京	スタジオ用送影機、家庭用受影機	14
	驚異の科学展覧会	大阪	野外実景用送影機、大衆用受影機	14
1935	新年こども祭	東京	野外実景用送影機、大衆用受影機	10
	復興記念横浜大博覧会	横浜	テレビジョン電話	60
	逓信記念日逓信文化展覧会	大阪	テレビジョン電話	7
	逓信文化博覧会	宝塚	テレビジョン電話	20
	始政40周年記念台湾博覧会	台北	テレビジョン電話	60
1936	通信科学展覧会	京都	テレビジョン電話	12
	逓信記念日逓信文化展覧会	仙台	テレビジョン電話	10
	電話発明60周年記念展覧会	東京	テレビジョン電話	10
	施政30周年記念樺太拓殖共進会	豊原	テレビジョン電話	15

（出典：前掲『テレビジョン技術史』71ページの表をもとに作成）

その目玉こそが機械式のテレビジョン電話だった。電気試験所が開発していたテレビジョンが、この時代にどのような意味を持っていたのかということは、浜松高等工業学校や早稲田大学のそれに比べて、これまで十分に考察されてこなかった。本章ではそれを詳しく跡づける。

1　不遇の「テレビジョン行脚」

逓信省電気試験所の「折衷主義」

明治から日本の無線研究の中核であり続けた逓信省電気試験所は一九三一年、第四部研究員の曾根有（図27）を中心として、テレビジョン開発に本格的に参入する。二〇年代末から小型の機械式テレビジョンの開発をおこなっていた曾根が、いくつかの特許を取得したのを機に、組織的な開発に踏み切ることになったのである。もっとも、既に浜松と早稲田がそれぞれ華々しい研究成果を挙げていたことから、電気試験所は当初、従来の技術方式の簡易性や利便性を増すことを目的とした要素技術の開発に活路を求めていた。たとえば、曾根が発明した「飛び越し走査（interlace）」の原理は、人間の眼の残像特性を利用することで、映像の滑らかさを維持したままで画像の伝送量を減らすことを可能にした。これによって走査円盤の回転速度を半分にできるようになり、この原理は後年、ブラウン管式テレビジョンにも採用された。

曾根は、テレビジョンを真面目に研究しようとすれば、「一、全く新規な原理に基くテレヴィジ

図27　曾根有
（出典：「ラヂオの日本」1932年9月号、日本ラヂオ協会、11ページ）

ヨンの発明を目的として進むか、二、今日の原理に依るとしたならば、須く暴力的に遂行することを廃し、装置の簡単化と、実用価値の向上とを志すべき」か、そのいずれかであるといい、電気試験所は「此の第二の凡庸の道を選んだもの」[5]だという。「第一の道」を歩んでいたのはいうまでもなく、浜松と早稲田である。双方の開発状況を、曾根は当時から冷静に比較検討していて、実用化に際しては、それぞれの技術の長所を巧みに組み合わせればいいという「折衷主義」を強調していた。

　一九三二年七月、電気試験所はスタジオ用送影機と家庭用受影機からなる第一次試作機を完成させる。走査線は六十本で毎秒十四枚。この年の夏から秋にかけては毎日のように見学者が訪れて、とても開発どころではなかったという。その直後、曾根は上司から、翌年の春に開催される万国婦人子供博覧会での実験公開の打診を受け、「思いがけぬ福音とばかりにお引き請けして、大胆にも前装置とは全く別種の送受装置の試作を企て[6]」ることになった。日本放送協会から一台分の資金を得た曾根が、第二次試作機として製作したのは野外実景用送影機と大衆用受影機である。走査線は八十四本で毎秒十一枚。「今度の装置は屋外の光景を送影することを第一目標とし、野球、角力、水上競技等を放送することが出来、受影は大衆に観覧せしめるために大型スクリーンに明るく映し出す様に設計した[7]」と述べている。

野外実景用送影機（図28）は、ゴムタイヤがついた台車に載っていることから、軽快に移動・回転しながら撮影対象を追跡できる。運動が激しい対象を思いのままに追跡することがテレビジョンの妙味である、という考え方にもとづいて開発されたものだ。受影機のほうは、第一次試作機の受像面積が約十二センチ四方だったのに対して、第二次試作機は約五十センチ四方であって、「大衆用」といっても現代の感覚からすると、それほど大きくはない。

このように、曾根が製作したテレビジョンは、高柳健次郎が目指す「家庭用」と川原田政太郎が目指す「大衆用」の、両方の可能性を見据えていた。

図28　逓信省電気試験所の野外実景用送影機（1933年）
（出典：「ラヂオの日本」1933年8月号、日本ラヂオ協会、96ページ）

テレビジョン研究室の悲哀

こうした曾根の「折衷主義」には、そうせざるをえない事情がともなっていた。電気試験所の本館は白金猿町にあったが、そのなかのテレビジョン研究室は、「十坪たらずの室が一つきりでその大部分は薄ぎたない頑丈な試験台で占領されて居[8]」たという。

試験台の上には色んな機械や道具が立体的に乗つかつて居る。戸棚は計器類や材料それから色んな試作品で満員になつて居り頭の上には縦横に電線が引き廻されて居る。人間用（と云つては失礼かもしれぬが）のテーブル等は入口の片隅にゴチヤ〱と並べられて居り一度席についたら身動きも出来ないだらうと思はれた。而もそのテーブルも書籍の他に機械や蓄電池に占領されて居た。これぢや人間はまるで室の附属物でどこでもよいから隙のある所に入つて居れと云つた感じがした。[9]

これに対して、浜松高等工業学校の場合、一九三一年までは「規模極めて小さく、僅かに二人の助手と共に、学校倉庫の一隅に寄生的に研究してゐた程度であつた」が、その二年後には「日本放送協会の特別な御諒解と、文部省の御厚意に依り、校構外の西南隅の空地を買収し、此処に全建坪百五十九坪半の研究室[10]」を建設した。この頃には研究員も十五人体制になっていたという。

早稲田大学でも同じ頃、大規模なテレビジョン研究室が新設されている。劇場テレビジョンを構想していた川原田は、「テレビジョンのスタヂオは丁度トーキーのそれと同様の諸条件を必要とする」として、日本放送協会から得た資金をスタジオ建設に充てていた。二百十坪（約六百九十四平方メートル）の敷地に新築された建物には、送像研究室のほか、一度に百五十人から二百人の観衆を収容できる受像研究室、および六つの小さな研究室が備えられていた。これはいわば、「テレビジョン・スタヂオの研究或はテレビジョン研究所の研究[11]」だったという。川原田は、この頃に一世を風靡していた声楽家の関屋敏子をスタジオに招き、独唱の送受像実験を実施している。川原田は外国留学から帰国するとき、マルセイユ港から関屋と同船の客になり、彼女はその後、研究室の見学に訪ねてきたこともあった[12]。関屋はのちに「川原田博士よりの御話で喜んで声楽家としての始め（ママ）ての試験に進（ママ）んで参り（略）放送局の最高幹部の皆様も来られ二三の独唱[13]」を披露したと回顧している。

ところが電気試験所のテレビジョン研究室は、逓信省を母体とする研究機関とはいえ、社会の大きな注目を浴びていた浜松や早稲田と比べて、決して恵まれた研究環境ではなかった。「電気試験所だけはいつも貧乏クジを引いて居るらしく狭い研究室と僅かの研究費及数人の研究員で細々と煙をあげて居る[14]」。曾根自身が回顧するところによれば、「元来電気試験所のテレビジョン研究といふものは事務室の片隅から生れ出たものでありまして約二年間というものは椅子と卓子と雑誌だけが与へられただけで、其の後メーターを買ひ電池を買ひなどして全く無一物から始めたものでありまして四年目にモーターと光電管を手に入れた様な始末[15]」だったという。したがって当初は、本を読んで過ごしたり、簡単な同期運転の実験を試している程度だったが、そのうち同期運転の手法に確信を抱き、ようやく思い切った設計試作に踏み切ったのだった。

こうしたなかで電気試験所は、一九三三年の万博婦人子供博覧会で、テレビジョンの公開実験を大々的に披露することになった[16]。この博覧会の概要とテレビジョンの位置づけについては、既に第2章で詳しく述べているので、ここでは繰り返さない。最大の注目はドイツのサーカス団であって、「子供の国」というコンセプトで建設された催し物のなかで、テレビジョン館だけが浮いていたことを想起されたい。

万国婦人子供博覧会

「ラヂオの日本」は当時、「万国婦人子供博覧会見たまゝ」という観覧記を掲載している。著者は安藤照雄という人物なのだが、彼に同行しているのは、海野十三の親戚（という設定の）、お馴染み「ター坊」と「鞠子」の二人である。安藤はある日曜、高円寺に住む海野の自宅を訪ねたところ、彼は急な原稿が仕上がっておらず、ター坊と鞠子を博覧会に連れていく約束を果たせないため、子どもたちを彼に託したというのである。

一行はまず、池之端を訪れて会場を一巡したのだが、すべての会場を半日程度で回ることはできない。そこで安藤は二人に、「忠夫さん、鞠子さん。大分時間が経ちましたね、池の端会場だけでも大変ですぞ（略）叔父さんの方から一寸お願ひがあるのですがね、叔父さんはどうしても今日芝浦会場のテレヴイジョンだけは見て置き度いのです」と提案し、三人は円タク（一円タクシーの略称）で芝浦に移動することになった。

芝浦会場は主に演芸会場となつてゐるだけに、会場内に入らぬ前から、ドンチヤカドンチヤカと賑ひが漏れて居る。こちらも勿論押すな押すなだ。

正面を入ると花壇と噴水が気持よく、子供の天国と銘打たれてあるだけに、子供さんの見物人の多いこと。大きな看板を挙げた例のサーカス団の興行場が見える。ター坊眼をクリクリさせたが知らぬ顔して否応無くテレヴイジョン館へ連れ込む。正門から直ぐだつた。

「テレヴイジョンは去年上野にもあつたよ」。

「佐野の叔父さんが『ラヂオの日本』に説明して居たわね」

「さう。去年は早稲田大学のと浜松高工のが出ましたね。今年こゝへは浜松高工のは都合で出ず、その代り新らしく出来た逓信省電気試験所からのが出て居ます」。

「あゝ、佐野の叔父さんが云つてたよ。試験所のは特別いゝんだつて自慢してたよ[17]」

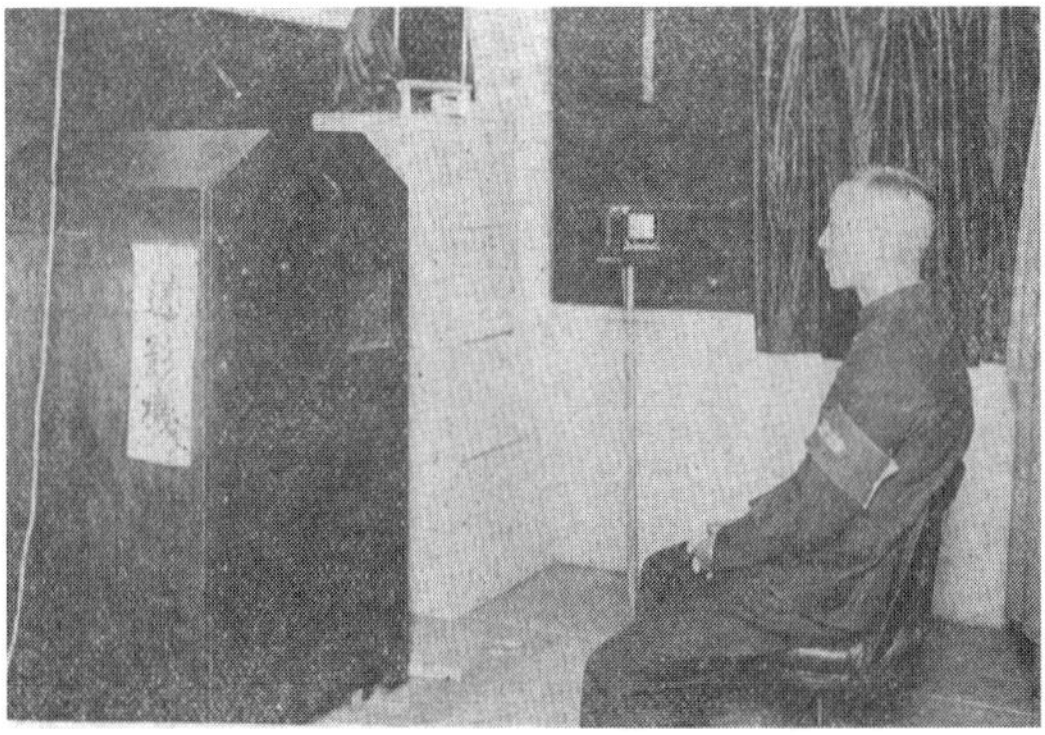

図29　万国婦人子供博覧会での逓信省式スタジオ用送影機の実演室（1933年）
（出典：「ラヂオの日本」1933年7月号、日本ラヂオ協会、64ページ）

海野十三こと佐野昌一が電気試験所の技師であることは既に第2章で述べたが、彼は当時、曾根と同じ第四部に所属していた。

逓信省電気試験所のテレビジョン館は、入り口のすぐ脇がスタジオになっていた（図29）。まずは第一次試作機（スタジオ用送影機、家庭用受影機）である。機械式であるにもかかわらず騒音が小さいことを強調するため、送影機とのあいだには仕切りが設けられていなかったという。ここでの実演では、学生服を着た二人の役者がマイクの前で歌ったり、人形を操ったり、あるいは押しくらまんじゅうを披露したりしていた。

そこから奥に進むと部屋が薄暗くなっていて、二台の受影機が展示されていた。家庭用であることを演出するため、その受影機は三畳程度の日本間に置かれていて、入り口のスタジオで演じていた役者が、すりガラスのスクリーンのなかに、ネオン特有の桃色の光として現れていたという。顔の細部まではわからず、輪郭が似ていることを確認できる程度だった。その画質は早稲田に遠く及ばない。「ラヂオの日本」によれば、次のようだった。

すぐ隣で見て居た人は像が馬鹿に小さくて暗いなあと云つて居た。やはり彼も早大式を見てからこちらに来たらしい。その点は同感であつた。然し像の小さいのは家庭用と云ふ点で我慢も出来るが像の明るさを増す点で今少し研究して欲しい。(18)

もっとも会期中、濾光器を使用してスタジオの照明を変え、曾根が送影機のレンズを磨き直しただけで、像全体のピントが合って明暗のコントラストも鮮明になったという。役者が着ていた学生服の色が、新しい照明と相性がよかったためらしい。

さらに建物内を進むと、土間の観覧席が設けられた暗い部屋があって、ここで第二次試作機(野外実景用送影機、大衆用受影機)の実験(19)がおこなわれるはずだったのだが、製作が間に合わず、観覧席には会期の終盤まで「近日公開」の貼り紙があるだけだった。電気試験所で不眠不休の調整がおこなわれた結果、会期末に十日ほど出品することができ、建物の窓から外の光景を撮影したという。送影室には窓際の部屋が充てられ、窓の外の光景やそこを歩く人びとの動きを撮影した。被写体となる人が、そうとは知らずカメラに近づきすぎないようにするため、窓の外側は花壇になっていた。

実験の結果に依ると、屋外を右往左往する数人の人物や或は荷車、自転車の類は可成りよく見える。送影側で自転車などを追跡して送つてゐる場合などは、宛も映画を見る様で、すべての背景が流れ去り自転車の車輪のみが回転して其の疾走してゐることを示すあたりは従来のテレビジョン装置で味ふことの出来ぬ点である。確に追跡送影は興味深く、又価値の大いなるテレビジョンであつて、従来のテレビジョンが死んだテレビジョンなら、此のテレビジョンは生きて活動する真実のテレビジョンだといふ感じを与へる。[20]

出口に近いところでは、テレビジョンに使用される部品が陳列されていた。ここには、ファンモーターに円盤を取り付けて回転させ、像が出るところにネオンランプを点灯させた受像機の模型もあったという。

欲を云へばこの模型は摺硝子に漫画を書いてゴマ化して置くより模型に一寸手を加へて実際の像を出して欲しかつた。さうすれば一般の人々もこんな簡単なものでテレヴイジヨンが受かるなら一つ作つて見ようと云ふ考へになり知らず識らずのうちにテレヴイジヨンに関する知識

が普及して行くだらう。然し受影機の像を見て之がトーキーですか等と云つて居る人々を見ると未だ一般には縁遠い。(21)

この晴れ舞台を経験したことで、曾根たちは、移動する被写体を自在に追跡して撮像することが重要であること、「飛び越し走査」の原理が画期的であることなどを確信したという。なお、もともとこの博覧会に出品する予定で、前年の末頃から「テレビジョン電話」の試作が進められていたが、研究費が枯渇したことによって中途で挫折していた。

愛知発明協会講演会

電気試験所はその後、愛知発明協会と大阪市電気局からそれぞれ公開実験の依頼を受け、同年の八月から九月にかけて、名古屋と大阪に出張している。これに赴いたのは、主任の曾根を含めて四人で、研究室の留守は新人技師の関壮夫が預かることになった。関は着任して早々、ブラウン管の研究を命じられていた。

出張に同行した新人技師の斎藤正は、この旅を「テレビジョン行脚」と名づけ、その経緯を「ラヂオの日本」で詳しく報告している。斎藤によれば、「テレビジョン行脚等と題は立派だが、実は研究室でいつもやる実験を、不便な遠方で時間に縛られてやつただけの話で、只その間に色々の意外な故障に悩まされ、（略）とんだ失敗を演じた(22)」という。

名古屋の公開実験は、愛知発明協会によって三日間、名古屋商工会議所で開催されたものだった。

曾根たちは、実験の準備や後片付けに必要な期間を見込んで、およそ十日間滞在する予定だった。
会場に持参したのは、万国婦人子供博覧会とまったく同じ、スタジオ用送影機と家庭用受影機、野外用送影機と大衆用受影機の二組だった。東京市内であれば過去にも数回、装置を運搬したことがあったが、遠方に貨車で輸送するのは初めてのことである。荷造りの前に装置を点検してみたところ、いろいろと修理しなければならない個所が見つかり、電気試験所では出発の前日まで作業をおこなっていた。

一行が名古屋に着いて、駅で貨物を引き取って開封したところ、装置は無惨に破損していた。家庭用受影機は軽かったせいか、ほとんど損傷がなかったが、大衆用受影機はスクリーンのすりガラスが荷造り縄のわらで擦れ、縄が接触していた部分が透明になっていた。ひどい個所は一ミリも削れていたという。二種類の送影機は、ワイヤーが引きちぎれていたり、真空管に空気が入ってしまっていたり、円盤の回転が不規則になっていたりと、多数の故障が生じていた。とりわけ円盤の不具合に関しては、なかなか原因が判明せず、実験の直前まで曾根たちは修理に追われていた。

何しろ日中太陽のカンカン照りつける戸外での仕事であり、而も実験道具の乏しい出張地先でのこんな一寸わけの解らない故障はとてもミヂメである。東京に較べて名古屋は実に暑い。特に今年は暑かつたさうである。然しいくら暑いからと云つて、研究室内の様にシヤツとモヽヒキだけの長松姿にはどうしてもなれない。[23]

故障の原因はコンデンサーの絶縁不良とわかったが、東京から持参した予備部品だけでは修理できない。仕方なく現地で法外な値段で買い集める羽目になった。

公開実験の観衆は、会場と日数の都合によって招待券を持参した人に限られていたが、三日間で二千人近くの人びとが詰めかけたという。そのなかには著名な実業家、学者、技術者たちが多数いた。実演は一日に四回おこなわれ、電気試験所の四人の技師が交代で二十分間の講演を実施した。この講演について斎藤は、次のように回顧している。

小生などは原稿も出来て居らず、第一日目は纏まりのない事を喋つて事無きを得たが、第二日目はナマジ原稿を頼つたら、スピードが速かつた為か、二十分間喋るべき所、丁度十分間で種がなくなり、スグ実験に移らねばならぬ様なハメに陥つて、非常に工合悪かつた。(24)

スタジオ用送影機の出し物は、名古屋雛菊童謡会の子どもたちによる舞踊(図30)だった。ピアノの伴奏に合わせて一人で踊るもの、二人で踊るものなど、四、五種類のプログラムが用意され、送影機は踊り手が二人まで視界に収まる距離に置かれた。曾根たちにとって舞踊の送影は初めての試みだったが、伴奏と合致した手足のリズミカルな動作は効果的だった。特に絵日傘をさした和服の子どもの踊りは、傘の模様がスクリーンに現れ、大雑把ながらも着物の模様や帯も認められて、満足のいくものだった。それに対して、無地の洋服を着た子どもたちの踊りは、服装から受ける面白さが欠けていたどころか、顔や手足と洋服とのあいだの境目が不明瞭だったことが遺憾だったという。

野外用送影機では、商工会議所前の電車通りの光景が撮影された。吸収マイクロフォンを通じて、電車の響きや自動車の警笛、さらには馬の蹄音が効果的に聞こえたという。「名古屋は馬車が多い所と見え、その姿が頻繁に現れ、就中馬の足の運びは非常によく見えた」[25]。JOCKから応援でやってきた二人の技師が、送影機の操作とアナウンサーを交代で務めてくれたので、曾根は自由に動くことができ、実験は円滑に進んだ。

図30　愛知発明協会講演会での実験風景（1933年）
（出典：「ラヂオの日本」1933年11月号、日本ラヂオ協会、63ページ）

ところが実演中、雷雲によって急に暗くなったと思ったら、近くの送電線に落雷してしまい、数回の停電が起きるという事故も生じたらしい。満身創痍の曾根たちは、それでも名古屋で実施した三日間の公開実験の翌日、さっそく後片付けに取りかかり、その日のうちに大阪に向けて出発しなければならなかった。

電灯市営十周年記念電気科学博覧会

一九三三年十月は、大阪市が電気供給事業の経営を開始して満十年の節目だった。そこで大阪市電気局は、記念事業の一環として「電気知識の普及と産業文化の向上発展」を名目に、JOBKの特別参加を得て電灯市営十周年記念電気科学博覧会を挙行。会期は九月一日から十月三十一日までの二カ月間、会場は市内東区備後町の堺筋館（旧・白木屋）の四階から八階で、入場者数は二十一万人を数えた。

電気試験所のテレビジョン公開実験は、初日から二十日間だけ実施された。「博覧会は最初のうちは出品が出揃はないものだから、後の方がよいなぞと、悠々かまへて居た人達は惜しくもチャンスを見逃してしまつた[26]」という。

曾根たちは、東京から名古屋までの輸送で味わった苦い経験を踏まえて、名古屋から大阪までの移動では、繊細な部品はすべてあらかじめ分解し、技師が携帯できるようにしていたため、蓄電池の液漏れとリード線の断線が生じたくらいで、装置に致命的な損傷はなかった。スタジオ用送影機と家庭用受影機は両方とも六階に、野外用送影機は博覧会に用いられていない二階のベランダに、その映像を受ける大衆用受影機は八階に、それぞれ据え付けられた。段取りが悪かった名古屋と比較すると、大阪では何の故障もなく準備が整ったという。

ところが今度は、公開実験の開催中に相次いでトラブルが生じた。六階のスタジオ用送影機と家庭用受影機に関しては、当初、博覧会の主催者が役者を調達する段取りだったにもかかわらず、その約束が果たされなかったとして、曾根たちとのあいだに不和が生じたのである。

　肝心の役者が未だ決つて居ない始末だ。交渉しても至つてハツキリしない。（略）予め役者の件を注文して、而も承諾を得たのに、その場になつてグヅグヅ云ふから、こちらでも片意地になつて、早速人間をポスターに換へて送つて居た。こんな事が約二週間近くも続いたが、一向反応が無いので、最後に強硬に談判した所、やつと解決して五つ位になる子供の踊りを送ることになつた。矢張りこの方がポスター等より効果的だつた。(27)

八階の大衆用受影機は無料で一般公開され、「本博覧会の呼び物の一つ(28)」になっていた。二階のベランダに据え付けられた野外用送影機から階下の電車通りを捉えるつもりだったが、通りが建物の真東に沿っていたため、午前中は逆光になる。しかし午後には別の建物の陰になってしまった。そこで急遽、補助照明を使って人物の半身像を送ることにした。その映像を受けた大衆用受影機は、設置された会場が思ったよりも狭かったため、受影機とスクリーンを直角に据え付け、光を鏡に反射させてスクリーンに映したという。

トラブルはこれだけではない。この受影機の光源の上には、冷却水を入れるためのバケツが載っていたのだが、公開日数が半分を過ぎたある日、誤ってバケツに水を入れすぎてあふれさせてしまい、受影機が水浸しになるという事故が生じた。「しばしの間は全く茫然自失の体だつたがこれではならぬと気を取り直し、先づ雑巾とバケツで水を拭き取り初《(ママ)》めたが、後から後からと水が湧き出て来る。円板のガードにはシコタマ水が入つたと見えて、一寸モーターを廻したら水車の如き有様だつた(29)」。曾根が点検したところ、次の実験には差し支えがないようなので、そのまま実験の公開に移ったのだが、マイクは入っているのに音が出ない。映像は既に映っていて、暗転した会場には多くの観客が入っていたので、いまさら照明をつけて調べるわけにもいかない。気をもんでいるうちに、焦げたような異臭がしてきて、受影機から白煙が噴き出したという。故障の旨を観客に告げて、この日の公開実験は中止になった。

しかし幸い、この水難で故障した部品はすぐに調達できたので、その後の公開実験は順調に進んだ。会期中の修理と改良によって、「像は著しく鮮明になり、電車や円タクの窓等極めてよく現れ、又左右を見ながら道路を横断する人々の姿が手に取る様に見えた[30]」という。

ところで、スタジオ用送影機と家庭用受影機が据え付けられていた六階では、JOBK技術部による「踊る電波を見る実験」も公開されていた。拡声器からJOBKのラジオ放送が流れ、その電波の波形が直径三十センチのブラウン管に映し出された。「従来一般には無形不可視として徒らに想像に委せて居た電波に関し、一進歩せる概念を知得せしめようとしたものであ[31]」ったという。ラジオ電波を可視化するというのは、川原田が三年前に朝日新聞社講堂の公開実験で試みた方法と同じである。ブラウン管の使用に便宜を図ってくれたのは、ほかならぬ高柳だった。

その場しのぎの公開実験

当初の予定では、名古屋、大阪、京都、再び大阪、長崎、そして大連（！）まで渡り歩くことになっていたが、何らかの事情で遠いほうから順に予定が見合わせとなり、最後に残ったのが名古屋と大阪の二カ所だったという。電気試験所が地方都市での公開実験に応じたのは、万国婦人子供博覧会に出品する予定だったテレビジョン電話の試作が挫折[32]したうえ、研究室の増築工事も重なって手持ち無沙汰に陥っていたためだった。それまでテレビジョン試作機の置き場所に困っていた曾根は、万国婦人子供博覧会の際には、テレビジョン館を引き取って電気試験所に移築しようとしたが、主催者との交渉がまとまらなかったという。そこで結局、研究室から少し離れたところに、古材木で三、四十坪（約百平方メートルから百三十平方メートル）のバラックが建設されることになった。バラックといえども完成までには数カ月がかかる。曾根は後年、「昭和八年度は研究費がなくなつて終つては毎日役所に出勤しても致し方がないし又一方博覧会のお陰で出来た装置を実験室に搬入すると人間の居る場所もなくなるといふ始末なので、八年度は乞はるゝまゝに方々へ装置を持ち廻つて公開実験をして時を過ごしたのであります[33]」と述べている。

したがって、この「テレビジョン行脚」は当初、実施が決まった経緯からも明らかなように、受動的で計画性を欠いた、その場しのぎの公開実験だったといっても過言ではない。その反響も当時、それほど大きなものではなかったようである。

さらに、十一月一日から七日まで上野の東京科学博物館（現・国立科学博物館）で開かれた電気通信実演展覧会でも、曾根たちはテレビジョンの実験を公開している。この一週間、日本博物館協会が展開した「第一回全国博物館週間」という博物館振興キャンペーンの一環だった。入場料は大人十銭、子ども五銭。十一月三日の明治節は入場無料とされた。明治節は一九二八年に制定されたばかりである。野外用送影機と大衆用受影機が出品され、十一月四日に曾根は「テレビジョンの話」という講演をおこなっている。

日本博物館協会の機関誌「博物館研究」に掲載された、全国博物館週間の「開催期間と前年度非開催期間との入場人員比較表[34]」によれば、東京科学博物館の入場者数は、一週間の通計で比較するかぎり、前年が一万四千五百二十一人だったのに対して、一九三三年は一万四千五百五十一人であり、ほとんど変化していない。社会教育施設としての博物館の存在感が希薄化しつつあったとはいえ、鉄道博物館の累計入場者数が二百十五人から七千百七十四人、逓信博物館が二百十五人から一万四百三十八人と、いずれも急増していることからすると、日本博物館協会のキャンペーン自体が失敗していたわけではなさそうである。(35) テレビジョンの公開実験が、少なくとも東京近郊の都市民に対しては、博覧会や展覧会の呼び物として絶大な訴求力を発揮しなくなってきたことを、この数字は改めて示しているといえるだろう。

長崎国際産業観光博覧会

ところが、一九三四年の春に開催された長崎国際産業観光博覧会に出展した、逓信博物館が運営するテレビジョン館で五十三日間にわたる公開実験が実施されたのを嚆矢として、電気試験所によるテレビジョン公開実験は、逓信省の組織的な事業周知活動としての性格を帯び始める。

長崎市では一九〇七年に博覧会が開催されて以降、きわめて小規模な共進会(産物や製品の優劣を審査する展示会)や品評会こそあったものの、華々しい博覧会は開かれていなかった。江戸時代、出島を中心に唯一海外との接点を有していた長崎は、明治以降、交通や貿易の変化によって昔日の隆盛を失っていた。そこでこの博覧会に課せられた使命は、「国産の奨励貿易の振興及文化の進展に資すると共に国際的遊覧地として長崎及雲仙を紹介(36)」することにあった。昭和初期、「路面電車都市」「造船都市」などと呼ばれていた長崎は、ツーリズムの拡大とともに近代都市として生まれ変わりつつあったが、観光博覧会の開催は、その流れに拍車をかけようとするものだった。

長崎市の主催によるこの博覧会は、長崎市中之島埋め立て地諏訪公園を第一会場、雲仙国立公園を第二会場として、三月二十五日から六十二日間にわたって開催された。ラジオやトーキーをはじめとする先端技術の進歩を物語るラヂオ館は第一会場にあった。長崎放送局（ＪＯＧＫ）は前年九月に開局したばかりである。ラヂオ館の運営主体は日本放送協会だったが、そのなかに逓信博物館が手掛けるテレビジョン館もあった。電気試験所が出品したのは、野外用送影機と大衆用受影機である。五十三日に及ぶ公開実験がおこなわれ、「テレヴイジョンの驚異的威力を見せた[37]」という。博覧会や展覧会で訴求効果が高いのは、家庭用よりも大衆用であるせいか、この頃になると家庭用受影機はあまり披露されなくなっている。

逓信博物館はその名のとおり、逓信省の管轄下に置かれていた社会教育施設である[38]。所蔵資料を一般公衆の縦覧に供するという、博物館施設としては消極的な活動をおこなっていた逓信博物館が、逓信省に与えられた逓信事業特別会計を契機として、逓信事業の周知活動と利用勧奨に積極的に乗り出すのが、まさにこの年のことである。この特別会計制度の執行にともない、不遇な研究室によるテレビジョンの公開実験は、次節で詳しく述べるように、その運営母体である逓信省の組織的事業に組み込まれていくのである。

長崎の博覧会が終わると、曾根たちの研究室は、ある方面からテレビジョン装置を置く物置小屋の材料がもらえることになった。ところが電気試験所では、その材料で小屋を建てることが公然と認められておらず、電灯を引くにしても役所特有の交渉や手続きが必要だった。それどころか、役所で実験を供覧しなければならなくなり、とても開発を前進させられる状態ではなくなったという。

「其の準備をすると供覧予定日の変更のために装置をそのまゝにして置く様に命じられるので、片付けて仕事をする事もならず簡単な実験すらもする場所が無いためすることが出来ずに」いた。しかも前年度に各地で何度も公開実験を実施した実績があったため、各方面からの出品依頼も相次いでいた。博覧会や展覧会の主催者にとって、早稲田大学の劇場テレビジョンのほうが魅力的だが、電気試験所の大衆用受影機のほうが格段に簡易なので、費用を安く抑えることができる。曾根は「之等をお断りするにもお引き請けするにも相当悩まされて」いて、「方々から出品依頼を受けて迷惑することもある」(39)と述べている。試作機を持ち回って公開実験をおこなうことは、いうまでもなく、研究開発を犠牲にすることではじめて成立するからである。

一九三〇年代なかば、機械式の限界が次第に明らかになり、技術動向がブラウン管へと傾いていくなかで、電気試験所も研究の主力を転換していく。ところが、曾根は機械式の開発にとどまって、これを応用したテレビジョン電話の試作を継続し、家庭用受影機や大衆用受影機に代えて、これを積極的に公開していくようになる。表3に示したように、電気試験所は長崎の博覧会の後、東京と大阪でほぼ同時期に開催された「特許局第二回発明展覧会」と「驚異の科学展覧会」で、それぞれ二週間の公開実験を実施している。前者にはスタジオ用送影機と家庭用受影機、後者には野外用送影機と大衆用受影機という分担だった。三五年一月の「新年こども祭り」には、やはり野外用送影機と大衆用受影機が出品され、十日間の公開実験がおこなわれている。ところが春以降は突然、それらに代わってテレビジョン電話の試作機が繰り返し公開されるようになった。そこにはいったいどのような思惑がはたらいていたのだろうか。

2 北は樺太から南は台湾まで――テレビジョンの「技術報国」

復興記念横浜大博覧会

その皮切りとなったのは、一九三五年の春に開催された復興記念横浜大博覧会だった。三月二十六日から五月二十四日までの二カ月間、横浜港頭山下公園の周辺一帯を会場として開催された。「海に面した山下公園は、うなぎの寝床のように細長」く、「そこに近代科学館をはじめ、陸軍館や、海軍国防館、各府県の特設館、その他の特設館、売店、休憩所がギッシリとならんだのだから、港に出入りする船からみると、大竜宮城が忽然と現れたようだといわれた(40)」という。関東大震災の創痍からの「港都復興の実情を内外に紹介する」という名目のもと、横浜市が主催した博覧会だが、開催までの経緯には伏線があった。かつて東京市と横浜市を中心に万国博覧会を開催しようという動きが持ち上がり、その開催年は当初、三五年に設定されていた。ところがこれに政府が異を唱え、四〇年に延期されることになった。そこで万博の穴を埋めるかたちで、東京市の政・財界が決行したのが三三年の万国婦人子供博覧会であり、横浜市が企画したのがこの博覧会だったのである。山下公園の周辺一帯で催されたこの展覧会で、年始から前売り券二十万枚が販売され、会期中の総入場者数は三百二十二万人に達する好況だったという(41)。

電気試験所によるテレビジョン電話の初公開は、この博覧会の目玉企画だった。既に述べたよう

図31　復興記念横浜大博覧会でのテレビジョン電話の実演室（1935年）
（出典：「ラヂオの日本」1935年7月号、日本ラヂオ協会、35ページ）

に、テレビジョン電話の試作機は一九三三年一月、機械の大部分が完成した段階で研究予算の不足に見舞われ、そのままの状態で放置されていた。ところがその翌年、日本学術振興会から研究費の補助が受けられるようになり、開発がようやく再開される。日本学術振興会は三三年に財団法人の認可を受けたばかりで、曾根は初年度の奨励補助を受けたのである。そして同年のうちにこの博覧会に出品する約束が結ばれたため、その完成が急がれたのだが、曾根が「臨時の公用」に妨げられたこともあって、万国婦人子供博覧会のときと同様、会期の初日には間に合わなかった。そこで会場で作業を進め、かろうじて開会二日後に完成し、ほっと安堵したという。「未完成中に出品契約を結ぶことは精神的にも楽なことではないが、幸に予定通りに動作《（ママ）》することを得た」[42]のだった。

公開実験が実施された近代科学館は、あくまで主催者が記すところによれば、「国内屈指の一流工業会社が何れもその優秀な機械や製品に覇を争」い、「その名の如く近代科学の精粋を蒐めたもの」で、「博覧会中異彩を放って」いた。とりわけ「逓信省のテレビジョン電話の実験、煙草専売局の煙草製造の実演は頗る人気」[43]だったという。
使用者は特殊な人工照明灯に照らされて、レンズから一メートルほど離れた位置に座り、相手の姿を見ながら卓上電話機を使って会話ができる。テレビジョン電話が設置された二つの部屋は約五十メートル離れていて、その一方では一般客に装置を試してもらい（図31）、他方ではマネキン嬢が対話の相手をしていた（図32）。客は一人ずつ椅子に腰掛けて、正面の四角い鏡に現れるマネキン嬢を見ながら会話をするのである。

図32　復興記念横浜大博覧会でのテレビジョン電話のマネキン室（1935年）
（出典：同誌35ページ）

此の装置で顔を見ながらお話してゐると、相手があまりマヅイ人相の持主でない限り殆ど飽きることを知らない。結婚の見合ひなどには至極効果的である様に思へる。何と云つても電話で話しするのであるし、影像も実物よりは小さく現はれるのであるから、本当に目の辺りにお目に掛つてゐるのとは違つて、恥しいと云ふ感じなどは可成り軽減せられる。但し相手の人相が自分の好みに適ふか否かを見極めるには十分である。此のテレビ電話で

は化粧で人目を誤魔化すことも殆ど出来ず、顔の造作がありのまゝに示されるのも好都合である。(44)

曾根はこのように自信を示していた。従来のテレビジョンは、送像側には強い照明が必要だが、受像側は逆に暗室にしなければならなかった。しかしテレビジョン電話の場合、いずれの側も送像と受像をおこなわなければならないため、より暗い状態での送像を可能にするとともに、より明るい状態での受像も可能にしなければならない。きわめて強力な写真レンズと輝度が高い受影光線の研究によって、曾根はこの困難を解決したという。実物と映像が相似形であること、縞目がほとんどないこと、スクリーンに映すのではなく円盤上にできる映像を拡大鏡でのぞき見ることなどから、「実感に富む影像」(45)を映し出すことに成功したというが、かなり大きなちらつきが認められるという欠点もあった。

逓信記念日逓信文化展覧会

復興記念横浜大博覧会の会期中、大阪三越で四月二十日から二十七日まで開催された逓信記念日逓信文化展覧会にテレビジョン電話を出品するため、装置が一時的に横浜から大阪に搬送された。ここでは六百メートルの架空線を使った遠距離テレビジョン電話の実験に成功している。

初めての公開となった横浜では、曾根たちは右も左も具合がわからず、実験室の設計まで指示をすることができなかったが、大阪の公開実験では、横浜での経験を踏まえて新たに実験室を設計したため、非常に具合がいいものを作ることができたという。(46) マネキン室の光景を図33に示す。マネキン嬢の前にある額枠のなか、円形のものが送影レンズで、その右の四角い窓に対話の相手の姿が映る。写真中央にあるもう一つの額枠は、照明光の採光口である。つまり横浜での実験室とは違って、装置の一切を壁の後ろに隠していたためにすっきりとした印象だった。図34が実演室で、中央に座ってテレビジョン電話を試しているのは、会場を視察に訪れた逓信大臣の床次竹二郎である。

図33　逓信文化展覧会でのテレビジョン電話のマネキン室（1935年）
（出典：同誌36ページ）

展示目的のテレビジョン電話

それでは曾根はなぜ、テレビジョン電話の開発にあえて先鞭をつけたのだろうか。その理由を三点指摘しておきたい。

第一に指摘できるのは、テレビジョン電話は、一人の顔または胸部以上の像を送受すればいいことから、走査線を増す必要性が高くないという技術的な利点である。したがって、経験を積んだ機械式によれば、実現が早いと考えたのである。

そして第二に、対話ができるテレビジョンは、電信電話事業を管掌する逓信省にとって、業務上

図34　逓信文化展覧会での逓信省式テレビジョン電話の実演室（1935年）
（出典：同誌36ページ）

の重要な将来課題と見なされていた。とりわけ一九三〇年代初頭には、工務局を中心とする逓信省の技術官僚集団のなかに、国産技術による電話事業拡大を希求する新たな機運が高まりつつあった。電気試験所のテレビジョン電話は当初、内線電話を想定したものだったが、改良を施せば遠距離の有線通信も可能になることが期待されていた。

そして第三に、テレビジョン電話は、長期的には実用化を射程に入れていたことは間違いないとしても、これを展示公開に活用することを当面の目標としていた。言い換えれば、公開実験それ自体が開発の目的だったのである。[47]

電気試験所によるテレビジョンの公開実験は、当初は場当たり的に実施されていたにすぎなかったが、実績を重ねていくうちに各方面からの出品依頼が相次ぐようになる。既に述べたように、試作機を持ち回って公開実験をおこなうことは、研究開発の時間と労力の犠牲によってはじめて成り立つ。そこで、実用化の本命と目されていたブラウン管による家庭用テレビジョンの代用として、既に一定の成果を挙げていた機械式のテレビジョン電話を、実見に供する啓蒙装置として各地の博覧会場に送り出したのである。実際、公開実験に使用されたテレビジョン電話は、一九三二年の末頃からわずか二カ月間で製作され、その後二年間放置されていたものだったため、曾根は当時、これが時代遅れの古物であることを率直に認めていた。

テレビジョン界の大勢やら其の他の事情を考慮した結果取敢えず右の未完成品を完成して見やうといふ様に心境が動くに至り（略）将来の参考の為と思つて時代遅れの設計ながら此の装置の完成に邁進し、（略）完成したのである。何しろ二年間も放置して置いたので部分品など他に流用されて欠けてゐたりして何となく古物を補修して役に立てやうといふ気持ちが濃厚であつた。(48)

「ラヂオの日本」は一九三二年、「現今の電視に使用されて居るブラウン管や円板は何れも未完成のものであつて共に色々の欠点を有するものであるから、多分将来は全く現在のものとは異る電視方式が採用されるであらう」というアメリカの *Television News* 誌の見解を紹介している。この記事によれば、それでも機械式は「今日迄充分示されて居り又電視とはどんなものかと云ふ事を示すのに非常に役立つて来た」のだから、それを一概に貶すべきではないという。(49) すなわち、たとえこのまま実用化には至らなくても、当面の知識普及や大衆啓発には、機械式で不足がないと考えられていたのである。

のちほど述べるように、テレビジョン電話の公開実験は次第に、電気試験所を管掌する逓信省の事業周知活動の目玉として繰り返し実施されるようになっていく。そうであるならば、表3にみられる出張地域の特異性についても、十分に目を向けておかなければならないだろう。

始政四十周年記念台湾博覧会

「駅頭には歓迎の大アーチがたち、台北城当時のなごりをとどめる、東西南北の楼門も飾られて、台北市は博覧会気分でわきたった」[50]。一九三五年の秋、台湾総督府の後援によって、台北で始政四十周年記念台湾博覧会が開催された。日本にとって地政学上の要所である台湾の文化や産業の現勢を紹介するという趣旨で、博覧会の事務局員はすべて台湾総督府の役人だったという[51]。第一会場は台北市公会堂を含む一万四千坪（約四・六ヘクタール）、大通りをまたぐ陸橋で接続された第二会場は新公園二万四千坪（約八ヘクタール）。第二会場は夜間も開放され、大いににぎわったという。さらに太平町の本島人街に四千坪（一・三ヘクタール）の第三会場、草山温泉に五千坪（約一・六五ヘクタール）の第四会場がつくられ、日本本土で開催された多くの博覧会と比べても、きわめて大規模な博覧会だった。本土からは都道府県などの自治体や多くの企業が参加して展示を競ったが、それ以上に地元台湾からも組織的な参加があった。山路勝彦によれば、台湾総督府が揺るぎない統治成功を宣伝する機会であったと同時に、多様な民族構成を持つ住民が初めて一堂に参集し、台北市の住民が博覧会の組織・企画・運営に加わったことで、総督府の権限のなかに収縮することなく、住民たちも主役の一翼を担うことができた[52]。台湾は国際観光地の要所だったことから、島の人びとだけでなく内地からも大勢の観光客が訪れ、会期中の観覧者数は二百七十万人に達した[53]。このように、内地の人びとに植民地事業の重要性を理解させ、日本の「大陸政策」の正しさを啓蒙することを目的として、植民地観光の商業化が進んでいた。[54]

逓信省電気試験所は、この博覧会の「交通土木館」にテレビジョン電話を出品し、「呼びものテレビジョン」として人気を集めた（図35）。始政四十周年記念台湾博覧会編『始政四十周年記念台湾博覧会写真帖』（始政四十周年記念台湾博覧会、一九三六年）などに何枚かの写真が残っている。図36は中川健蔵台湾総督がテレビジョン電話を使っている様子である。

図35　始政四十周年記念台湾博覧会に出品されたテレビジョン電話（1935年）
（出典：始政四十周年記念台湾博覧会編『始政四十周年記念台湾博覧会写真帖』始政四十周年記念台湾博覧会、1936年）

ところで、この年の年頭には、早大野球部を引率して台湾を訪れた山本忠興が、一月十三日に「テレヴィジョンの現状」という講演を現地のラジオでおこなっている。「台湾日日新報」は講演放送の前日、「山本忠興氏は恰も早大野球部長として来台してゐるので此際同氏よりテレヴイジヨンの講演を聴きたいとの希望が各方面に非常に多いが、日程にも限りがあるので放送により一般に講演することにな」ったことを、山本の顔写真を載せて大々的に報じている。「今後の文化を支配するに至るべきテレヴイジヨンといふものについて識らんとする向は此の機会を逸しないやうに注意さるべきであらう[55]」

　実験が始まった翌日、「台湾日日新報」は、「呼びものテレビジョン　きのふから公開さる」として、これを大きな写真とともに紹介している。しかし不思議なことに、その記事には「テレビジョン電話」という単語は一度も登場しておらず、どこの研究機関で開発された装置なのかも明らかにされていない[56]。テレビ電話はいまでこそ、テレビの応用領域のひとつとして捉えられるが、当時はまだ、この装置自体が「テレビジョン」と見なされていたのである。

図36　テレビジョン電話を試す台湾総督（1935年）
（出典：同書）

施政三十周年樺太拓殖共進会

　一八七五年の千島樺太交換条約によってロシア領になった樺太は、しかし日露戦争で日本軍が攻略占有して以降、再び帝国領土として日本の統治下に置かれることになった。樺太全体の十分の一に相当する三万五千あまりの人口を有する首都豊原は、一九〇七年に樺太庁が設置されて以来、政治・経済・教育・産業・交通の一大中心地として発展し、パルプ工業が勃興したことも手伝って、新興産業の中軸として広く知られるようになっていった。

樺太始政三十周年にあたる一九三六年、八月二十三日の記念式典に先立って、八月十一日から十五日間にわたって豊原と大泊で開催された「施政三十周年樺太拓殖共進会」にも、逓信省電気試験所のテレビジョン電話が出品されている。

電気試験所の「テレビジョン電話」は豊原会場の一角にあった。テレビジョン電話は「呼び物」のひとつとして活用され、「北海タイムス」によれば、「我国に於てテレヴイジヨンを有するものは逓信省と浜松高工と早大の三カ所のみで内地主要都市にても未だ多くその公開を試みられてゐない、本館に公開せらるゝものは特に請ふて逓信省電気試験所の研究作品を出品せられたもので電話装置のテレヴイジヨンである」[57]という。厳密にいえば、この時期には既に、日本放送協会や東京電気が本格的にテレビジョン開発に参入していたが、これらの研究所はいまだ、一度も試作機を対外的に公開する機会を設けてはおらず、社会的にはほとんど認知されていなかった。

移民政策と逓信事業

始政四十周年記念台湾博覧会と施政三十周年樺太拓殖共進会は、中産階級の娯楽のひとつとして発展した観光産業の一環である。したがって、これまでの博覧会や展覧会と同様、内地から人を引き寄せるための「呼び物」として、テレビジョン電話が活用された面があることはいうまでもない。しかしどうしてわざわざ台湾や樺太まで、移送の労をいとわず出向いたのか。あるいは出向かなければならなかったのか。その経緯は明らかでないが、曾根はこれらの公開実験に先立って、テレビジョン電話の展望を次のように述べている。

今少しく改良を施せば十分に相当遠距離間のテレビ電話が実用に供し得らるゝことを確信してゐる。東京大阪間あたりのテレビ連絡は、さほど困難な問題ではないと思ふ。然し電話加入者宅までの連絡は一寸厄介であるから、さし当り郵便局まで出向いて用を達す位にすればよいと考へる。或は銀行等と連絡して商用に役立たしめることも容易であると思ふ。一歩進めて無線連絡でもよいから内地と殖民地との間にテレビ電話が開設せらるゝ様にでもなれば、移民事業も大いに進展せしめらるゝことゝ信じてゐる(58)。

「内地と殖民地との間にテレビ電話が開設せらるゝ様にでもなれば、移民事業も大いに進展せしめらるゝことゝ信じてゐる」というのは、台湾や樺太での公開実験が決まったうえでのリップサービスと解釈できる。ただし、たとえば台湾に関していえば、一九一一年、長崎とのあいだに敷設されていた海底電信線が不通になった場合に備えて、長崎と台湾の両方に無線電信局が開設されている。無線通信が海上通信ではなく、陸地相互間の通信に利用された事例としては、これはきわめて早いものだった。たしかに内地と植民地とのあいだの通信は、移民政策の成否を左右する重要な技術基盤であり、そのため逓信省が、事業周知活動の重点を植民地に置いていたことは疑いない。

ところが、逓信省電気試験所による「テレビジョン行脚」は、ブラウン管の優勢が決定的となる一九三六年、あえなくついえてしまったのである。

博覧会から博物館へ

当時の人びとがテレビジョン電話を体験できた機会は、一過性の公開実験だけではなかった。大阪の電気科学館と東京の逓信博物館に、テレビジョン電話が常設展示されたからである。

大阪市西区の四つ橋河畔に建てられた大阪市立電気科学館が開業するのは、一九三七年三月のことである。天文学者・山本一清らの尽力によって、カール・ツァイス社製のプラネタリウムが導入されたことで話題を呼び、八九年に閉館するまで多くの天文ファンを育んだ施設である。東洋初のプラネタリウムを擁する同館の誕生は、日本の天文学史での記念碑的出来事として多くの人びとに記憶されているが、ここに戦時中、テレビジョン電話が常設されていたことは、現在ではあまり知る人もいない。

一九三三年九月、大阪市電気局の主催による電灯市営十周年記念電気科学博覧会で、曾根たちが「テレビジョン行脚」の一環として公開実験をおこなったことは、前節で述べたとおりである。こうした単発の事業だけでなく、市内に常設の電気知識の啓発施設として電気科学館を建設する計画を、大阪市は博覧会の開催に先立って決定していた。「歴史的陳列を一切割愛して（略）我電気科学界の最高規準を標示する優秀な機械器具を網羅」すべく、「電気科学館陳列実務委員会」が設けられたのは、同年五月のことである。委員会では科学館の陳列に関する選定や陳列方法の研究がおこなわれ、会期二カ月に及ぶ電気科学博覧会の開催は、「電気科学館開設に良い経験と資料を得」るための格好の実験として活用された。[59] そのため、この博覧会の「呼び物の一つ」だったテレビジョン電話を常設する案が浮上するのは、なかば当然の成り行きだった。館内で販売されていた絵葉書には、テレビジョン電話を写したものもあった(60)。

二階の「弱電無線館」に設置されたテレビジョン電話(図37)は、受話器を取って、壁の中央にある丸い小窓を見ると、自分のほうをまっすぐ見ている相手の顔が現れる。この改良型テレビジョン電話では、かねてから最重要課題と目されていた、お互いの視線を完全に一致させることに成功していたのである。このほか弱電無線館には、ブラウン管を使っていろいろな電波の波形を見ることができる電波直視装置も展示されていた。これもまた電気科学博覧会で、高柳健次郎の便宜のもとでJOBKが公開していたものである。

図37　大阪市立電気科学館のテレビジョン電話（1937年）
（出典：前掲『テレビジョン技術史』73ページ）

電気科学館の人気の中心は、まずプラネタリウムがある「天象館」だった。弱電無線館を含む「電気館」の入場者数は、開館当初は年間十万人に満たなかったが、一九三九年度に初めて十万人を超え、その勢いは四三年まで続いていった。

それに対して、東京の逓信博物館は一九三八年、館内全般に及ぶ展示改装をおこなった。それまでの歴史的展示に加えて、おそらくは前年に開館したばかりの大阪市立電気科学館を少なからず参考にして、先端的な電気通信関係の機器を実演するなど、最新技術の進展を意識した試みが取り入れられた。その一室にテレビジョン電話が常設展示される。その実演は来館者の注目の的になったものの、四一年の展示改装であえなく姿を消す。それに代わって、実用化を射程に入れた各種のブラウン管式テレビジョンが展示されたが、展示室は四五年四月、特別の公示を出すことなく閉鎖され、終戦を迎えることになった。(61)

3 テレビジョン電話のまなざし

SF的想像力の産物

当時のテレビジョン電話は、双方向コミュニケーションを実現するメディアとしての「テレビ電話」とは、大きく異なるニュアンスをともなっていた。博覧会でテレビジョン電話を体験する一般客と、その画面の向こうに映るマネキン嬢。北は樺太から南は台湾まで持ち運ばれ、内地と植民地をつなぐ技術として喧伝される帝国科学の権威。改めて図26や図31・32、図33・34、図35・36を見比べてみると、双方が対等な関係で会話を楽しむというよりは、一方が他方を眺めるという非対称な関係になっていることがわかる。まるで監視カメラのような、「見る（見せる）／見られる」という不均衡なまなざしを媒介する技術として想定されていたようである。

かつて高柳健次郎は、アルベール・ロビダが一八八〇年代に描いたと思われるSFイラストレーションを見て、テレビジョンの研究開発を志すようになった（第1章を参照）。ロビダが構想した「テレフォノスコープ」は監視のための機械でもあった。これを用いれば、妻は家にいながらにして浮気性の夫を会社まで追いかけて詰問することもできた[62]。

ロビダだけではない。一九三〇年代、技術者たちがテレビジョンについて語る際、好んで言及していた物語が二つある。

その一つは、イギリスの文豪バーナード・ショーが一九二一年に執筆した戯曲『メトセラへ帰れ（*Back to Methuselah*）』で、その一場面は次のようなものだ。首相が二一七〇年、閣僚と数百マイルを隔てて閣議をおこなっている。首相の机上には数個のスイッチがあり、部屋の前面にはスクリーンが張られている。大臣の名前が記されているスイッチを押すと、当人の顔がスクリーンに現れて、同時に声も聞こえてくる。ＳＦではお馴染みの光景であり、現在のテレビ会議そのものだ。この戯曲が『思想の達し得る限り』という邦題で、岩波文庫から出版されたのは一九三一年のことだが、それ以前からアマチュア向けの技術書などでは、この場面が繰り返し紹介されていたのである。

偉大なる文豪の此の種の文章は決して無意味ではありません。新しい文化的発明といふものは、決して一人の人に依つて創造され得るものではありません。一定の時期が来ればこれこれしかじかの物が出現すべきことは、色々なる質の組合さつた結集として、予め決つてゐるのでは無いかと思はれます。偉大なる文豪或は政治家などといふものは近く来るべきものを予想するやうです。すると発明家なり技術者などといふ人も同様な感を抱く様になつて、やがて之れを実際づけるのであります[63]。

そしてもう一つは、一九二六年にドイツで制作されたフリッツ・ラングの映画『メトロポリス』である。この映画では、未来都市の地下社会で、労働者を監視する工場長がテレビジョン電話を操作している場面が描かれる。

最近日本で封切せられた独逸映画メトロポリスはいろいろな意味に於て興味の深いものであり、未来の科学の世界に何物か暗示してゐるやうに考へられます。然も、この映画の中には（略）前に述べたバーナード、《ママ》ショウの劇に表はれた様なことが、工場主と労働者の間に於て行はれたのが見受けられます。（略）この「テレヴヰジヨン」なる言葉を具体化したのが前に述べた二つの物語であつて、これ等はすでに事実となつて吾々の眼前へ展開されつつあるのです[64]。

地下の労働者たちはむしろ、巨大な機械に仕える奴隷である。『メトロポリス』を観たヒトラーとヨーゼフ・ゲッベルスは、政権を得るとすぐにラングを招いて、ナチスのプロパガンダ映画の制作を依頼したという[65]。

ほかにも、チャールズ・チャップリンの代表作『モダン・タイムス』（一九三六年）には、トイレでタバコを吸っていたチャップリンに対して、社長が監視モニター越しに「仕事に戻れ！」と一喝する場面がある。日本では同じ年、海野十三が『深夜の市長』という長篇小説を発表している。この作品では、速水輪太郎という街の科学者が、暗視機能付きのテレビを使って、丸の内の高塔から夜のT市（東京市）を監視している。

「覗くのは一向構わないが、そこらにある目盛《ダイヤル》盤や把手《ハンドル》などに手を触れないように注意してくれたまえ」

「はア、分りました。どうも済みません」と、僕は謝って置いて、「ここにうつっているのは、何でしょうか。T駅前の広場には違いありませんが、夜間だか昼間だか分りませんねえ」

「もちろんそれは現在只今の光景がうつっているのだから、深夜の景色にちがいない。但しこの器械は暗視機といって、暗くても明るく見えるテレビジョン装置なのだ。これで見ていると、深夜とて真昼のように見えるのだ」

「ほう、――」と僕は驚倒するより外なかった。(66)

以上のように、十九世紀後半以降のSF的想像力の系譜と共鳴しながら、テレビジョン電話は社会に姿を現しつつあった。テレビジョンという希代の科学技術は、こうしてモダニズムとナショナリズム、そしてジェンダーやコロニアリズムなどをめぐる不均衡なまなざしをはらんでいったのである。

テクノクラシー思想と「技術報国」

逓信省の事業周知活動と連動して実施された電気試験所によるテレビジョンの公開実験について、『テレビジョン技術史』には、「一般大衆の極めて熱心な要望にこたえて、テレビジョンの知識の普及に役に立ち、その文化的価値を認識してもらうことに役に立つことに努力することは、国家機関の任務でもある」[67]と記されている。

だが、逓信省がこれほど積極的にテレビジョンの啓蒙活動に乗り出した背景に、よりこまやかな注意を払っておく必要がある。ラジオの揺籃時代からテレビジョン技術が広く認知され始める一九三〇年代の初頭まで、電気知識の普及活動に熱心に取り組んでいたのは、アマチュア無線家たちのほか、新聞社や電気機器メーカーといった民間の事業体であって、国家機関である逓信省がこれに関わるというのは、きわめて稀なことだったはずである（第1章を参照）。かつて政府がラジオの公開実験を支援したこともあったが、その対象は高学歴の専門家に限られていたのだった。

それに対して、電気試験所が一九三〇年代なかばに実施したテレビジョンの公開実験は、テクノクラシー思想の影響を受けた当時の電波行政のあり方と不可分に関わっていた。

アメリカでハワード・スコットが唱導したテクノクラシー論は、満州事変などを経て行き詰まっていた日本の社会改造論として読まれ、ジャーナリズムを席巻した。とりわけ、国際ジャーナリストの四至本八郎が一九三三年に著した『テクノクラシー』が、スコットの理論とアメリカ国内での反響を詳しく紹介し、ベストセラーとなる。スコットは、コロンビア大学による北米エネルギー調査への参加を経て、エネルギーを一元的な価値基準とする社会体制、その秩序形成に技術者が重要な役割を果たす機械社会への改造を唱えていた。たとえば、機械によって産業を合理化する社会で、早晩消滅する運命にあるのは新聞事業であるという。

スコットの秘書ヒッチコックは、「新聞は、工芸学的に見ると廃物であるから、その寿命は長くない。通信科学の工芸的進歩は、新聞を過去の遺物としてしまつた。」と論じた。その理由として、ラヂオとテレヴイジヨンの発達は、新聞の機能を奪いつゝある事を指摘した。[68]

現在の新聞は大量の資源を乱費しているうえ、「一個のニュースを取扱ふためには一個の発表機関で充分でありながら、幾つもの新聞が発行されてゐる」というのは、「社会浪費」にほかならない。[69]エネルギーを社会価値の標準とするならば、極端にまで機械化された社会では「技師大統領《エンジニヤ・プレジデント》」の登場も考えられるという。[70]

同年四月には、技術者の一大連盟である日本工人倶楽部の外郭団体として、テクノクラシー研究団体・日本経済協会が設立されている。その会長に就任したのは、早稲田大学のテレビジョン開発を差配していた山本忠興だった。これは技術者が「技術の立場」から社会改造を語り始めた嚆矢とされる。[71]日本工人倶楽部は一九三五年に日本技術協会と改称、職業組合的な要素を払拭して技術国策の調査研究を前面に掲げ、新しい要領のなかに「技術報国」という概念を盛り込んでいる。こうした動きはやがて、行政機構の各領域での法律万能的なあり方に対する、逓信技師たちによる批判の高まりと相まって、三七年、逓信省内の各局技師の団体・逓信技友会の発足へと帰結するのだった。[72]

こうした潮流は電波行政のあり方に大きな影響を与えたと考えられる。その一例としてまず挙げられるのが、逓信省の技術官僚たちの長年の要望だった逓信事業特別会計制度である。すなわち、逓信省は一九三四年度以降、国庫の一般会計から独立した特別会計を得る。郵便事業と電信電話事業に関係する通信業務費が独立したことで、逓信事業の周知と利用勧奨の動きを本格化させることができるようになった。この当時、逓信省が所掌していた業務は、郵便と電信電話のほか、電気、船舶、航空、貯金、保険など、きわめて多岐にわたる。

これらの周知宣伝活動の一環として力点が置かれたのが、逓信文化展覧会を開催することと、他団体が主催する展覧会や博覧会に参考品を出展することだった。逓信博物館は、中央での逓信事業の総合的周知機関だったが、展覧会の開催にあたっては、確実な集客が見込める百貨店が次第に利用されるようになっていく。

既に述べた一九三五年の逓信記念日逓信文化展覧会をはじめ、三六年四月二十日から二十九日まで仙台三越で開催された逓信記念日逓信文化展覧会、六月一日から十日にかけて東京三越で開催された電話発明六十周年記念展覧会では、いずれもテレビジョン電話の公開実験がおこなわれたが、これらはすべて逓信省の主催事業だった。

欧米の機械式に依拠していたアマチュアに対して、ブラウン管を世界で初めて受像機に使用した高柳健次郎や、大画面での受像をいち早く可能にした川原田政太郎による純国産のテレビジョン試作機の登場は、日本の電気技術の水準が欧米のそれに追いついたことを象徴する出来事だった（第2章を参照）。テレビジョン技術について語られる際、「日本科学の為に愉快とする処」や「帝国科学の権威」「全日本人の誇りとすべき」「電気王国を髣髴たらしむ」などというように、その技術力の主体としての「日本」が次第に強調されるようになっていったことは注目に値する。電気試験所による精力的な公開実験の背景にあったのも「技術報国」という理念であり、いわゆるテクノ・ナショナリズムの萌芽をここに見いだすことができる。

テクノ・ナショナリズムとは元来、第二次世界大戦後に急速に発達した自国の科学技術を背景に、ナショナルなプライドとして「技術力の誇り」を顕示する傾向を意味する。敗戦によって禁じられたナショナリズムを取り戻そうとする社会の要請であって、戦後日本の自画像を描くうえで重要な概念である(73)。そして次章で詳しく述べるように、こうした「技術力の誇り」を取り戻すことを仮託されるのが、戦前から戦後にかけてテレビジョン開発に携わった技術者たちの群像にほかならない。

注

（1）加藤誠之「電視館を熱望」、前掲「ラヂオの日本」一九三一年六月号、二七ページ

（2）金山秀一／西川秀男『テレヴヰジョン装置の製作法』厚生閣、一九三二年、六ページ

（3）星合正治「アメリカのテレヴィジョン界見た事聞いた事」、前掲「ラヂオの日本」一九三二年二月号、九ページ

（4）水越伸『メディアの生成――アメリカ・ラジオの動態史』同文館出版、一九九三年

（5）曾根有「携帯用テレヴィジョン（上）」、前掲「ラヂオの日本」一九三二年九月号、一一ページ

（6）曾根有「逓信省電気試験所の最近に於ける研究概要」、前掲「ラヂオの日本」一九三五年一月号、二四ページ

（7）曾根有「電気試験所式新テレビジョンに就て」「ラヂオの日本」一九三三年八月号、日本ラヂオ協会、一三ページ

（8）「逓信省電気試験所テレビジョン研究室訪問記」「ラヂオの日本」一九三三年六月号、日本ラヂオ協会、五九ページ

（9）同論文五九―六〇ページ

（10）高柳健次郎「浜松高工式テレヴィジョンの現状に就いて」「ラヂオの日本」一九三三年九月号、日本ラヂオ協会、一八ページ

（11）川原田政太郎「新設早稲田大学テレビジョン研究所概要」、前掲「ラヂオの日本」一九三三年七月号、九―一二ページ

（12）前掲『発明の人』一〇一ページ

（13）関屋敏子「独唱に其の顔と動作とを見せたい」、前掲「ラヂオの日本」一九三五年一月号、四九ページ

（14）前掲「ラヂオの日本」一九三三年九月号、二三〇ページ

（15）前掲「逓信省電気試験所の最近に於ける研究概要」二四ページ

（16）万国婦人子供博覧会の開催に先立って、主催団体のひとつである工政会の機関誌「工政」の誌上では、「テレヴィジョンの将来と我々の研究」という記事のなかで、浜松高等工業学校の中島友正と逓

信省電気試験所の曾根有が、それぞれの研究の進捗状況を報告している。両者の見解の相違が如実に示されているので、簡潔に触れておきたい。一方の浜松高等工業学校では、一九三二年三月から五月に開かれた第四回発明博覧会の後、高柳が受像機の電池類を改良し、十月十四日から十七日にかけて開催された浜松高等工業学校十周年紀念《ママ》展覧会で公開実験をおこなっている。その結果について中島は、「爰に於て余は我方式の受像器の研究は一段落を告げたと信ずる。受像器に陰極線管を使用する我方式の最大特長は、万能性を有する事である。仮に現在の幼稚な時代より実用に供するとして、送像機は益々改良して詳しい像を送る様にせねばならぬが、我方式の受像器は之に順応するので何等変更を要しない。他の多くの方式は、送像機の変化と共に受像器も変化せしめねばならぬ。（略）吾方式にては（略）恰もラヂオ受信器が何れの局にも同調する如くなす事が出来る。故に余個人としては現在より実用に供して可なりと信ずる」と述べ、その上々の仕上がりに自信を示している。このときはまだ、ツヴォルキンのアイコノスコープは発明されておらず、高柳が開発した送像機は明らかに不十分なものだったが、送像機の変化に対して受像機は十分に融通性があり、たとえ現時点で商品化したとしても、のちのち購入者に迷惑をかけることはないという認識に至ったのである。テレビジョンの事業化については、「我国の無線界を攪乱せしめない為に、日本放送協会が採用して、テレヴイジョン放送をなすが最も策の得たものと思ふ」という半面、「軽卒なる人は簡単に放送は放送協会がやれば良いといふ様であるが、私はさう単純なものでないと信ずる。先にもいつた通り放送は放送協会に委ねるが良い。吾等は研究すれば満足である。併し乍ら以上に述べたことを深く考察し、我国諸般の法規乃至現状に照す時は、他にテレヴイジョン事業者の存立の必要を認めるのである」とも述べている。その根拠は、軍器、有線電話、広告事業などへの応用を念頭に置けば、テレビジョンに関する工業所有権を分割するべきでなく、あらゆる事業に対応できるような組織によって運用されることが望ましいと考えていたためである。事業化推進派の中島に対して、曾根は慎重派だった。「近き将来に種々の方式が相次いで完成せられて行き、其各が時代と共に自然に淘汰せられて、何時とはなしに極めて少数の真に実用的な装置のみが実用化せられて行く事は明白である。勿論今日如何なる方式のものが生きながらへて実用せらるかは全く不明であり、今日不完全なるものも研究によつて其点が改良せられゝば、今日優秀なりと考へられるものより遥に勝る事も無論想像出来る。斯の如き次第であるから如何に先見の明ある者と雖も今日より将来を予想して、テレヴイジョンの方式を定める事は神ならぬ身のよくなし能はざる処で、之を敢てせんとするものは無謀の企をなすものであり、科学の進歩を妨るに等しいものである。であるから事情の許す限り各種の異方式のテレヴイジョンを夫々独立に発達せしめる事が極めて肝要なる事かと考へる」（曾根有／中島友正「テレヴイジョンの将来と我々の研究」「工政」一九三三年一月号、工政会、三五―三七ページ）

（17）安藤照雄「万国婦人子供博覧会見たまゝ」「ラヂオの日本」一九三三年四月号、日本ラヂオ協会、四二ページ。同年に出版された日本ラヂオ通信学校編『ラヂオの予備知識』（日本ラヂオ通信学校出版部、一九三三年）によれば、安藤はＪＯＡＫの技師である。

（18）前掲「ラヂオの日本」一九三三年五月号、六四ページ

（19）「今度の装置は屋外の光景を送影することを第一目標とし、野球、角力、水上競技等を放送することが出来、受影は大衆に観覧せしめるために大型スクリーンに明るく映し出す様に設計したものであ」った（前掲「電気試験所式新テレビジョンに就て」一三ページ）。

（20）同論文一五ページ

（21）前掲「ラヂオの日本」一九三三年五月号、六五ページ

（22）斎藤正「テレビジョン行脚」「ラヂオの日本」一九三三年十一月号、日本ラヂオ協会、六〇ページ

(23)同論文六〇―六一ページ
(24)同論文六三ページ
(25)同論文六四ページ
(26)同論文六三ページ
(27)同論文六五ページ
(28)大阪市立電気科学館『電気科学館二十年史』大阪市立電気科学館、一九五七年、二四ページ
(29)前掲「テレビジョン行脚」六六ページ
(30)同論文六六ページ
(31)草間貫吉/五島丙午郎「電気科学博覧会出品「踊る電波を見る実験」に就て」、前掲「ラヂオの日本」一九三三年十一月号、三四ページ
(32)そもそも、テレビジョン電話の最初の試作機は、一九三二年の末、曾根が万国婦人子供博覧会への出品勧告を受けたとき、野外用送影機と大衆用受影機とともに構想されたものだった。ところが、何らかの手落ちで予算の一部が出ないことになってしまい、三三年一月に機械の大部分が完成した段階で放置されてしまう(前掲「逓信省電気試験所の最近に於ける研究概要」二四ページ)。既にみたように、曾根たちは野外用送影機の製作に追い込まれていて、とてもテレビジョン電話にまで手が回らず、博覧会に間に合わせることができなかったのである。ところが、テレビジョン電話の試作に要した外注費用は、やむをえず電気試験所の一般予算から補塡しなければならなくなったため、三三年度の研究費が底をついてしまったのだ。
(33)同論文二五ページ
(34)「博物館研究」一九三四年三月号、日本博物館協会

(35) ただし、大正から昭和初期にかけて、民間資本の参入が直接の契機となって、博覧会や展覧会がその性格を大きく変え、かつて常設化された博覧会として位置づけられていた博物館との関係も変化していたことに留意しておきたい。つまり、百貨店や電鉄、新聞社のような企業による博覧会や展覧会の魅力が、博物館や研究所が主催する社会教育的な催事のそれを大きく凌駕し、特に百貨店が展覧会の舞台になることによって、博物館は催事場としての存在価値を脅かされていく。文部省社会教育官の中田俊造は一九三五年、「博物館研究」に寄せた文章のなかで、「顧客を百貨店に吸収し、その購力を唆り、各種の宣伝を行ふこととなるので、そこに非教育的な点もないではない」と述べながらも、「一面よく社会の趣向や季節時期をも察し、適切なる題目を捉へて都人の興味を唆り、実生活の指導のうえにも相当の影響を与へてゐることは吾人の注目すべき一大事象と云はなければならぬ」と、社会教育を遂行するうえで百貨店展覧施設が有効であることを認めている。運用経費の面からみても、「文部省に於いて調査した教育的観覧施設として公然挙げられてゐる博物館と称し得べきもの」全体の予算総額が二百三十一万三千百九十五円だったのに対して、百貨店展覧施設は、小さいものでも一回当たり千円ないし二千円以上、大きいものでは四、五万円が出資されていることから、「これ等が市民の社会教育上に非常な影響を与へてゐることは、わが観覧施設の新方面に於ける発達として今日見逃すことの出来ぬ」ものであると考えられていた。なお、三三年十月から翌年九月までの一年間に、東京市内の百貨店で開催された展覧会は、三越が九十四回で群を抜いていて、次いで上野松坂屋が三十七回、高島屋が二十一回、白木屋が三十一回、新宿伊勢丹が十四回、松屋が十回、新宿ほていやが七回、日比谷美松が三回となっている(中田俊造「博物館の機能とその連絡」「博物館研究」一九三五年三月号、日本博物館協会、二―五ページ)。したがって、第4章で述べるように、テレビジョンの公開実験もまた、少なくとも東京市内では、その舞台を次第に百貨店に求めていくことになる。

(36) 長崎市編『長崎市制五十年史(後編)』長崎市役所、一九三九年、六三ページ
(37) 国際産業観光博覧会協賛会編『長崎市主催国際産業観光博覧会協賛会誌』国際産業観光博覧会協賛会、一九三五年、一〇ページ
(38) 一八九二年、逓信省郵務局経理課に設けられた物品掛の収集品の縦覧を目的として、一九〇二年に通信局に所属する機関として設立された郵便博物館を前身としている。これが逓信博物館に改称されたのは、大臣官房に移管されるとともに業務が大幅に拡大した一〇年四月のことである。
(39) 前掲「逓信省電気試験所の最近に於ける研究概要」二五ページ
(40) 前掲『ランカイ屋一代』二二八ページ
(41) 復興記念横浜大博覧会編『復興記念横浜大博覧会協賛会報告書』復興記念横浜大博覧会協賛会、一九三七年
(42) 曾根有「電気試験所式テレビジョン電話試作装置」「ラヂオの日本」一九三五年七月号、日本ラヂオ協会、三三―三六ページ
(43) 前掲『復興記念横浜大博覧会報告書』六ページ
(44) 前掲「電気試験所式テレビジョン電話試作装置」三五ページ
(45) 同論文三五―三六ページ
(46) 同論文三六ページ
(47)「曾根式のテレビジョン電話の研究は、横浜復興《ママ》記念大博覧会その他で公開実験されたものの試作を目的とするものと、大阪市立電気科学館の半永久設備として設置された改良形の製作を目的とするものとの二回行なわれた」(前掲『テレビジョン技術史』七〇ページ)
(48) 前掲「電気試験所式テレビジョン電話試作装置」三三ページ

(49)「ラヂオの日本」一九三二年七月号、日本ラヂオ協会、六一―六二ページ

(50) 前掲『ランカイ屋一代』二三四ページ

(51) この博覧会の特設館と糖業館の企画・製作を手掛けた中川童二は、次のように証言している。「後になって、「この博覧会が民衆に好感をもたれたのは、事務局にいわゆる博覧会屋なる者を入れず、企画や経営に、自分たちが全力をつくしたからだ」――と総督府側はいっていた」(同書二三二ページ)

(52) 山路勝彦『近代日本の植民地博覧会』風響社、二〇〇八年、二二七―二二九ページ

(53)『始政四十周年記念台湾博覧会協賛会誌』始政四十周年記念台湾博覧会協賛会、一九三九年、三―六ページ

(54) ケネス・ルオフ『紀元二千六百年――消費と観光のナショナリズム』木村剛久訳(朝日選書)、朝日新聞出版、二〇一〇年

(55)「台湾日日新報」一九三五年一月十二日付

(56) 全文を引用しておく。「第一会場内交通土木館内の呼びものテレビジョンは十五日午後三時から公開された、写真はその実験でこれを図解で説明すると、Aは送影レンズ、Bは補助光線器、Cは受影スクリーンである。即ちこのテーブルに座す女の影像が先方の受影スクリーンに現はれて出るには、Aの送影レンズから裏面に装置してある送受影器中の光電管、走査円板、増幅器を通過して送影されるのである。そしてこの影像の光彩が電流に換へられるのは専ら光電管の中で行はれるものなのである」(「台湾日日新報」一九三五年十月十六日付)

(57)「北海タイムス」一九三六年八月十日付

(58) 前掲「電気試験所式テレビジョン電話試作装置」三九ページ

(59) 前掲『電気科学館二十年史』八八―八九ページ
(60) 橋爪紳也『モダニズムのニッポン』(角川選書)、角川学芸出版、二〇〇六年、一六―一七ページ
(61) 逓信博物館編『逓信博物館七十五年史』信友社、一九七七年、六四―七一ページ
(62) 前掲『20世紀』
(63) 加納八郎／平田潤雄『テレヴィジョン』正和堂書房、一九三一年、四ページ
(64) 前掲『最新テレヴィジョンとトーキーの研究』四ページ
(65) 前掲『欲望のメディア』六〇―六一ページ
(66) 海野十三「深夜の市長」、海野弘編『機械のメトロポリス』(「モダン都市文学」第六巻)所収、平凡社、一九九〇年、六四―六五ページ
(67) 前掲『テレビジョン技術史』七一ページ
(68) 四至本八郎『テクノクラシー』新光社、一九三三年、二〇一ページ
(69) 同書二〇二―二〇三ページ
(70) 同書二〇七―二〇九ページ
(71) 大淀昇一『技術官僚の政治参画――日本の科学技術行政の幕開き』(中公新書)、中央公論社、一九九七年、九四―九五ページ
(72) 同書一〇九―一一三ページ
(73) 阿部潔『彷徨えるナショナリズム――オリエンタリズム／ジャパン／グローバリゼーション』世界思想社、二〇〇一年

第4章

皇紀二千六百年——日本放送協会の実験放送

ナチス・ドイツがベルリン・オリンピックでテレビジョンの実験放送を試みた一九三六年の夏以降、浜松高等工業学校の高柳健次郎を招聘した日本放送協会技術研究所を中心に、四〇年に開催予定だった東京オリンピックと万国博覧会を技術達成の目標として、研究開発体制が一元化されていった。だが、日中戦争の影響を受けて三八年、あえなくオリンピックの中止が決定される。放送評論家の志賀信夫は、『昭和テレビ放送史』のなかで次のように述べている。

> 日本の総力をあげてのテレビ研究開発も、実際には生かされなかった。日本軍が戦火を広げ、国際関係が悪化、東京オリンピックを返上せざるを得なかったからである。しかし、それだけに、テレビをなんとか世に出そうとする技術者たちの熱意は強く、終戦後、ふたたびその熱が燃えてきた。[1]

もっとも、技術研究所は一九三九年三月、東京市内でテレビジョンの実験放送の実現に漕ぎ着けていて、その翌年には、日本初のテレビジョンドラマ『夕餉前』が制作されている。しかしこれらの成果は、あくまでオリンピックの実況中継を目標とする「大規模プロジェクト」の残余として語られることが多い。たとえば、「テレビ五十年」の節目を記念して二〇〇三年一月二十八日、NHKの『プロジェクトX』で放送された「執念のテレビ　技術者魂三十年の闘い」では、次のように述べられている。「日中戦争の激化とともに、東京オリンピックは、一九三八（昭和十三）年七月に中止が決まった。しかし、大きな目標を失っても高柳らの士気は衰えず、翌一九三九（昭和十四）年三月には初の国産テレビによる実験放送が実現」[2]（傍点は引用者）した。

　結果的に太平洋戦争によって研究開発が頓挫したことを踏まえれば、こうした捉え方は、テレビジョン開発史の概略としては間違っていない。ただし、オリンピック返上から太平洋戦争の勃発までには、実に三年以上の余白がある。その間に技術研究所の開発が凍結していたわけでは決してなく、むしろブラウン管による表現の可能性が徹底的に追求され、結果的に「絵の出るラジオ」へと収斂を遂げていく時期にほかならなかった。それは同時に、帝都の博覧会で一世を風靡した劇場テレビジョンの見世物性《スペクタクル》（第2章を参照）と、東京から地方へと行脚し、そして内地から植民地へと接続していこうとしたテレビジョン電話のまなざし（第3章を参照）が、ともに忘却されていく過程でもあった。言い換えれば、多様性をはらんだ技術としての「テレビジョン」はこの時期、「テレビ」というメディアとして社会化していったのである。

　したがって、この三年間を研究凍結までのカウントダウンと捉えるだけでは、見過ごしてしまうことがあまりにも多い。初めての実験放送に成功した二カ月後には、技術研究所のなかにテレビジョン実験局が完成し、真珠湾攻撃までの約二年半にわたって、実験局からの実験電波が百貨店の催事場などで頻繁に受像され、大いに人気を博した。「各実験共にテレビジョンの現状を知らんとする熱心な人々で終始満員で人の列が延々屋上まで続いたこともあり、或は又余りの混雑に整理不能に陥らんとしたことも屢々あった(3)」という。

そこで本章では、東京オリンピック計画が霧散して以降、軍事色を前面に出していく国策展覧会のなかで公開されたテレビジョンの実験放送に焦点を当てる。それは本当に技術者の「熱意」や「執念」のたまものという以上の歴史的意味を持たなかったのだろうか。

結論の一部を先取りするならば、一九四〇年には皇紀二千六百年奉祝記念事業が数多く開催され、その一環としてテレビジョンが頻繁に公開されたのだった。皇紀というのは『日本書紀』の紀年法で、神武天皇が畝傍（奈良県橿原市）に橿原宮を造営して即位したとされる年を紀元としている。この紀年法は歴史書でしばしば使用されてはいたものの、これが国民国家統合の象徴として法制化されるのは一八七二年のことであり、近代日本における「創られた伝統(4)」の典型といえるものである。皇紀二千六百年奉祝事業として企画された東京オリンピックと東京万国博覧会が霧消したのち、日本政府は皇紀二千六百年という節目を、精神動員の面でだけ利用しようとする。しかし結果的には、オリンピック構想や万博構想の余韻が色濃く残り、経済発展指向の奉祝記念行事が数多く開催されたのだった(5)。ケネス・ルオフの言葉を借りれば、「戦時のナショナリズムが消費主義を刺激し、消費主義がまたナショナリズムをあおっていたのである(6)」。

高柳健次郎をはじめとするテレビジョン技術者たちは、これに付随する経済発展指向に活路を見いだすことができた。ここで問われるべきは、これまで主に「幻の東京オリンピック」との関係を軸として戦中期のテレビジョン開発史が編まれてきたことの限界であり、その視角によって覆い隠されてきた、戦後の「テレビ」とのつながりである。

1　「幻の東京オリンピック」を超えて

ベルリン・オリンピックのテレビジョン実況中継

ナチス・ドイツの宣伝相ヨーゼフ・ゲッベルスは一九三三年、ラジオの聴取を国民に義務づけ、「国民ラジオ受信機（Volksempfanger）」の大量生産が始まった。三四年にはレニ・リーフェンシュタールによって、ナチス党大会が記録映画『意志の勝利（Triumph des Willens）』として映像化された。三六年の党大会では、建築家アルベルト・シュペーアの演出のもと、百五十基の対空防御用投光器によって光のスペクタクルが繰り広げられ、膨大な人間からなる人文字を描いてみせた。(7)そして同年のベルリン・オリンピックでは、ヒトラーの号令のもと、リーフェンシュタールによって記録映画『民族の祭典（Fest Der Volker）』が制作され、スタジアムに参集した十数万人の観衆をはるかに超える人びとの意識の動員を可能にする、メディアに媒介された祝祭の到来を印象づけた。ドイツから亡命したテオドール・アドルノとマックス・ホルクハイマーは第二次世界大戦中、「今日では外界が映画の中で識った世界のストレートな延長であるかのように錯覚させることは、簡単にできるようにな」り、「実世界はもはやトーキーと区別できなくなりつつある[8]」という見方を示している。

そしてゲッベルスはベルリン・オリンピックに際して、テレビジョンによる実況中継放送を構想し、非常に実験的で不完全なものだったが、それを実現させている。

ドイツでは一九二八年のベルリン無線展覧会で、ハンガリー出身のD・フォン・ミハリーによる機械式の「テレホール」が展示されたのを皮切りに、テレビジョンに対する期待が高まっていた。テレホールはベアード式と同様の装置で、このときは走査線三十本、毎秒十枚の画像を送ることができた。その翌年には早くも、電波を使った送受信実験が始まり、電気機器メーカーは社内にテレビジョン部門を設けるようになった。三〇年代に入ると、各社のテレビジョンを陳列した「電視室」が展覧会の目玉となった。とりわけ、M・フォン・アルデンヌがブラウン管を用いた電子式走査方式を考案し、これを利用した装置が三一年の無線展覧会に展示されると、世界的に大きな反響を呼んだ。

一九二四年に始まるドイツの無線展覧会は、ナチスの台頭にともない国策プロパガンダの手段としての性格を強めていた。三三年にベルリンで開催された無線展覧会では、開会当日にゲッベルスが「ラヂオ博とドイツ国家」という演題の講演をおこなった。ベルリンに滞在していた浜松高等工業学校の教授が、同僚の中島友正に報告したところによれば、「会場へ足を踏み入れて見ると何れもナチスの宣伝物ばかし、第一会場の中央には三巨人像が右手を挙げて、ヒットラー敬礼（尤も今は官吏も此敬礼をやる事になつて居る）をやつて居る。周囲には何れも現政府の各種統計やポスターが一面に貼布され、流石政府の抜目のない宣伝振りに、感心を通り越して一寸鼻につく位であった[9]」という。

そして一九三五年、ベルリンで世界最初の定時放送が開始される。送像側にはニプコー円盤と仲介フィルム方式が採用され、実用化の本命とされていたアイコノスコープはまだ用いられていなかった。かつてベルリンで活躍した発明家の名前から、放送局は「パウル・ニプコー」と名づけられた。ブラウン管の受像機は、ヒトラー官邸や大臣級の要人の邸宅内、および市内のテレビジョン館に据え付けられた。この実績が翌年のオリンピック中継に生かされることになる。

ベルリン・オリンピックでは、ベアードがドイツに進出して設立したフェルンゼー社が、ドイツ郵便省と競い合いながらテレビジョン放送を実現した[10]。ついに機械式を見限り、スタジアムにはアイコノスコープ・カメラも設置された。ベルリン市内二十五カ所に加えて、無線展覧会や選手村にも受像機が設置されたほか、ポツダムとライプツィヒの「国体受信所」にも有線で映像が中継された。ダフ・ハート・デイヴィスによれば、関係当局は十六万二千人がテレビジョンで競技を見たと主張したという。ところが、「映像はほとんど見わけられない。きわめて不鮮明な露出オーバーの写真のようなもので、見ているのがつらく、人々はがっかりして顔をそむけた[11]」。それもそのはず、画面の大きさは百センチ×百二十センチ、走査線はわずか百八十本にすぎず、画像は不明瞭かつ不安定だった[12]。

しかしこの試みは、日本に大きな衝撃をもたらした[13]。開会式の前日にあたる七月三十一日、四年後の第十二回オリンピック大会が東京で開催されることが決まっていたからである。この頃を境に、オリンピックというメディア・イベントは、諸国の科学技術力を誇示する場という性格を帯び始めていた。[14]ナチスによるテレビジョンの実況中継放送はあくまで実験的なものではあったが、オリンピックが帝国主義的な「国威発揚」の場であるならば、今大会のドイツの実験放送の成果、および諸外国の研究開発の展望からして、四年後の東京オリンピックに際しては、日本の国威を賭けてテレビジョン放送を、独自の方式にもとづいて実現しなければならないと考えられるようになった。[15]ベルリン・オリンピックで威容を誇示したナチスに多少とも劣らないよう、日本は万世一系の神話を世界に向けて発信しなければならなかったのである。イギリスでも同年、BBCがロンドンで実験放送を開始していた。

電波行政はこうした時代精神に敏感だった。ベルリン大会の直後、逓信省工務局の網島毅は、「一独逸人が四年後のオリムピックには独逸は日本よりのテレビジョン放送を期待すると云つたことに対しても我が国技術の名誉の為全技術者を動員して之が実現に努力しなければならぬ」[16]と述べ、工務局内に「オリムピック準備委員会」が設立された。また、逓信省による強い国産奨励の声を受けるかたちで同年、電信電話学会に通信機器国産化委員会が設置されている。「ラヂオの日本」が指摘するように、「我等は今日独逸国が世界に示した通信施設に更に四年間の進歩を加えて二六〇〇年のオリムピックを迎えねばならぬ。マラソンの優勝に喜び水上制覇を誇る前に技術者は先づ此覚悟を決めなければならら」[17]なかったのである。

一九三六年八月十九日付の「東京日日新聞」は、「日本放送協会ではベルリンオリムピックにおけるドイツのテレヴイジョン成功に刺激され、四年後の東京オリムピックを目標にテレヴイジョン実用化のためわが国の技術者を総動員して全面的な活動を開始する」と伝えている。さらに日本放送協会技術研究所のテレビジョン部長として、高柳健次郎を招聘したい考えを明らかにしている。高柳は「協会入りは初耳」としながらも、紙面に次のような談話を寄せていて、東京オリンピックでの放送実現に自信を示している。

次の東京オリムピックには日本のテレヴイジョンを各国に示さねばならぬと意気込んでゐるところです（略）東京大会で日本でやらねば必ず外国から持ち込んでやられるに決つてゐます、日本のテレヴイジョンも既に基礎時代は過ぎ今後は各種の研究を綜合して次の東京オリムピックには国内のみならず世界各国への放送をもやる覚悟を持たねばなりません、映像の鮮明さにおいてはドイツを遥か凌いでゐますから日本内地ならば自信があります、今度のオリムピックのころにはテレヴイジョンのないラヂオなんて凡そ意味のない時代になるのぢやないかと思ひます（略）悲しいことには外国の様に潤沢な費用で大掛りな研究の出来ないのが残念です。(18)

高柳はこの頃、曾根有が考案した飛び越し走査の原理を用い、走査線二百四十五本、毎秒画像数三十枚の試作機の開発に成功していた。八月には走査線百本の試作機一式を、上野の東京科学博物館に寄贈している。九月十三日から十一月三十日にかけて実験が公開され、「テレヴィ街頭へ第一歩(19)」と報じられた。それに対して逓信省電気試験所は、この年の八月に開催された施政三十周年樺太拓殖共進会への出品を最後に、機械式テレビジョンの公開実験を打ち切っている。

そもそも、オリンピックを東京に誘致しようという機運が高まってくるのは、一九三〇年五月、永田秀次郎が東京市長に再度就任した頃のことである。第十二回大会の開催年である四〇年が皇紀二千六百年に相当することから、永田はこれを名目にオリンピックを東京に誘致したいと考えた[20]。永田は市長就任の翌月、ドイツのダルムシュタットで開催される国際学生陸上選手権に向かう日本選手団の総監督に、ヨーロッパ側の感触を探るよう依頼した。その人物こそ、早稲田大学の山本忠興にほかならない。山本は早稲田大学で理工学部長を務める一方、競争部長、野球部長、体育会長などを歴任していて、学生スポーツ界の要職にあった。二八年のアムステルダム・オリンピックでは、日本選手団の団長を務めている。山本が渡欧したのは、朝日新聞社講堂とJOAKのラジオ展覧会で川原田政太郎とともに機械式テレビジョンの公開実験を成功させた直後のことだった（第2章を参照）。秋に帰国した山本は、永田に可能性ありとの報告をもたらしている。東京オリンピック構想は当初から、皇紀二千六百年の祭典と一体のものとして位置づけられ、かつ関東大震災からの復興を世界にアピールしていこうと考える東京市の動きのなかから生じたものだった。

それに対して、万国博覧会については当初、一九三五年開催案が有力だったが、これには横浜市が強く反対した。しかも満州事変の状況を見極めているうちに準備も間に合わなくなったところに、皇紀二千六百年に向けてオリンピック招致活動がおこなわれていたため、これに足並みをそろえて準備期間を確保するべく、四〇年開催案が浮上してきたのである[21]。いずれにせよ、東京オリンピックも万国博覧会も皇紀二千六百年も、日本のナショナリズムやアジアのなかでの帝国主義的な意識と結び付いて構想され、いずれも「国威発揚」の格好の機会と見なされていたという点で共通している。[22]

日本放送協会技術研究所

日本放送協会技術研究所は一九三七年、高柳を浜松から東京に招聘し、暫定標準方式の制定や放送設備の研究開発を進めていくことになる。浜松高等工業学校教授の身分は残し、あくまで嘱託という処遇だった。受像機の研究開発を進めていた電気機器メーカー各社もまた、東京オリンピックでの実況放送を達成目標として、受像機の本格的な商品化に乗り出していった。

技術研究所は一九三〇年の設立当初から、テレビジョンに関する調査・研究を小規模ながらも独自におこなっていた。三一年には、イギリスのベアード・テレビジョン会社から機械式の小型受像機テレバイザーを日本で初めて購入。その性能実験をおこない、適合する送像機の開発を進めていた。やがてベアードが新型の受像機を完成させたことで、これを三四年に新たに購入したが、この時点でも走査線はわずか三十本で、画像は秒間十二・五枚にすぎなかった。これを見た技術研究所の中西金吾は、イギリスで「旧型テレバイザー使用者が既に一万人近くにも達してゐるので、新型受像機に於てもこの点改良することが出来ず旧型そのまゝの規格を採用せざるを得なかった」[23]として、ベアード式の行き詰まりを指摘している。その翌年には技術研究所で独自に、走査線数が六十本、画面の縦横比が四対三、画像が秒間十二・五枚の送像機と受像機を試作している。それらは「螺旋鏡車走査機」と呼ばれる機械的走査方式の一種だったが、これについて中西は「此螺旋鏡車走査機では走査線数を二〇〇本位まで上げることが出来る。（略）尚テレビジョンの放送受像用として不十分であるならば、愈々電気的走査方式に依らねばなるまい。何となれば今の処、機械的走査方式では如何なるものでも走査線数二〇〇本を超えることは困難であるからである」[24]と述べていて、この頃には機械式の限界が明確に認識されていた。

そこでベルリン・オリンピックの直後、ブラウン管式テレビジョンの高柳に白羽の矢が立つのである。日本放送協会は一九三一年から浜松高等工業学校と早稲田大学に対して多額の研究補助費を出し、両校の研究開発を支援していた。技術研究所の研究開発は大幅に遅れていたものの、実験放送を実施するには膨大な費用がかかることは明らかなので、いずれは逓信省と日本放送協会が主体となるほかないと高柳は考えていたため、一年の猶予期間を条件に招聘に応じることになる。

技術研究所はさっそく、テレビジョンの実験放送と本放送を射程に入れた本格的な研究施設の準備と、研究促進上に必要となる試作工場の施設拡充を始める。一九三七年の元旦、日本放送協会総裁の近衛文麿はラジオ放送で、「懸案のテレビジョンの研究にも一層の徹底を期する等業務並施設の各方面に亘つて十分の拡張改善を断行致しまして一意事業の普及発達を図り朝野の御寄託に副はんことを期して居ります」[25]と念頭挨拶を述べ、同年のうちに「第三部テレビジョン研究室」は大幅に拡充された[26]。八月には浜松高等工業学校に整備を依頼していた「テレビジョン放送自動車」一式が納入され、撮像車、映像送信車、音声送信車、受像車の計四台とともに、同校の高柳以下十数人の研究者が満を持して技術研究所に迎えられた。テレビジョン放送自動車は、東京オリンピックでの野外中継を念頭に製作されたものにほかならない（図38）。ダッジ製で大型バスくらいの大きさ

図38　テレビジョン放送自動車（1937年）
（出典：日本放送協会総合技術研究所／放送科学基礎研究所編『五十年史』日本放送協会総合技術研究所、1981年、13ページ）

があり、水色の車体に黄色い文字で「テレビジョン」と書かれていたが、警視庁から治安風紀上感心しないという指導を受け、消してしまうことになる。

暫定標準方式の確定と東京オリンピック中継計画

技術研究所の第三部長に就任した高柳の主導で、東京オリンピックでの本放送開始を達成目標として、電気通信学会と日本ラジオ協会が連携して全国の技術者を動員し、テレビジョン調査委員会が組織される。日本テレビジョン学会は解散し、その活動を引き継ぐことになった。当面の目的は、テレビジョンの暫定標準方式の制定と、本放送に必要となる諸技術の研究・調査だった。同委員会が制定した標準方式は、画面の縦横比は四対五、走査線四百四十一本、画像は毎秒二十五枚の飛び越し走査で、欧米と同一の水準だった。技術研究所の実験放送局の設備は、この暫定標準規格に準拠して開発されることになった。こうした大掛かりな基礎固めがおこなわれたことで、日本放送協会は逓信省と連携をとりながら、東京オリンピックという大目標に向けて実験放送の準備を進め、日本のテレビジョン開発は急速な進展を示す。技術研究所だけで約百九十人の技術者が開発に従事していた。

暫定標準方式が確定したことを受けて、受像機の研究開発をおこなっていた電気機器メーカー各社やラジオ業者などの民間企業も、アイコノスコープ・カメラやテレビジョン受像機の本格的な実用化や商品化に乗り出していった（図39）。東京電気の真空管研究室に技術者として勤務していた今岡賀雄は、ベルリン・オリンピックを振り返るなかで次のように述べ、東京オリンピックでのテレビジョンの実況放送を、達成目標として明確に打ち出していた。

図39　各種のアイコノスコープ・カメラ
（出典：前掲『テレビジョン技術史』115ページ）

高声器に依る場内アナウンス、完備したラヂオ放送に依る国内、国外への実況放送、テレビジョン並に写真電送に依る実影電送は、近代科学の粋を集めて Deutsche Kultur〔ドイツ文化：引用者注〕を中外に宣揚して余りあるものがあった。（略）独逸は今次オリムピック制覇の大業をなし遂げたのは、単にスポーツ界に君臨した事を意味する許りでなく、所謂西洋の盟主を思はしむるに充分なる実力ありと云ふ事を世界に公認せしめたも同然である。

翻つて東京大会に対する、無線日本の準備や如何と見ると此処にも相当大なる躍進を必要とするのではあるまいか。（略）テレビジョンも我々が不及ながら精進して居るから今次のベルリンに於て行はれた以上の精華を発揮して、大東京一円に於ては居ながらにして、会場の有様を見る事が出来る様になることは確信出来るのである。

東京大会は西洋臭のあるオリムピック大会とせず総ての意味に於ても東洋化した盛儀とし度いと望んで已まない次第である。

（略）

米国より独逸へ独逸より日本へとベルリンの薄暮に粛然として降された五輪の大会旗は東洋の盟主の国へ来る日迄、静かにたゝまれた。既に次の宣戦は布告された。東京大会を少なくとも、ベルリン大会以上のものたらしむる為官民一致、上下一体の一大準備をしやう。我々製造者も其の分に於て工業報国に一路万進する覚悟であることを此処に披瀝して此の稿を擱く。[27]

「西洋臭」のあるオリンピック大会ではなく「東洋化した盛儀」とするために、新しい方式のテレビジョンの実現は不可欠である。技術者にとって「既に次の宣戦は布告され」ていて、技術報国に邁進する決意がいち早く表明されている。東京電気はブラウン管の製作に関して、一九二〇年代から高柳に技術協力をしていて、三五年には浜松高等工業学校とほぼ同じタイミングで、アイコノスコープの製作に成功している。そして三六年のうちに、従来から開発を進めていた受像機の型を脱した、普及性がある SVP-238型を完成させている（図40）。

電気蓄音機程度の大きさに本体をまとめたことが、その最大の特長だった。東京電気は「之によつて改良の余地を研究し更に一層小型にして且普及性に富むセットの製作に資せられるのである。

オリムピックにテレビジョン放送の実現も愈々形を整へて来たわけである」[28]といい、その実現に自信を示していた。

東京オリンピックの中継計画は、おおよそ次のようなものだった[29]。①主要競技場に送像装置を設置し、主競技場内の中継所に有線で連絡。そこから放送所に有線ないし無線で中継する。②移動用テレビジョン送像車をヨット、馬術などの会場に配備し、無線で放送所に中継する。③東京市内にテレビジョン放送所を置く。④公共団体と提携して、学校や公会堂などに公衆用受像設備を設ける。⑤受像方式は、仲介フィルム方式、投写用ブラウン管方式、大型ブラウン管受像機とする。⑥地方大都市の中継ならびに放送設備も考慮する。より具体的にいえば、世田谷区駒沢にあったゴルフ場あたりに競技場が建設される予定で、そこに十カ所の固定中継点を設けるとともに、二台の移動中継車を配備して中継を実施する見込みだった。受像機のほうは、東京電気のほか、日本電気、松下電器、日本ビクター蓄音器、日本蓄音器協会などで試作品の開発がおこなわれていたが、もし実用化したとしても安価に販売することはできない。そこで、ベルリン・オリンピックで郵便局などに設置された国体受信所を参考に、大都市に「公衆受像所」を設けて受像を

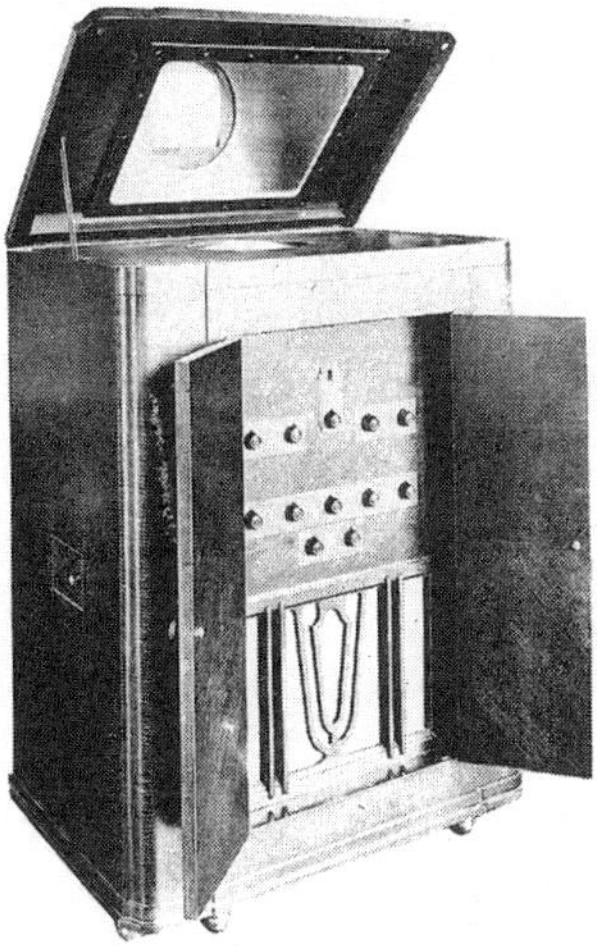

図40　東京電気製普及型受像機 SVP-238型（1936年）
（出典：「無線資料」第1巻第7号、東京芝浦電機、1936年、27ページ）

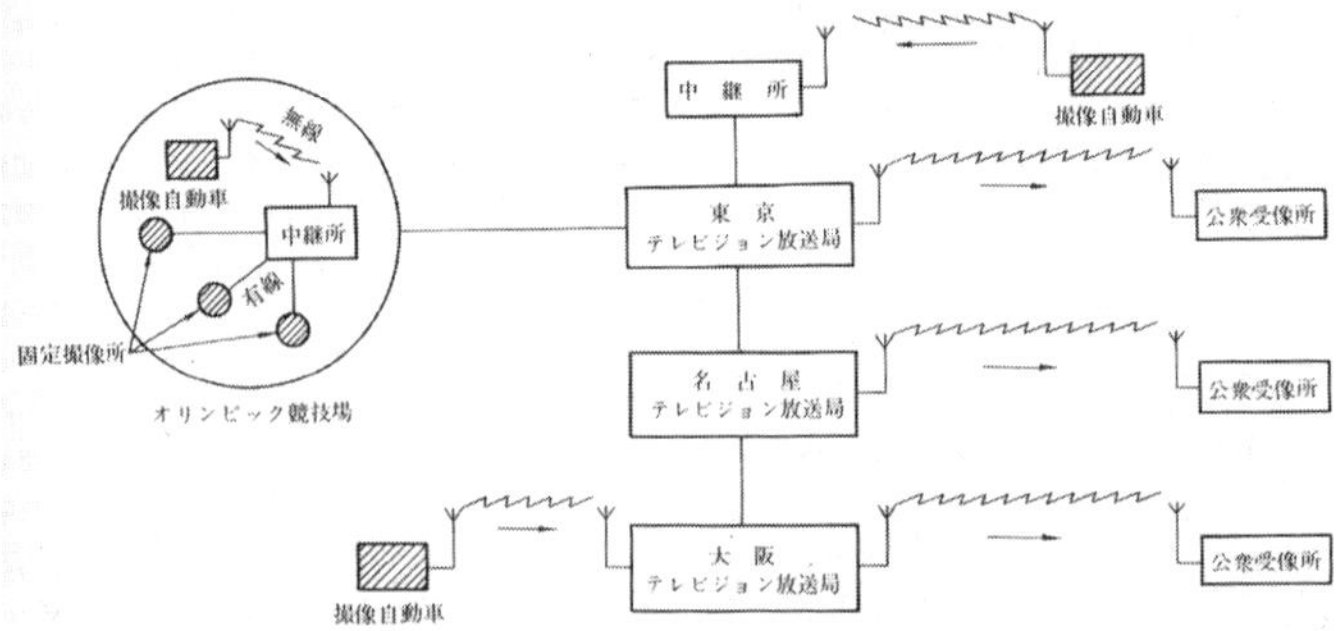

図41　東京オリンピックにおけるテレビ放送施設系統図（案）
（出典：前掲『テレビジョン技術史』141ページ）

公開するという青写真が描かれていた。一九三七年にテレビジョン調査委員会が発表した「オリンピック東京大会に於けるテレビジョン放送施設大綱（案）」には、「大衆用並に家庭用受像機を設備した公開テレビジョン受像所を東京―大阪―名古屋各テレビジョン放送局管内に設置する。東京管内の受像所数は約四〇箇所、大阪管内のそれは約三〇箇所名古屋管内のそれは約二〇箇所とする」[30]と明記されていた。戦後の街頭テレビを予見するような構想であった[31]。

「オリンピック」から「皇紀二千六百年」へ

ところが一九三七年七月七日、日中戦争の発端となった盧溝橋事件が勃発する。いったんは収束に向かうかと思われたが、四日後には第一次近衛文麿内閣が現地への派兵を決定する。七月末から本格的な戦闘状態となり、八月十三日には戦火が上海に飛び火したことで、事態は泥沼化した。政府は二十四日、戦時での国民の団結心を高めるべく、国民精神総動員運動の開始を宣言した。そして九月二日、政府はこの戦争を「支那事変」と呼ぶことに決定した。「事変」としたのは、もし正式に宣戦布告した場合、アメリカの中立法の適用対象となり、日本は戦争に必要な物資を輸入できなくなるからである。その直後の臨時議会では、臨時資金調整法、輸出入臨時措置法などの戦時立法が相次いで可決され、戦時体制が本格的に形成されていく。中国に大量派遣された日本軍は十月末、上海郊外の要衛大場鎮を占領、十一月初頭には上海近郊の杭州湾岸への奇襲上陸作戦を成功させ、中国の首都・南京への攻略が始まった。

このように緊迫した時局にともない、東京オリンピックの開催は次第に危ぶまれるようになっていった。東京芝浦電気の機関誌「無線資料」で、越歴篤兒という筆名の人物は一九三七年、「今、北支の空に砲煙は舞ひ、上海の街に血は流れ、我等日本は聖戦に挙国一致の努力を致してゐる。三年後のトウキヨウ・オリムピツクは果して開催されるであらうか」と疑問を呈しながらも、「現在の事変に示された様な挙国一致の態度で、世界の行事、オリムピツクを米国よりも独逸よりも勝つて完全に遂行し、我国こそは軍事のみでなく、スポーツに科学に東洋の盟主であることを世界に公認せしめたいものである[32]」として、東京オリンピックが国威発揚の場として予定どおり開催されることを強く期待している。高柳もまた、「目下時局のために、研究員及び諸設備の整備に幾多の困難があるが、吾等技術者は戦場にある勇士が肉弾以て血路を開きつゝある教訓に従ひ熱意を以て目的貫徹に邁進する覚悟である[33]」として、不安を抱きながらも研究の継続に執念を燃やしていた。

ところが、一九三八年六月には物資総動員計画が発表され、翌月には鉄鋼が配給制となる。そして同月の十五日、ついに政府はオリンピック大会の返上を決定する。テレビジョン開発の達成目標だったオリンピックの中止は、各研究機関に大きな波紋を広げた。テレビジョン調査委員会は十一月、委員長の通達で専門委員の解嘱を宣言し、事実上、活動を休止した。同じ頃、近衛内閣は、対等の立場で日中経済協力をおこなうという名目の「東亜新秩序建設構想」を打ち出し、中国に親日政権を作って戦争終結を図ろうとするが、これが失敗に終わって失脚する。時局はますます悪化していた。

高柳は一九三九年の初頭、テレビジョン開発の必要性を次のように説明している。

英米はテレビジョンを放送して民衆の幸福利便を増すと倶に、ラヂオに匹敵する新事業として一日も速かに成立せしめる点に力点を置き、独逸はラヂオと等しく宣伝用の有力なる武器として国民精神の涵養に使用する事、科学の精華なるテレビジョンを完成して世界に国威を発揚する事及テレビジョンの副産物として一般科学及通信界への貢献進歩を期待する事等を理由としてゐる。

最近は各国とも明示はしないが軍事上の理由に依りテレビジョンの研究に熱心なる事も多く聞くことである。

テレビジョンは通信技術の粋を集むるもので、此が成績は一国の文化の高さを示すと同時に亦将来の発展性の有無を示す材料であり、各国の競争するのも理りと云ふべきである。(34)

オリンピックという大目標を失った高柳は、諸外国がテレビジョンの研究開発に力を注ぐ理由を説明せざるをえない。「民衆の幸福利便を増す」「ラヂオに匹敵する新事業」「宣伝用の有力なる武器」「国民精神の涵養」「科学の精華」「世界に国威を発揚」――大きな名目を失った日本放送協会が当時、この未踏の技術に仮託していた可能性のすべてが、勇ましい言葉の羅列に端的に表明されている。時局の悪化にともない、オリンピックに代わって浮上した最大の名目は「軍事上の理由」であり、それは無論、国家がテレビジョンの開発主体であることを自明の前提としている。「其進展如何に依つては軍事上及通信上に重大なる関係を有するが故に世界各国は其実用化に熾烈なる競争を行ひつゝあり、現在は最も研究に力を致すべき秋である」[35]。これは日本に限った話ではない。日中戦争は膠着状態が続く一方、ヨーロッパでは既に第二次世界大戦が勃発していて、世界的にテレビジョン研究は岐路に立っていたといえる。

「ラヂオに匹敵する新事業」にせよ、あるいは「宣伝用の有力なる武器」にせよ、それらの具体的な展望はまったく不透明だったが、高柳たちは同年五月、念願だった実験放送の実現に漕ぎ着けている。技術研究所の拡充整備は当初から「皇紀二千六百年の祝典及東京オリムピツク大会を迎へテレビジョン本放送の実用化を図るべき必要上」[36]おこなわれたもので、名目上は必ずしもオリンピックだけを見据えたものではなかったことが幸いした。

実験放送の開始

一九三九年五月十三日、千代田区内幸町に新しい放送会館が落成する。これを祝して三日間、ラジオでは記念特集番組が放送されるとともに、技術研究所からテレビジョンの試験電波が初めて発射され、その受像の様子が放送会館で供覧されることになった。

実験放送の開始に先立って、『読売新聞』は「眼で見るラジオ処女電波近し」という見出しで、これを次のように報じている。

芝居や野球見物を居ながらにして出来る〝科学の驚異〟テレヴィジョンの全国的本放送をめざす放送協会では、まず東京市内に向けて試験放送の電波を放つため、世田谷区鎌田町の技術研究所で着々準備を進めていたが、東京電気無線及び日本電気で製作中の純国産を誇る受像機もやうやく出来上り、高さ一〇〇メートルの放送用鉄塔も四月中旬ごろには完成することになったので、四月二日、北白川宮永久王、同妃殿下の台臨を仰いで近距離放送実験を行ひ、次でいよいよ五月を期して天空摩可大鉄塔から待望の〝眼で見るラジオ〟テレヴィジョンの処女電波が放たれることとなった(37)。

技術研究所では当初、撮像関係、受像関係、送信関係をそれぞれ分担して研究試作を進めていたが、落成式の当日、撮像カメラから空中線に至るまでの全系統が初めて統合された。スタジオの面積は四十坪（約百三十二平方メートル）。そのステージは幅が約九・一メートル、奥行きが約十四・六メートル、高さが約七・三メートルで、裏手に小さな楽屋が付属していた。技術研究所の山下彰は、「テレビジョンスタジオといったって、どんなものをつくったらいいかわからない。とにかく舞台のほうから考えたらいいんじゃないかということで、でっかい舞台をつくったりしました(38)」と回顧している。当初、劇場にならってステージを一段高く作ったが、実際に使用してみると不要であることがわかり、取り去ってしまった（図42）。このスタジオは一九六一年まで使用され、カラーテレビの研究にも貢献することになる。

落成式当日の放送会館では、技術研究所から送信された映像が午後三時から来賓に供覧された。特別に番組を用意したわけではなく、実験担当の研究員が次々とカメラの前に出てきて、「日本放送協会技術研究所テレビジョン実験局、呼び出し符号Ｊ２ＰＱ」というコールサイン、あるいはアドリブのアナウンスをするだけのものだった。この日の実験放送を見た人物によれば、「若い職員が画面に現れてラジオの初期と同じように「いかがでしょうか、よく見えますか、よく見えますか、こちらは安定しております」などと恥ずかしそうに言っていた[39]」という。初日は画質が悪く、同期も不安定で、必ずしも満足がいく結果ではなかったが、引き続き調整がおこなわれた結果、実験最終日の五月十五日には、当時としてはかなり精度が高い受像ができるようになったという。そこで五月十九日には、放送会館に大勢の人を招いて受像が公開された[40]。これ以降、技術研究所は頻繁に試験電波を発射して、東京市内外、千葉方面、富士山などの各所で、受像実験、電界強度の測定、電波伝播状況の調査、および受像可能な実用領域の調査を実施した。放送会館での受像公開は、各方面から見学希望が殺到したため、七月十七日まで継続された。

同じ頃、技術研究所の同年度の事業計画には、「テレビジョン智識普及のため市内数カ所に視聴所を設け一般に公開しテレビジョンの啓発宣伝を行ふ[41]」ことが明記された。そして実際、テレビジョンの試験電波を受像する公開実験が、東京市内の各地で開催されるようになった。主なものを表4に示す。ただしこの時期、受像機の開発に参入していた電気機器メーカー各社はそれぞれ、技術

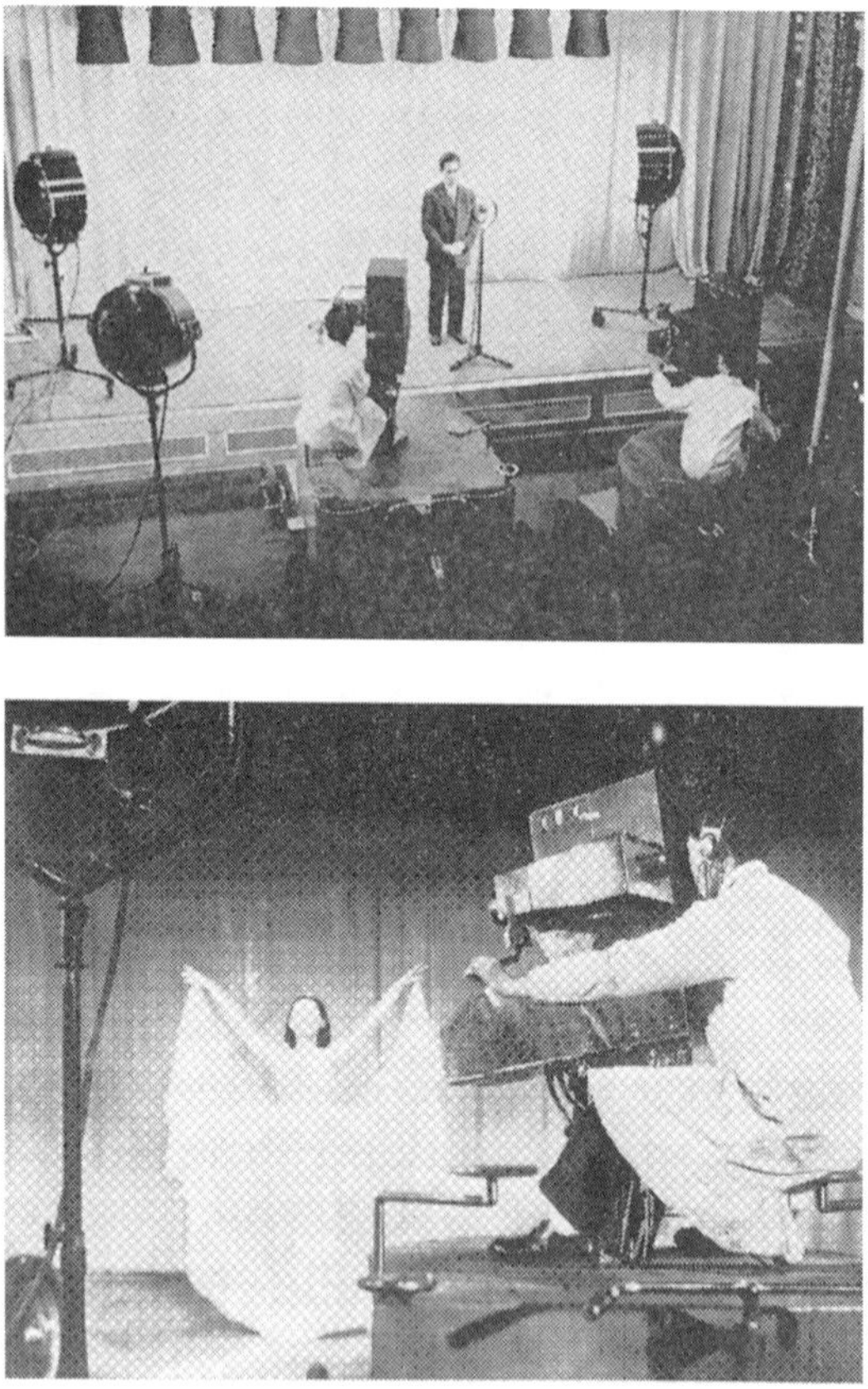

図42　技術研究所のテレビジョンスタジオ（1939年）
（出典：同書91、148ページ）

研究所の実験電波を利用して頻繁に公開実験を実施していて、そのすべてを網羅することはできない。[42]

電気発明展覧会（一九三九年七月）

表4　戦中期におこなわれた主な公開実験

会期	展覧会名称	開催地	主催団体
1939年7月10日―12日	電気発明展覧会	東京・特許局陳列館	特許局
1939年8月19日―29日	興亜逓信博覧会	東京・日本橋三越	逓信省
1939年9月20日―27日	テレビジョン完成発表会	東京・日本橋高島屋	東京電気
1939年11月23日―30日	テレビジョンの実験、電力節約の展覧会	東京・逓信博物館	日本博物館協会
1940年2月11日―25日	思想宣伝戦展覧会	東京・日本橋高島屋	内閣情報部
1940年3月20日―4月20日（公開実験は週に4日だけ）	輝く技術展覧会	東京・上野公園不忍池畔	東京日日新聞 日本技術協会
1940年10月2日―11日	電信70年電話50年放送15年記念展覧会	東京・日本橋三越	逓信博物館 電気通信学会 電気通信協会 日本ラヂオ協会
1940年9月28日―11月15日（公開実験は11月1日から10日だけ）	航空日本大展観	奈良・菖蒲が池遊園地	大日本飛行協会 大阪朝日新聞社

放送会館の落成式から二カ月後、特許局陳列館で電気発明展覧会が開催された。日本放送協会の「テレビジョン用撮像管並に受像管」をはじめ、民間数社のテレビジョン受像機が陳列されたほか、松下電器と日本電気の受像機を使って、試験電波によって送られた映像が公開された。放送されたのはフィルム映画だが、作品名は不明である。松下電器で受像機の開発に取り組んでいた久野古夫は、「盧溝橋事件を端緒とする日中戦争のまっただなかで、中国戦線のニュース映画を放送していたのを思い出す(43)」と回顧している。

技術研究所は高柳を招聘後、独自開発の受像機を各種試作していたが、なかでも特徴的だったのは、七イン

図43　松下電器産業製家庭用テレビジョン受像機（1939年頃）
（出典：パナソニック「社史　1939年（昭和14年）テレビの公開実験に成功」〔http://www.panasonic.com/jp/corporate/history/chronicle/1939.html〕）

チの小型ブラウン管を使用した簡易型である。価格を安く設定して、受像機の普及を図る目的で開発されたものだった。

松下電器の社主・松下幸之助はテレビジョンに対する関心が強く、子会社である松下無線が一九三六年から高柳の指導を受け、受像機の開発に着手していた。三八年四月には実験放送が始まる機運を察知して、大阪本社から東京に研究所を移転する。そして三九年、いよいよ家庭用受像機の試作品（図43）が完成し、この展覧会で初公開されたのである。技術研究所からの電波を受像しただけでなく、会場のカメラを用いた有線実験もおこなわれた。

日本電気も家庭用として組み立てられた受像機を出品している。日本電気はいち早くテレビジョンの開発に参入しており、一九二九年には機械式テレビジョンの試作に成功している。三七年頃からブラウン管を使用した受像機の研究を始め、三九年の初頭、反射型受像機の試作品を完成させていた。日本電気はこの展覧会を皮切りに、都内各所で開催された受像機の公開実験に積極的に参加することになる。

「東洋のマルコーニ」こと安藤博が率いる安藤研究所は、使用する真空管がきわめて少なくてすむ、経済的な送受像機を出品したが、試験電波の受像実験は実施していない。安藤研究所の試作受像機は、近距離で像を見ても走査線が目障りにならないよう、電子銃と変調装置に工夫がなされていて、「同展に御台臨遊ばされた高松宮殿下には（略）受像器に対して、走査線が目立たずよいとの有難き御言葉あり、面目を施した」[44]という。

なお、この展覧会にはテレビジョンの送受像機とは別に、東京科学博物館がおこなったブラウン管実験装置の実演をはじめ、大阪高等医学専門学校の「矩形波発生用ブラウン管」の展示や、ブラウン管を用いて従来の計算機で解きえなかった高次代数方程式を解く、早稲田大学の「高次方程式解法装置」の公開実験など、ブラウン管を利用した発明品が数多く出品されていた。ブラウン管は一躍、希代の新技術となったのである。

ところがこの展覧会の公開実験は、さほど大きな話題にならなかったようである。「ラヂオの日本」編集部のXYZ生という筆名の人物は、「電気発明展覧会を見るの記」と題した展評のなかで、「実演時間ではなかった」と前置きしながらも、「会期も終りに近いためか案外すいてゐた」として、「独逸のテレビジョン実演展覧会を見た事のある筆者には、此テレビジョン陳列場の小さいのに一寸意外の感じを持ち、朝から晩まで引きりなしに実演して、いつも見物人が押すな押すなのカイザーダムの展覧会会場が思ひ出された」[45]と述べている。

興亜逓信博覧会（一九三九年八月）

電気発明展覧会が訴求力を欠いていた理由は、一般の人びとには馴染みが薄い特許局で開催されたことに尽きるだろう。表4を一瞥してわかるように、この頃、公開実験の舞台はほとんどが百貨店の展覧会だった。

日中戦争が勃発した一九三七年、およそ四百八十万人の入場者を集めた名古屋汎太平洋平和博覧会を最後に、博覧会や展覧会は軍事色を強めていく。大規模な博覧会が不可能になり、凝った演出を施す余地がなくなるにつれ、百貨店の催事場が、国策展覧会の舞台として次第に存在感を増していったのだった。日本の百貨店は大正以降、欧米に比べて商品を売り出すこと（バーゲンセール）だけにとどまらない文化的な催事に注力していた(46)。そしてこの頃になると、多くの百貨店は、消費や娯楽を否とする時局の流れに適応すべく、この業態の文化的公共性を主張し、通俗教育の場としての実績を強調していったが、その裏側に商売り上げの魂胆もあったのは当然である。商品を大々的に売ることができなくなった百貨店は、こうして国策への協力を次第に推し進めていったのである。

一九三九年八月、逓信省が日本橋三越で催した興亜逓信博覧会(47)では、テレビジョンの公開実験が異常な人気を呼び、「観覧者が長蛇の列をなし、この列が屋上まで続く盛況であった(48)」と伝えられている。「ラヂオの日本」によれば、「会期中余興として近く仮放送されんとしてゐるテレビジョンを日本放送協会技術研究所から放送し之を同会場で受像して一般入場者に公開する筈である。これはテレビジョンの日本に於いては初めての街頭進出である(49)」（傍点は引用者）と告知され、わずか十一日間でおよそ五十万人の観衆を集めた(50)。会場には技術研究所が新しく試作した受像機三台（直視型受像機一台と反射型受像機二台）が据え付けられ、毎日二時間半の実験放送が公開された。放送さ

れたのは主に映画だったが、ヴァイオリンやマンドリンの独奏、舞踊や独唱などのスタジオ実演も公開された。(51)

オリンピックに向けて邁進していた二年前、技術研究所では「一般に従来のスタヂオ内でやつてゐる講演とか其他の演芸をそのまゝテレビジョンで伝送するとしたら凡そ意味ないことである。(略)そこへ行くとオリムピックの実況などは実に都合のよい(52)」と目されていたのだが、その計画がついえたことで、まずはスタジオ放送の実現が目指されることになったのである。

東京芝浦電気によるテレビジョン完成発表会(一九三九年九月)

国内ではこの年、夏の少雨による米の不作や水力発電の不振による電力不足が生じたため、政府は九月十八日、国家総動員法にもとづく物価統制を開始し、東京では一部の生活物資が事実上の配給制となった。東京芝浦電気の主催によって、日本橋高島屋でテレビジョンの実験放送が公開されたのは、その二日後のことである。東京芝浦電気は同年、東京電気と芝浦製作所の合併によって発足したばかりの新会社だった。九月二十日から二十七日までの八日間、受像機の商品化が間近に迫っているという名目で、同社の系列会社となった東京電気をはじめ、日本ビクター蓄音器、日本蓄音器協会による共同研究の発表の機会として、その送像と受像の設備機構を全般にわたって公開することになったのだった。

連日の実験は、午前十時から一回目、午後一時から二回目、そして午後三時から三回目が、各回一時間半にわたって実施された。どのような演目を放送すべきかについては、事前に数回の連絡会

図44　テレビジョン完成発表会が開催された日本橋高島屋
（出典：「無線資料」第4巻第11号、東京芝浦電気、1939年、15ページ）

議が開かれて案が練られた。表5にその一例を示す。「演芸」では落語や漫才、擬音や独唱、操り人形などが披露された。

東京芝浦電気の「無線資料」によれば、「俄然東都の人気をあふり、連日超満員の入場を見た事は予期以上であつた」という。「テレビジョンなるものが難解である事と従来この種の文献乃至展覧会がその一部を発表したるのみで、総合的解説は未だなかった。この意味に於いて本発表会は画期的な催物として自負し得る」というように、スタジオ装置から受像機までの系統がすべて公開されたのは初めてで、その反響は大きかったようだ。演目に関していえば、操り人形や外景の中継が喝采を博したのに対して、一般の人びとに原理や使用目的がわかりにくい「モノスコープ[53]」は評判が悪かったという。[54]

テレビジョンの実験、電力節約の展覧会（一九三九年十一月）

日本放送協会は一九三九年十一月七日、愛宕山の旧ラジオ演奏所で、テレビジョンの実験放送を一般公開するようになる。それから間もなく、十一月二十三日から三十日にかけて、日本博物館協会の「全日本博物館週間」という事業の一環として、逓信博物館で「テレビジョンの実験、電力節約の展覧会」という奇妙な名前の催しが開かれる。

全日本博物館週間は、一九三三年に始まった「全国博物館週間」を前身としていて、その初年度には、逓信省電気試験所のテレビジョンが東京科学博物館に出品され、その実験が公開されている（第3章を参照）。全国博物館週間はその翌年、台湾博物館協会の参加を機に、全日本博物館週間へと改称されたのだった。[55] ところが時局の悪化と相まって、博物館振興を素朴に謳うことは難しくなり、国民総動員を促す教化的な面が次第に目立つようになっていった。

この展覧会のために実験放送が毎日、午前十時三十分から一時間、午後二時から一時間、計二時間にわたっておこなわれ、「技術研究所で実演される色々な演芸」と「ニュース映画又は漫画等」が送り出されたという。[56] その編成を表6に示す。ここで示した演者のなかで、マンドリニストの比留間きぬ子（一九一五―二〇〇二）は、日本におけるマンドリン音楽の草分け的存在である父・比留間賢八に師事し、のちに桑原康雄をはじめとする多くの後続を育てたマンドリン界の権威である。しかし、当時はまだ新人だ

表5　テレビジョン完成発表会での実験放送プログラムの一例

10時	外景
10時30分	演芸
10時45分	外景
11時	ポスターによる広告実演
11時30分	外景
13時	外景
13時30分	演芸
13時45分	外景
14時	トーキーフィルム
14時20分	外景
15時	モノスコープ
15時10分	メリーゴーラウンド
15時30分	演芸
15時50分	モノスコープ
16時	トーキーフィルム

（出典：「無線資料」〔第4巻第11号、東京芝浦電気、1939年〕21ページの表をもとに作成）

表6　テレビジョンの実験、電力節約の展覧会での実験放送プログラム

	午前の種目（演者）	午後の種目（演者）
23日	マンドリン（比留間きぬ子）	ヴァイオリン（星出いと子）・舞踊（木村女里ほか1人）
24日	マンドリン（竹山玉江）	独唱（大島八千代）・舞踊（木村女里ほか2人）
25日	ヴァイオリン（星出いと子）	アコーディオン（竹山玉江）・舞踊（木村女里ほか2人）
26日	独唱（大島八千代）	マンドリン（比留間きぬ子）・舞踊（河野陽子ほか3人）
27日	アコーディオン（小野田とし子）	ヴァイオリン（星出いと子）・舞踊（河野陽子ほか3人）
28日	マンドリン（比留間きぬ子）	独唱（大島八千代）・舞踊（安原佳枝ほか2人）
29日	ヴァイオリン（星出いと子）	アコーディオン（小野田とし子）・舞踊（安原佳枝ほか2人）
30日	独唱（大島八千代）	マンドリン（比留間きぬ子）・舞踊（安原佳枝ほか2人）

（出典：「ラヂオの日本」1940年1月号〔日本ラヂオ協会〕96ページの表をもとに作成）

った彼女を含めて、演者はいずれも無名だった。

　この展覧会に際して逓信博物館は、「テレビジョンの放送から受像まで電力の節約」という小冊子一万五千部を作成して配布している。[57]これも奇妙な名称である。テレビジョンの原理に対する人びとの認識を深めるという建前の背景には、新アジア建設の時局に際して、生産力拡充の基盤である電力の節約運動の徹底を期するという本音があったのだった。もっとも、八日間の来館者は二万六千人にすぎず、[58]百貨店で開催される展覧会と比較すると、訴求力を欠いていたといわざるをえない。

当初は「余興として」

　この頃の実験放送には、いったいどのような特徴がみられたのか。その要点を二つ指摘しておきたい。

まず第一に、実験放送が始まった一九三九年の段階で、テレビジョンはあくまでも、国策展覧会の「余興として」位置づけられていたにすぎない。この時期、全国各地で開催されていた「興亜」「大東亜」「聖戦」などを冠した展覧会では、各種の国策宣伝が展示の中心だったが、テレビジョンそれ自体をプロパガンダのメディアとして活用しようとする試みは、まだみられない。ここまで述べてきたように、テレビジョン技術は三〇年代を通じて、さまざまな博覧会や展覧会の呼び物として活用されていた経緯があり、日本放送協会による実験電波の受像公開についても、当初はその延長線上で催事場に動員され、受容されたものといえる。

そして第二に確認しておきたいのは、テレビジョン技術者たちの立ち位置である。たしかに実験放送の公開は、展覧会の呼び物として国策に協力する意味合いもあったが、開発を進めていくために必要な実地調査を兼ねたものだった。したがって技術者たちは当初、実験放送の技術的課題の発見とその解決につながる公開実験に積極的であり、展覧会の呼び物を欲していた主催団体や百貨店の思惑と合致していたのである。

このように、本来は展覧会の趣旨とまったく関係がないテレビジョン（技術者）が動員に協力したという捉え方は、戦後もしばしば示されている。たとえば、放送批評家の青木貞伸は次のように述べている。

こうした展覧会は（略）いかにして大衆を戦争にかりたてるかというための大衆操作の手段だったわけだが、人を集めるには「目玉商品」がいる。

テレビといえば、当時の科学技術のレベルからみると、電気工学の粋を集めたものであり、大衆にとっては「夢の装置」である。それだけに「目玉商品」の価値は十分だった。人びとをブラウン管の前にクギづけにしたのである。[59]

海野十三は一九三九年の末に発表した随筆のなかで、「テレビジョン時代来るといっても、いま方々のデパートやなんかで観せてゐるあのテレビジョンとか称するもの――あんな不手際なもののまゝで、いくら統制時代かはしらないがあの程度のまゝで流行らされては、大いに迷惑であるが、おつつけ技術が進歩して、今日のトーキー映画以上に鮮明に且、清澄にインチキなしにテレバイズ出来る日が来ると思ふ[60]」と述べている。

次の節で詳しく跡づけていくように、一九四〇年に入ると、送受像の技術水準はもとより、撮影や演出の表現水準でも、テレビジョンの実験放送は――海野の要求水準には到底及ばないが――より成熟したものになっていく。それにともない、国策展覧会でのテレビジョンの位置づけにも、それに関わった技術者たちの立ち位置にも、少しずつ変化がみられるようになっていった。すなわち、テレビジョンの実験放送は、国策宣伝と無関係の余興ではなくなり、展覧会の趣旨と実演の内容が緩やかに関わりながら展開していったのである。

2　実験放送の「番組」と「編成」

思想宣伝戦展覧会（一九四〇年二月）

国家総動員法にもとづく物価統制が始まってからも、戦争景気によって利益を得た人びとを中心に闇経済行為が散見された。一九三九年七月に発足した阿部信行内閣は物価対策の失敗で世論の批判を浴び、四〇年一月に退陣、米内光政内閣が誕生した。米内内閣は、阿部内閣の失政や日中戦争の膠着を背景に軍部や官僚に対する失望が高まったことを受け止め、保守系の政党勢力を重視する政策を展開した。時局の緊迫化にともなって国威発揚のための思想宣伝の強化が求められるなか、同年の年頭には紀元二千六百年奉祝展覧会が開催される。「我等の新天地」こと新宿伊勢丹、「我等の皇軍」こと日本橋高島屋、「我等の精神」こと銀座松屋、「我等の生活（歴史編）」こと上野松坂屋、「我等の生活（現代編）」こと銀座松坂屋、「我等の祖先」こと日本橋三越、「我等の国土」こと日本橋白木屋に分かれて実施され、公称で約五百万人が動員された。(61)

翌二月には皇紀二千六百年の紀元節を期して、日本橋高島屋で思想宣伝戦展覧会が開催された。これを主催した内閣情報部は、国策宣伝の必要性の高まりを背景に一九三六年に設置された内閣情報委員会が、その翌年に改組された組織である。(62)

内閣情報部の意向に日本放送協会が全面的に協力し、テレビジョンの実験放送の受像公開を実施

表7　思想宣伝戦展覧会での実験放送プログラム

		種目	演者
11日	午前	合唱	アンサンブルシエーン
		箏曲	米川敏子
		合唱	アンサンブルシエーン
	午後	講演	横溝光暉内閣情報部長
		ピアノ独奏	和田肇
		ジャズコーラス／ピアノ伴奏	コロンビア・リズム・ボーイズ/和田肇
		剣舞	鈴木凱山
		ピアノ独奏	和田肇
		ジャズコーラス	コロンビア・リズム・ボーイズ
		剣舞	鈴木凱山
		児童習字	
13日	午前	チェロ独奏／ピアノ伴奏	岩田一／山本清一
		講演	林謙一情報官
	午後	舞踊／ピアノ伴奏	リラ・ハマダ、ニナ・ハマダ
14日	午前	独唱／ピアノ伴奏	村尾護郎、中尾規子／内藤輝子
	午後	講演	林謙一情報官
		落語	桂小文治
15日	午前	ヴァイオリン独奏	山本恵子
	午後	講演	林謙一情報官
		独唱／ピアノ伴奏	村尾護郎、中尾規子／内藤輝子
16日	午前	チェロ独奏／ピアノ伴奏	岩田一／山本清一
	午後	講演	林謙一情報官
		太神楽	鏡味小仙及社中
18日	午前	アコーディオン独奏	伊東君子
	午後	講演	林謙一情報官
		舞踊	藤間喜与恵、能勢喜恵
		合唱	アンサンブルシエーン
20日	午前	漫才	小川雅子、林家染団治
	午後	講演	林謙一情報官
		手品	大宮太洋一座

21日	午前	アコーディオン独奏	伊東君子
	午後	講演	林謙一情報官
		舞踊	藤間喜与恵、能勢喜恵
22日	午前	アコーディオン独奏	伊東君子
	午後	講演	林謙一情報官
		合唱	アンサンブルシエーン
		剣舞	鈴木凱山

（出典：「ラヂオの日本」1940年3月号〔日本ラヂオ協会〕71ページの表をもとに作成）

することになった経緯は、これまでの展覧会と同じである。しかし、過去の実演では「撮像範囲が狭く、出演者の動きが少なく、強力な照明が行ない易く、かつテレビカメラが狙い易い器楽独奏などの、単身で動きの少ないものに限っていたが、今回は合唱、舞踊、剣舞、太神楽などと人数が多く、しかも動きの大きい種目を放送し」たことが目を引く。(63) ただし「人数が多く」といっても、最大で五人に限られていた。また、技術研究所のスタジオから初めてカメラを戸外に搬出して、構内の庭などの風景を撮像し、電波に乗せて会場で公開している。「ラヂオの日本」に掲載された実験放送の編成を表7に示す。これらのスタジオ演目に加えて、映画フィルムの受像が毎日おこなわれた。

特筆しておかなければならないのは、このときの実験放送から、ラジオ番組の制作を専門とする日本放送協会業務局文芸部が、実演の演出に参加したことである。これは技術研究所からの要請によるもので、日本放送協会がこの機会に、いよいよテレビジョンを「絵の出るラジオ」として位置づけることを目指した試みといえるだろう。戦後にテレビ放送が始まった直後、ラジオ出身の制作者が多く駆り出されたことは広く知られているが、戦時下の実験放送にその伏線があったのである。

日本放送協会文芸部の演出

文芸部は実験放送の成果を、「映像を送るテレビジョンを演出して」という表題で、日本放送協会の機関誌「放送」に寄稿している。この記事によれば、多岐にわたる演目は「現在の発達段階にある機械的技術的機構の制約と、スタヂオ設備及経費の点とからして、なるべく出演者の少くてすむ種目を選択した」という。今回の演目のなかで最も多人数が出演したのは合唱（ピアノ伴奏者を含む）と太神楽で、どちらも五人だった。以下では、実験放送の画面に登場した演者を、その演出の特色と併せて概観しておきたい。

生田流箏曲家の米川敏子（一九一三―二〇〇五）は、四歳から父の手ほどきを受け、一九二五年、放送が始まったばかりのラジオに、小学生ながら出演した人物である。三九年には処女作「苔水」を作曲し、一躍、箏曲界の希代の新星となっていた。和田肇（一九〇八―八七）は、卓越した腕を持つジャズピアニストとして当時から知られ、三〇年代前半には、歌謡界のスター歌手だった淡谷のり子と籍を入れ、同棲していたことでも市井に話題を提供していた。箏やピアノ独奏の場合、楽曲のテンポが上がるとカメラが接写して、演者の手の動きを巧みに捉えた。

二代目の桂小文治（一八九三―一九六六）は、上方落語界で最大の大物といわれた七代目桂文治の秘蔵っ子として将来を嘱望され、順調に出世していた人物である。純然たる上方落語でありながら、やがて東京落語界の重鎮となった小文治は、過去に前例がない「東京の上方落語」の噺家として人気を博していた。落語の場合、アナウンサーの紹介が終わったら、まず演者の上半身をクローズアップし、噺が始まるとロングに切り替える。そして顔面の表情が多い瞬間を待って、顔を大写しにする。技術研究所のスタジオには当時、二台のカメラがあり、一台は被写体に近接して撮影することが可能で、もう一台は、被写体から距離をとって全景を収めるものだった。そこで、落語に身ぶりや手ぶりが加わると、もう一台のカメラが再び全身を捉えたのだった。

日本のジャズソングの発展に寄与した中野忠晴（一九〇九―七〇）が結成したコロンビア・リズム・ボーイズは、アメリカのミルス・ブラザーズの影響を受けながらも、独自のサウンドを展開した和製ジャズ・コーラス・グループの草分け的存在である。一九三四年に「山の人気者」でデビューして以来、服部良一作品「山寺の和尚さん」（一九三六年）をはじめ、「日本大好き」「もしもし亀よ」（ともに一九三八年）など、立て続けにヒットを飛ばしていた。当時はレコードのA面とB面を別々の歌手が録音するのが定番で、中野の場合、淡谷のり子とのカップリングが圧倒的に多かった。戦時歌謡が急増していた時期だが、中野のようなモダンな路線も、まだ消えたわけではなかった。もっとも、同年の八月には内務省図書課が、退廃的な娯楽を一掃するためにレコード音楽の検閲をおこない、ジャズが統制されていく。グループは翌年に解散し、やがて中野は沖縄戦に参加することになる。

また、平安時代を起源とする太神楽の鏡味小仙社中は、江戸末期頃から神事としての宗教色を次第に薄めて、もともとは余興だった曲芸を演目の中心とすることで演芸色を増していた。急増した寄席での芸人不足を補うため、太神楽が色物として登場するようになったことで、鏡味小仙社中は活動の幅を広げていたのだった。

コロンビア・リズム・ボーイズの合唱、鏡味小仙社中の太神楽となると、受像機の画面が小さいので全景映像の視覚効果はきわめて弱い。全景はせいぜい、紹介のとき、全体の雰囲気を表現するとき、もう一台のカメラが移動するあいだのつなぎなど、限られた場合にだけとられるべきだと考えられた。

そのほか、舞踊や剣舞など、ことさら動きが大きい演目は、接写カメラで捉えにくい場合が少なくなかった。また今回は、大半の演者に対して初めてメイクアップが施され、「見た眼には滑稽に見える程のどぎつい眉や唇も映像に於てはよくその画面の平板化を救ひ、顔の道具だてに適当のアクセントを附け得た(64)」という。

このように、この展覧会にあわせて実施された実験放送の演目には、第一線で活躍する芸能人が多く出演した。特に三十歳前後の希代の若手が目立つ。そう遠くないテレビジョン時代の寵児として期待されていたのだろう。ラジオや映画とは妙味が異なる演出が可能になり、観覧者の好評を得た一方で、さまざまな研究課題も提起された(65)。テレビジョンの早期実用化を望む技術者たちにとっては、どれもうれしい悲鳴だったにちがいない。

国策宣伝への傾斜

この実験放送について、『テレビジョン技術史』によれば、「内閣情報部のPRのために情報官が毎日テレビに出演し、非常時局に対応する国民の心構えなどについて講話を行ったり、PRのためのポスターを公開の途中で放送した(66)」という。ここまで述べてきたように、テレビジョンの演出技術が大幅に向上したことにともない、この展覧会の開催趣旨である「思想宣伝」という目的が、実験放送の演目に大きく反映していくのは当然の事態だった。

内閣情報部による「時局講演」は、連日の午後におこなわれた。実験の初日、つまり紀元節にあたる二月十一日には、内閣情報部長の横溝光暉が画面に登場し、二日目以降は情報官の林謙一が演説している。難波功士によれば、林はもともと東京日日新聞社のカメラマンで、情報官時代には大宅壮一を「影の参謀」として擁していたという。林が所属していた第五部第一課は、「展博覧会、絵画、ポスター、写真宣伝、財団法人写真協会の指導助成、他課に属せざる宣伝事項」を担当する部署で、林は在職中、「写真は毒ガス」という持論のもと、主に写真による思想宣伝に強い関心を抱いていた人物だった。[67]

ランカイ屋の中川童二は、一九三七年に兵庫県の西宮球場で開催された「大毎フェアーランド」の日独防共館を例に挙げて、「数多い写真も、ポスターも力強い素晴らしいものだった」といい、各種の国策プロパガンダ展示は当初、いずれも高水準で人気を博していたと回想している。[68] それに対して、「紀元二千六百年を祝う博覧会や、展覧会が各地に催されたが、みな小さなもので、神代からの歴史をジオラマでつくるぐらいのものであった」[69] という。したがって、折しも国策宣伝の新しいパラダイムが模索されていたことに留意しておきたい。

また、実験電波に乗った合唱には、「紀元二千六百年国民奉祝歌」「国に誓う」「海ゆかば」「大日本の歌」などが選曲されていた。こうして「声と映像とに依つて思想戦の重要性を会場の観衆に説き、テレビジョンの有する使命の一部を知らしめた[70]」のである。すなわちこの段階で、テレビジョンは帝国科学の驚異を見せつけることによって観衆を瞠目させる見世物《アトラクション》としてではなく、時局を反映した国策宣伝の手段のひとつとして、つまり国威発揚や国民統合のメッセージを伝達するメディアとしての可能性が、具体的に模索されていくのである。

あくまで「実験」を目的とする技術者たちは当初、多くの設備と人手を要するスタジオ撮像の実演をなるべく避け、簡単に実施できる映画フィルムなどを放送の中心とする方針を立てていた。ところが、スタジオでの実演は公開実験の目玉であって、それを思想宣伝と絡めて実施することはこのうえない国策協力にほかならず、要請があれば応じないわけにはいかなくなっていく。

輝く技術展覧会(一九四〇年三―四月)

日本初のテレビジョンドラマ『夕餉前』が制作されたのは、その翌月のことである。『夕餉前』は三月二十日から一カ月間、上野公園不忍池畔で開かれた「輝く技術展覧会」(主催は東京日日新聞と日本技術協会)の会期中に放送された。

この頃の世相は、国民精神総動員運動にともなう抑圧的な雰囲気に反して、バブル的な戦争景気が広範囲に拡大していた。中国大陸には数十万の軍隊が釘付けになっていて、それにともなう軍需産業の増益だけでなく、占領地経営による利潤を期待する雰囲気が高まっていたのである。この展覧会の様子は、「事変下日本の躍進を物語る二千八百にのぼる出品物は何れも我国技術の精粋を傾けたもので、正に国民文化の堅実なる歩みを示す最高峰であり、力強き新東亜建設の原動力がまのあたり展示され頼母しき限りであつた(71)」という。

こうしたなかで実施された実験放送で、テレビジョンの演出技術は蓄積した粋をきわめたものになった。演出を手掛けたのは、今回もまた、日本放送協会文芸部である。

この展覧会では、東京芝浦電気、日本電気、そして日本放送協会技術研究所の受像機が合計八台出展され、上野の展覧会場のほか、愛宕山に常設されていたテレビ観覧所でも受像の様子が公開された。一週間のうち四日間、無線による受像実験が公開され、そのうち火曜日と木曜日には映画が放送され、土曜日と日曜日には映画とスタジオ実演がおこなわれた。放送は一日当たり、午前十一時から十二時と、午後三時から四時の合計二時間であった。この頃の技術研究所には、至急に解決を要する技術的課題が山積し、実験設備にも改造や整備を必要とする問題を抱えていたことから、単なる客寄せのための実験放送の実施をなるべく制限する方針を強く打ち出していた。そこでこの展覧会では、実験人員を多く要するスタジオ実演を原則として週末に限定し、そのほかの日には映画を送像することにした。実験放送の運用に必要な人員配置を表8に示す。スタジオ実演

表8　輝く技術展覧会でのテレビジョン実験局送像側の人員配置

担務	人数（スタジオ実演）	人数（フィルム送像）
フィルム送像装置	2	2
スタジオカメラ（2台）	1	
照明操作	3	
カメラ制御盤（3台）	3	1
同期盤	1	1
映像・音声切り替え	2	1
信号分配盤	1	
スタジオマイク操作	1	
電源	1	
連絡通話・レコード	1	1
計	16	6

（出典：前掲『テレビジョン技術史』155ページの表をもとに作成）

表9　輝く技術展覧会での実験放送プログラム

		種目	演者	出演料
3月20日（水）	午前	独唱	中尾規子ほか	80円
	午後	ヴァイオリン独奏	豊田耕路	10円
3月23日（土）	午前	百面相	松柳亭鶴枝	30円
	午後	三味線曲弾き	岩てこ、メ蝶	40円
3月24日（日）	午前	物真似	鈴々舎馬風	40円
	午後	漫才	春の家金波・銀波	40円
3月30日（土）	午前	アコーディオン	伊東君子	
	午後	小児剣舞	鈴木凱山門下生	20円
3月31日（日）	午前	紙芝居	小林よし子	
	午後	舞踊	深草雪子	60円
4月4日（木）	午前	舞踊	西崎緑社中	
	午後	なし		
4月6日（土）	午前	むきもの	島根祺長	
	午後	落語漫談	昔々亭桃太郎	
4月7日（日）	午前	国民歌謡	ユーホニック合唱団	85円
	午後	なし		
4月13日（土）	午前	舞踊	平岡斗南夫ほか	
	午後	ドラマ『夕餉前』	原泉子、野々村潔、関志保子	
4月14日（日）	午前	ドラマ『夕餉前』	原泉子、野々村潔、関志保子	
	午後	なし		
4月20日（土）	午前	切紙細工	林家正楽	30円
	午後	ドラマ『夕餉前』	原泉子、野々村潔、関志保子	

（出典：同書154ページの表をもとに作成）

のほうがフィルム送像よりも格段に手間を要することは、この表を一瞥すれば明らかである。会期中に放送された実演の編成を表9に示す。

これらの実演を目玉とする実験放送の編成は、展覧会場の観客の整理を考慮したうえで柔軟に決定された。たとえば、①開始マーク（協会の紋章）とレコード音楽、②アナウンサーの紹介、③講演またはアナウンサーによる解説、④映画（約十分）、⑤演芸音楽またはドラマ（約十分）、⑥映画（約十分）、⑦演芸音楽またはドラマ（約十分）、⑧映画または児童習字作品展示（約十分）、⑨終了マーク（協会の紋章）とレコード音楽、といった編成で実験放送がおこなわれたという。[72]

注目されるのは、前節でみた思想宣伝戦展覧会からわずか一カ月後の開催であったにもかかわらず、出演者の顔ぶれが一新され、前回よりもさらに著名な芸能人が数多く登場している点である。たとえば、三代目松柳亭鶴枝（一八九五―一九四七）は当時四十代なかば。百面相で一世を風靡した人物で、尾藤イサオの父にあたる（戦時中に引退している）。四代目（自称九代目）鈴々舎馬風（一九〇四―六三）は、その風貌から「鬼の馬風」と呼ばれた噺家で、寄席の高座に上がると客席に向かって「おい、よく来たなァ！」などと言い、型破りな漫談や物真似を披露していた。物真似をおこなう噺家はまだ珍しい時代である。百面相や物真似など、ラジオでは決して伝わらない彼らの芸は、テレビジョンに固有の妙味ときわめて親和性が高かった。ラジオでも馴染みがある漫才や落語については、動きがないと画面に変化がなく妙味に欠けることから、わざわざ演者に大きな身ぶりや手ぶりを要求したという。

舞踏家の西崎緑（一九一一―五七）は、日本舞踊の伝統的な衣装や身ぶりにとらわれず、その本来の自由な姿に戻すことを目指す「新舞踊運動」を実践していた。この時期の西崎は、山本有三、室生犀星、菊池寛らを発起人とする後援会が設立されるほどの実力と名声を兼ね備えていた。この実験放送で披露した演目は不明だが、この頃は舞踏界も少しずつ戦時色を帯びてきており、この前年に西崎が東京劇場でおこなった公演では、大東亜共栄圏の確立を目指した「建設」を軸に演目が構成されていた(73)。

舞踊などの動きが激しい演目については、二台のカメラを使用して放送をおこなった。研究所員で構成されたカメラマン、照明係、スイッチャーなどの即席の放送スタッフは、番組制作の練習をほとんどおこなうことができなかったが、それでもカメラ割りや照明プランなどを作成し、クローズアップ、ロングショット、オーバーラップ、カメラドリーなどの台本を作って、番組内容の表現向上に努力したという。演出上の技術的な制約から、「あまり激しい動きのところなどは出演者に頼んで変更してもらったりしたが出演者の人達もひじょうに協力的であった(74)」という。

なお、国民歌謡のユーホニック合唱団とは、「テイチク月報」の「テイチクレコード特選抜粋目録」によれば、「紀元二千六百年頌歌」を歌っていた合唱団である(75)。このように世相を反映したプロパガンダ的な演目を織り交ぜながら、舞踊や物真似、切紙細工や紙芝居、むきもの（日本料理の技法のひとつ）といった視覚的な演芸にもとづいて、実験放送の演目が編成されていたのである。

テレビジョンドラマ『夕餉前』

文芸部の担当者は川口劉二（のちに毎日放送取締役）と、入局一年目の坂本朝一（のちにＮＨＫ会長）の二人だった。彼らはテレビジョンについて一から勉強を始めたが、十分な時間を取ることはできなかった。実演の内容について相談し合い、演目を次々と決めていったが、せっかくの機会なのでドラマも制作しようという話になった。こうして誕生したのが、日本初のテレビジョンドラマ『夕餉前』である（図45）。四月十三日、十四日、二十日に各日二回、繰り返し放送されたこのドラマは、スタジオ実演のなかで人びとの興味を最も喚起した。テレビ放送史で、戦時下の実験放送に関する記述が比較的乏しいなか、『夕餉前』だけは例外的に、これまで繰り返し紹介されてきた。

図45 『夕餉前』の撮像風景（1940年）
（出典：同書155ページ）

『夕餉前』は、嫁入り前の妹（関志保子）、その兄（野々村潔）と母（原泉子）からなる三人家族の、何げない夕餉前の様子を追ったホームドラマである。所要時間は約十二分。放送作家の草分け的存在とされる伊馬鵜平（一九〇八―八四）が脚本を担当し、日本放送協会文芸部が演出をおこなった。

かつて民俗学者の折口信夫に師事していた伊馬は、井伏鱒二の知遇を得て、新宿ムーランルージュの座付き作家のひとりとして、ユーモラスで哀愁がある新喜劇を執筆していた。戦後は伊馬春部と改名し、連続ラジオドラマ『向う三軒両隣り』（一九四七―五三年）をはじめ、ラジオ、テレビ、映画、舞台などの脚本を数多く手掛けた人物である。当時の伊馬は、『ほがらか日記』という連続ラジオドラマの脚本を書いていたため、文芸部との交流が深かった。ラジオドラマの脚本提供や演出指導をおこなっていた四人の嘱託のなかで最も若い伊馬は、川口と坂本の依頼に戸惑いながらも、快諾したのだった。(76)文芸部はこのとき、「最初のことゝて成べく衣装、背景等のかゝらないやうに、あらかじめ作者にお願ひして置いた(77)」という。

伊馬が三十三枚の原稿を書き上げると、即座に台本の作成がおこなわれた。「ラヂオの台本の場合と違つて、コンティニュイティを作る必要上、紙面をあたかも二段組の如くにし、上の方に、台詞その他原稿指定のト書を印刷し、下段をブランクにして置いた(78)」。このときに考えられた台本のフォーマットは、現在までおおむね踏襲されている。

台本ができあがって稽古日程が組まれたが、きわめて慌ただしいものだった。放送会館で初めての本読みがおこなわれ、大体の動きが確認されたのは、本番の五日前。翌日に再び本読みがおこなわれ、「技術関係の人々と打ち合せ、前日、予定した演出が、技術的に可能かどうかを相談したのであつたが、大体こちらの注文通りの演出が出来ることが解つた(79)」という。カメラは接写用と全景用がそれぞれ一台ずつ用意された。カメラはまだ感度が悪く、出演者は照明の高熱に耐えなければならない。十五分が限界と考えられていた。

制作に際しては、スタジオのなかに台所と茶の間のセットを作らなければならなかったが、演劇の舞台のように本格的なセットを組み立てることはできず、技術研究所の茶箪笥や長火鉢、ラジオセット、花瓶などを借用して、どうにか体裁を整えた。演者が誤って割ることになっていた花瓶は、「何しろ三日間、一日二回演ずると合計六個の花瓶をこわさねばならぬので、現在のところさう言ふ余裕がないから、国策に沿つて、われる音を擬音、こわすのはかげですることに[80]」なった。生放送であることを強調するため、兄は当日の新聞一面の見出しを読み上げる。冒頭で妹が唱う楽曲には、竹久夢二の「宵待草」が用いられた。坂本によれば、「緊張のうちに第一回の本番が終ったら、三越の会場〔正しくは上野の産業会館、あるいは内幸町の放送会館：引用者注〕から電話で、只今逓信大臣がお見えになったからもう一度すぐやってほしい」という指示があり、「正直いささかうんざりした[81]」という。猪瀬直樹が指摘するように、このドラマは「当時の時代状況が巧みに織り込まれているばかりでなく、今日の番組づくりの原型を見出すことができ（略）テレビがいかなる制約と限界をもつか熟知したうえでぎりぎりまで貪欲に可能性を追求してい[82]」たといえるだろう。この貴重な経験を踏まえ、文芸部はテレビジョンドラマの演出法について、次のように将来を展望している。

演出の方面から考へると、（略）編集と云ふことが出来ないから、フィルムライブラリイを作り、又幻灯板を用意し、劇の進行につれて、所要のところへ、それらのものを挿入し劇の効果を上げると云ふやうにしたい。

例へば、登場人物が新聞を読んでゐるとする。その新聞の記事だけを出したいと云ふ際その記事を幻灯にとつておいてそこへ挿入すると言つた具合である。

又、背景だけをフィルムでうつし、その前へ人物を動かすと云ふ二重写し等々試みたい技巧は沢山ある。これらの技巧が、技術的に可能になつた暁に、初めて映画、演劇に劣らない、テレビジョン特有の演出法が確立されるであらう。(83)

画面の切り替えを担当していた技術研究所の栗田稔は後年、「テレビ放送局開局の夢はふくらむ一方だった(84)」と回顧している。

三人の出演者は新協劇団の中堅俳優だった。新協劇団は、一九二八年に結成された左翼劇場を前身とする、もとは(その名のとおり)左翼的傾向を持っていた劇団である。プロレタリア文化運動の発展とともに全国各地で同時多発的に結成された劇団のひとつで、三〇年代に入って左翼運動検挙が続くなかで新劇運動に転身した(しかし、輝く技術展覧会後の四〇年八月には、劇団の中心人物が一斉検挙されて解体が命じられた)。母親役の原泉子(一九〇五―八九)はこの頃、『太陽の子』(監督:阿部豊、一九三八年)、『空想部落』(監督:千葉泰樹、一九三九年)、『多甚古村』(演出:今井正、一九四〇年)といった東宝映画に立て続けに出演している。戦後は原泉と改名した。『夕餉前』の放送当日は、新協劇団の宇野重吉や滝沢修、小説家の中野重治や徳永直などが、技術研究所のスタジオを参観した。中野は原の夫である。また、共演者の関志保子は後年、宇野との結婚を機に俳優を引退していて、二人の長男が俳優の寺尾聰である。

坂本は一九五〇年代から六〇年代にかけて、『バス通り裏』『お笑い三人組』『事件記者』といった伝説的なテレビ番組を手掛け、七六年から八二年までNHK会長を務めた。帯ドラマの草分けとされる『バス通り裏』は、五八年から六三年まで、平日の夜に生放送されたホームドラマである。毎日十五分の帯ドラマという形式でも、若手俳優の登竜門という位置づけでも、六一年に始まる「朝の連続テレビ小説」の雛型といえる番組だった。『夕餉前』に出演した野々村潔（一九一四—二〇〇三）は、『バス通り裏』でデビューする岩下志麻の父である。

また、坂本が手掛けた朝の連続テレビ小説『おはなはん』（一九六六—六七年）の原作は、のちに随筆家に転身した内閣情報部の林謙一情報官にほかならない。林が著した『おはなはん一代記』は、母（林ハナ）の半生をつづった随筆である。ドラマが放送中の一九六六年には、岩下志麻主演で劇場版二作も公開されている。

こうしたつながりは枚挙にいとまがなく、実験放送が戦後に残した直接的な遺産として特筆に値する。

電信七十年電話五十年放送十五年記念展覧会

一九四〇年七月七日には、贅沢品の製造・販売を原則的に禁止する「七・七禁令」が施行され、ささやかな贅沢を味わうことも次第に難しくなっていく。そして七月二十二日に第二次近衛文麿内閣が誕生し、陸・海軍の勢力拡大、民需の削減を既定路線とする新体制運動の推進が、内閣の最重要課題となる。その具体策として、独裁政党に国民を参加させて意識改造することを目指した結果、全政党を解散し、近衛首相を総裁とする大政翼賛会が創設されるのは、十月十二日のことである。しかし、内閣が推進する新体制運動の理念は難解で、国民の積極的な支持を得ることはできなかっ

図46　電信七十年電話五十年放送十五年記念展覧会「テレビジョン実験」の誌面広告（1940年）
（出典：「電気通信」第3巻第10号、電気通信協会、1940年、103ページ）

た。

こうして政治と経済が急展開するなか、十月二日から十一日にかけて電信七十年電話五十年放送十五年記念展覧会が開催され、これまでで最大規模のテレビジョン実験放送がおこなわれた（図46）。この展覧会を主催したのは、逓信博物館、電気通信学会、電気通信協会、日本ラヂオ協会の四団体。技術研究所はしばらくのあいだ、大規模な実験放送を休止して研究開発に専念していたが、展覧会の目玉企画として、テレビジョンが再び注目を浴びることになったのだった。

この公開実験には、東京芝浦電気と日本電気の受像機が合計十台出品されたうえ、三越に仮設された模擬スタジオで撮像の状況も公開された（図47）。この直前、技術研究所が小型の送像装置（図48）を完成させていて、カメラで撮った映像をケーブルで受像機に送ることが可能になったためである。模擬スタジオの照明設備とその運用を担当したのは東京芝浦電気、音声設備とその運用を担当したのは日本電気、その他の部分は日本放送協会が担当した。模擬スタジオのテレビジョン・カメラは一台だけで、人工照明のもとでの演芸のほか、三越屋上から撮った街路上の歩行者、自動車、電車などの動き、付近の建物などが受像機に送られた。屋上からの撮影のたびに、五階の会場から屋上までカメラを担ぎ上げたという。

技術研究所のスタジオから放送された演目の目玉は、『夕餉前』以来のテレビジョンドラマ『謡と代用品』（一九四〇年）で、実験局から二度にわたって放送された。三人の出演者によるシンプル

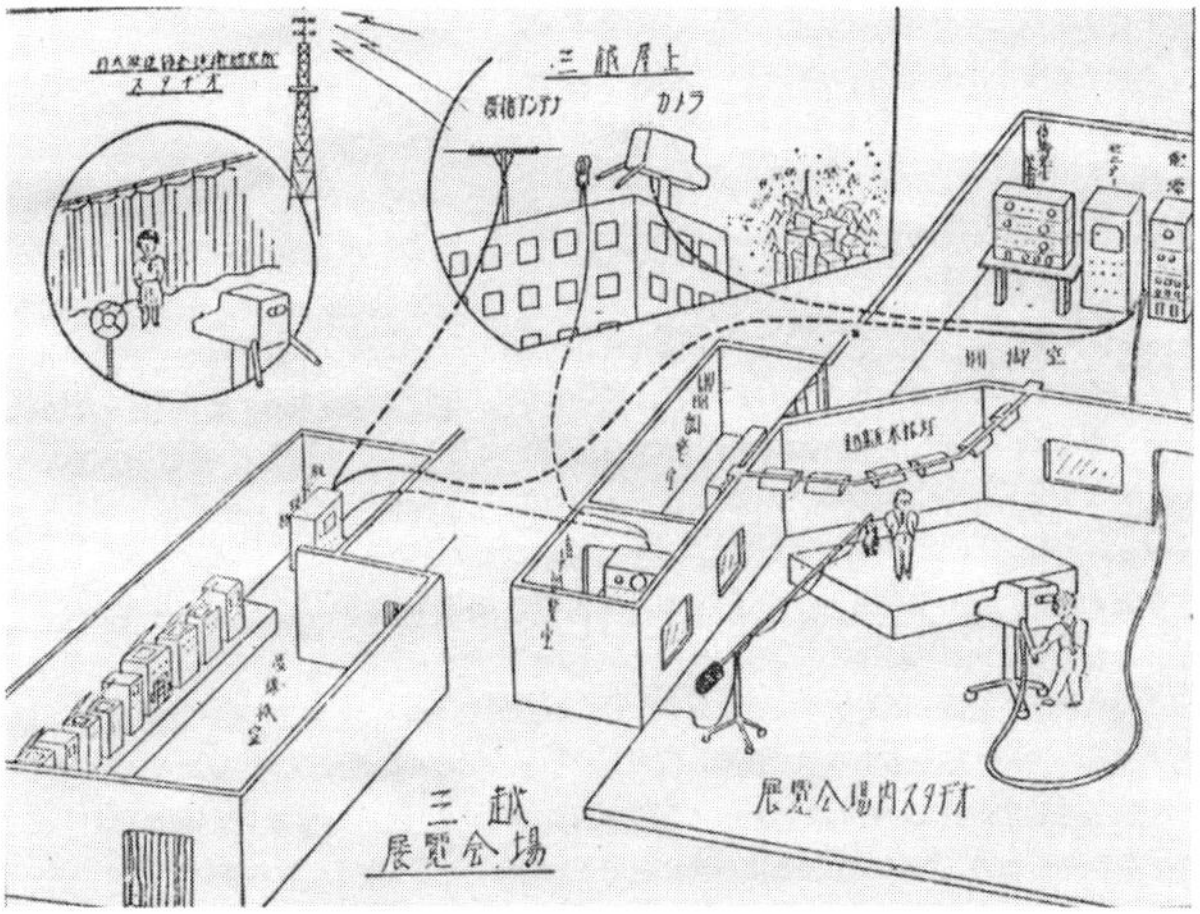

図47　電信七十年電話五十年放送十五年記念展覧会での公開実験系統図（1940年）
（出典：「ラヂオの日本」1940年10月号、日本ラヂオ協会、49ページ）

図48　電信七十年電話五十年放送十五年記念展覧会での送像装置（1940年）
（出典：前掲『テレビジョン技術史』155ページ）

図49　電信七十年電話五十年放送十五年記念展覧会での受像公開（1940年）
（出典：同書152ページ）

なコントで、当時六歳の中村メイコが子役として出演していた。中村は後年、そのときの様子を「スタッフがみんな白衣を着ていて、カメラが戦車みたいに大きくて、ライトが熱いのなんのって。何をされるのか、すごく怖かった」と振り返っている。中村の祖母は、三越に置かれた受像機で孫の姿を見て、「慶応生まれの私がテレビに間に合った」と喜んだという。(85)

「ラヂオの日本」に掲載された見聞記は、この展覧会の様子を詳細に伝えている。会場に入れば「左右に黒山の人垣」ができていて、電気通信関係の発明品や模写映画、ジオラマなど、人びとの視覚に訴える陳列品が並んでいたが、千人収容の会場で公開されたテレビジョンの人気はこれらを大きく上回っていた（図49）。

何と云つても人気の焦点はテレビジョンである。主催者もこれを予期してか、テレビジョンは会場の五分の一以上を占有している由である。
場内のスタヂオでは、超高圧水銀灯とスポットライトとの強烈な照明を浴びて、萬才を演じてゐる。見慣れぬ型のマイクロホンに質問を向け或は初めて見る撮像カメラに疑義を抱く観衆中に、暑いだらうなーと何万ルクスかの照明を気にする人が多いようである。

各種の機械装置は観覧に供されぬので、此処から受像室に向ふ。相当広い受像室であるが超満員で相当待たねばならない(86)。

展覧会場に用意された解説文には、「ラヂオの機能に新生命を拓いた、目で見るテレビジョン放送は、一路実用化を目指して前進してをります。テレビジョンは単なるラヂオの代位者では無く、テレビジョンの完成は軍事、商業、産業、その他広範囲に亘り色々な用途が考へられ、その重要性に就て無限の期待がかけられております(87)」と記されていた。

見聞記はさらに、「観衆は何れも科学の進歩を讃嘆し、実際放送の一日も早からんことを望む言葉があちらこちらから聞へて来る(88)」と伝えている。その半面、実験中に水晶製の外管が破裂し、冷却用の水が天井から噴出する事故が起き、実験が中止された日もあった。

およそ半年の休止を経て実施された今回の実験放送を、『テレビジョン技術史』は、「それまでの公開実験のほとんどは、いずれも国策への協力を依頼されたものだったが、今回はこれとは異なって、この記念公開を機会に正式放送へ一歩踏み出すための、いわゆるテレビ関係業者の自主的のPRのための公開であったとも考えられる(89)」と評している。電力節約の展覧会、思想宣伝戦展覧会、輝く技術展覧会といった国策展覧会の動員とは違い、日本放送協会や電気機器メーカー各社の自主的動向にもとづいて企画された実験放送であることはたしからしい。技術者たちのねらいを当時、

「ラヂオの日本」は次のように報じている。

世界各国のテレビジョンの現状は研究室時代を過ぎて、既に普及実用化への段階に達してゐる。我国に於ても定期的の試験放送が行はれるようになりテレビジョンが一般大衆のものとなる時期も近いことと思はれるが、現在に於ては未だ物珍しさの域を脱してゐない。依つてテレビジョンの大衆化及び科学知識普及のために、今春上野技術博覧会に於ける公開以来、暫く公開実験を中止し研究改良に努力して来たテレビジョンを今回標記の記念展覧会に於て公開することになつた。(90)

つまり、この展覧会での実験放送はかなり早い時期から、テレビジョン技術の開発主体が協働する初めての大規模な合同実験として明確に位置づけられ、その実現に照準が合わされていたのである。その打ち合わせは五月頃から綿密におこなわれ、本番の一カ月前から予定表が作成されて準備が具体化されていった。技術研究所の技術者たちは、本放送に向けての放送設備を次第に整えつつあり、受像機の商品化を目指していた電気機器メーカー各社もまた、その試作機を大々的に公開展示する機会を準備していたのである。

そして今回に限っては、展覧会の開催に先立って、技術研究所と電気機器メーカー各社が自主的に、いわばそのリハーサルのような合同実験を公開している。日本橋三越に九月、東京芝浦電気、日本ビクター、日本電気、日本コロムビアでそれぞれ開発中の受像機が出品展示され、技術研究所の試験電波を受像する様子が公開されたのである。三越の模擬スタジオでの実験系統の差配は、この予行を経て実現したものだった。

この実験放送が、どちらかといえば技術者たちの自主的動向を契機に実現した一方で、国策協力という強制的契機だけによって駆り出され、技術者たちにとっては徒労でしかない公開実験が、ほぼ同時期に企画されていた。次に述べる「航空日本大展観」である。

航空日本大展観

ここまで述べてきたように、日本放送協会は五月以降、十月の電信七十年電話五十年放送十五年記念展覧会に照準を合わせて、実験局の改修・整備に力を注いでいた。そのあいだにも日本放送協会は、国策行事のなかで実験放送を公開したいという打診を各方面から受けていたが、有線による公開実験を関西で試みたいという依頼を、あえて受諾せざるをえなかったようである。同年の九月二十八日から十一月十五日まで奈良で開催された航空日本大展観である。無線による実験放送を東京で実施しているのに、わざわざ奈良まで出向いて有線による公開実験をおこなうというのは、技術者たちには不本意なことだっただろう。

航空創始三十年を記念するこの展覧会は、大日本飛行協会と大阪朝日新聞社の共催で、大阪電気軌道などが協賛するとともに、後援には陸軍省、海軍省、逓信省、文部省が名を連ねていた。航空機などを展示・陳列することで航空知識の理解を広めるという開催趣旨だったが、同時に皇紀二千六百年記念事業の一環として位置づけられた、きわめて国策的な催しだった。

図50　航空日本大展観での公開実験(1940年)
(出典:同書157ページ)

今回もまた、日本放送協会、東京芝浦電気、日本電気の三社合同実験だったが、それはすなわち、日本橋三越の実験設備をそのまま奈良に輸送して公開したからにほかならない。十月十一日に三越の展覧会が終了した後、即日その場で荷造りがおこなわれ、模擬スタジオを含む設備一式が現地まで運搬された。日本放送協会が首都圏以外でテレビジョンの実験をおこなうのはこれが初めてである。実験が公開されたのは、四十九日間の会期のほぼ終盤、十一月一日から十日までの十日間だった(図50)。前日の十月三十一日の午後には、展覧会関係者数十人の立ち会いのもと、日本放送協会、日本電気、東京芝浦電気の技術者によって予備実験がおこなわれ、「成績は極めて好調で逓信省も即座に正式認可[91]」したという。菖蒲が池会場内の「科学の丘」と名づけられた区画に特設された実験場は、ユンカース急降下爆撃機の展示と人気を二分したという。午前と午後それぞれ一時間ずつ二回に分けて実験がおこなわれ、各回およそ五千人の観覧が可能だった。したがって十日間に約十万人が、この公開実験に立ち会ったことになる。[92]「大阪朝日新聞」は実験初日の様子を次のように伝えている。

日本放送協会、日本電気、東京電気両会社の技術員三十余名の慎重なテストののち送像室のスタヂオから人見静一郎氏の司会で柳本静男、柏木敏子の両歌手が柳トリオ楽団の伴奏によりいいところを次々に送像すると、隣の受像室内に備へつけられた受像機のスクリーンに歌手の表情や伴奏者の手つきまではつきりとその歌声と共に浮び上つてくるので観衆は大喜び、(略)観衆を呑吐し第一日は約一万の人々が今更のごとく科学の神秘に驚異の眼をみはつた。[93]

会場で配布されたパンフレットには、「現在は約三千円程度ですが、要するに未だ試験期で、大量生産の過程に入っていませんから高価なのであって、若し需要さえ増加すればラジオがそうであったように、安価になる可能性があります」[94]と記述されていて、電気機器メーカー各社が一般販売への準備を整えつつあった状況がうかがえる。本放送を射程に収めていた技術研究所や電気機器メーカーにとって、有線による今回の実験放送はあくまでもテレビジョン技術の示威活動にすぎず、実験としての価値は皆無だった。端的にいって、技術者たちにとっては徒労である。

実験放送の開催期間のうち、十一月四日から十日までの一週間は、皇紀二千六百年奉祝の名目のもと、全国的に事実上の休日週間であった。全国各地で祝賀行事が大々的に催された十日、東京の宮城前広場(現在の皇居前広場)では政府主催の祝典が開催され、五万人以上が会場を埋めた。近衛文麿首相の寿詞、昭和天皇の勅語、軍楽隊と合唱隊による「紀元二千六百年頌歌」の演奏と続いた後、十一時二十五分、礼砲やサイレンが鳴り響くなか、近衛首相の「天皇陛下万歳」の声に続いて参加者全員で万歳を三唱したという(95)。

そのとき奈良はどうだったか。全国で祝賀行事が開催された十日は、テレビジョンの実験放送の最終日である。「大阪朝日新聞」は翌十一日付の朝刊で、「十七万人の感激航空大展観」という見出しのもと、「会期も終わりに近づくとともに圧倒的盛況を算したが午前十一時二十五分には場内の全員起立裡に「万歳」を奉唱、感激の一ときを迎へた」と報じ、「なおテレビジョンの実験はこの日最終の賑ひを呈し(96)」たと続けている。

この公開実験は、祝賀週間のクライマックスに花を添えたが、その後間もなく奉祝ムードが急速に沈静化していくのと軌を一にして、大規模な実験放送は実施されなくなった。催事の呼び物としての需要がなくなったことは、紛れもなく、テレビジョン開発の継続にとって致命的な事態だった。

東京芝浦電気の公開実験

航空日本大展観を最後に大規模な実験放送は実施されなくなるが、それでも太平洋戦争が勃発する直前まで、受像機開発に参入していた電気機器メーカー各社によって小規模の公開実験は引き続き実施されていた。そこで以下では、東京芝浦電気が実施した公開実験について、同社発行の「無線資料」を手掛かりに若干の事例を示しておきたい。

まず、一九四〇年二月二十一日、有力実業家の経済団体である日本工業倶楽部の要請に応じて、製造部長の今岡賀男が丸の内の日本工業倶楽部講堂で、工業界の重鎮五百人に対して「テレビジョンに就て」という演題で講演。終了後、会場に用意された受像機を用いて、日本放送協会技術研究所からの実験放送を受像した。「来会者一同は此の講堂に於て、我社が嘗て我国最初のラヂオ放送実験を行った因縁を想起し、画面に現はれる映画、舞踊等の実演に讃辞を放ち盛会を極めた」[97]と記録されている。

四月二十九日には、東京芝浦電気のすべての従業員を慰安するために、映画鑑賞会や体育大会とあわせて、テレビジョンの公開実験を開催している。「昨秋来暫く街頭に進出せんとしつゝあるテレビジョンを社内有志の熱演により午後一時より三時間に亘り、連続的に一般従業員に公開し、興味津々たる中にテレビジョンに対する認識を深からしめた」[98]

地方では、たとえば、六月九日から二十日まで鹿児島市内の山形屋百貨店で、皇紀二千六百年記念として鹿児島放送局が主催した国策ラヂオ科学展覧会のなかで、テレビジョンの解説をマツダ支社と共同で実施している[99]。

一九四一年七月十一日から二十三日にかけては、大阪市南区難波の高島屋で、東京芝浦電気の主催による「世紀の科学・電気知識の展覧会」が開かれ、ここでテレビジョンの公開実験がおこなわれた。大阪逓信局、ＪＯＢＫ、大阪朝日新聞社の協賛によるこの展覧会は、「電気科学の総知識を一堂に網羅し、高度国防国家の建設に万進する国民に〝科学する心〟の素地を与へる」という趣旨のもと、「電気工業王国」たる東京芝浦電気の関係八社が、「国防国家建設に電気科学の受持つ役割を表現する大壁画」や「医療関係並に電気科学の最高峯を行く無線知識の理論と実際」などが示された。「参観者連日十万を突破する盛況」だったという。テレビジョンの実演は、自社製の送像機でとらえた屋外の街頭風景を、五台の受像機によって公開し、「街の科学者に絶大なる感銘を与へた」[100]という。

また、東京市電気試験所は同年、有楽町にある所内の電気博物館に、東京芝浦電気のテレビジョンを解説する展示スペースを設けている。「現下の急務たる高度国防国家の建設に重大なる地歩を占むる電気科学知識普及」を目的に、かねてから「無線通信の恩恵」と題して、主要な電気機器メーカーの製品を一般公開していたものだった。[101]

こうしてみると、皇紀二千六百年奉祝事業を終えてからは、「高度国防国家の建設」が時流を象徴する概念になっていて、テレビジョンを含む電気科学の語られ方とも不可分に関係していることがうかがえる。

3　祭りのあと

「興行」から「国防」へ

テレビジョンの実験放送をめぐる興行的な関心の高まりは、その開発主体である技術研究所や電気機器メーカー各社にとって、研究を継続するうえでは望ましい事態だったが、研究を進展させるうえでは大きな誤算だった。ここまで述べてきたように、技術者たちは、多くの設備と人手を必要とするスタジオ実演をなるべく避け、簡単に実施できる映画フィルムの送像などを主におこなう方針を立てていた。その分、基礎研究や設備の拡充に注力することで、いち早く実用化の道筋を示すためである。しかし、スタジオ実演は展覧会の目玉であって、きわめて大きな集客力を持っていたため、国策協力という名目のもとで実施の要請があれば、それに応じないわけにはいかなかったのだった。

スタジオ実演が可能になったテレビジョンは、国策展覧会で繰り返し受像公開を重ねていくうちに、撮影や演出のノウハウが次第に蓄積されていき、その表現力を急速に増していった。ところが、この時期には既に、早期実用化の見通しが国威発揚の一環として喧伝されてはいたものの、その具体的な道筋に関心を抱いていた技術官僚は皆無だった。

そして一九四一年には厳しい戦時体制が敷かれ、各種の生産部門はもちろん研究機関の活動も、国家総動員法による試験研究命令によってすべて規制されるようになった。人員と機材はともに厳重に統制され、軍事上の目的以外、政府の特別許可がなければ何もおこなうことができない状況だった。テレビジョンの研究開発は、再編されたテレビジョン調査委員会によって一元的に管理されていた。

一九四一年四月十六日に開催された調査委員会では、テレビジョンの総合的な調査実験のための定期試験放送案が議決された(102)。日本放送協会技術研究所からの電波発射は、五月は週一回、六月になると週二回、原則として午前九時半から十一時半、午後二時から四時まで、合計四時間実施された。技術研究所の受像機が都内各所に分散配置され、その受信状態が記録されただけでなく、受像機を研究試作している電気機器メーカー各社も、それぞれの研究所や工場などで必ず受信し、後日、研究所内の打ち合わせ会や各社合同の報告会が実施された。これは太平洋戦争開戦以前の日本における、最初で最後の本格的なテレビジョン実地調査となった。

六月を最後に実験放送は一切実施されなくなり、それと入れ替わって、陸軍技術研究所が中心となってテレビジョン技術の軍事利用に関する研究を開始している。「大衆向の国防テレビ 列国に魁けて見事完成」と題された新聞記事には、次のように記されている。

家庭にゐながら芝居やスポーツを楽しむ世紀の電波テレビジョンは戦時下娯楽の域を脱し、「国防テレビ」として日本放送協会技術研究所の手により鋭意その実現と大衆化を急いでゐる（略）同研究所では従来の娯楽のために声と映像を放送する興行的なテレビ研究を廃し、（略）新しい角度から国防テレビの研究に乗り出すことになった。欧州戦勃発と同時にテレビの国防上の重要性に着眼し、各国共にテレビ研究に拍車をかけながらも、その技術方面の進捗状況は一切発表せず、さながら「テレビ技術鎖国」の観を呈し、各国その技術を探らんと鎬をけづっている時、各国にさきがけ国産五百円テレビの誕生及びテレビ界の臨戦態勢の確立は急速にテレビ大衆化を促進するものとみられる。(103)

だが、そこで謳われた「国防テレビ」という概念はまるで実体をともなわないまま、太平洋戦争を迎えることになるのだった。

実験放送をめぐる文化政治

戦中期はテレビジョンの開発にとって暗い谷間の時代だったが、空白だけが広がっていたわけではなかった。

レイモンド・ウィリアムズは、放送技術の形式が整備されていく過程で、本来これに先立つべき内容についてはほとんど定義されなかったことに着目している。「内容の問題が提起されると、おおむね付随的に解決された。これらの新しい技術手段によって送信されたのは、国家的な盛儀、大衆的なスポーツ・イヴェント、舞台演劇などであった」[104]。ここまで跡づけてきたテレビジョンの実験放送の過程で生じたのは、ここでいう「形式」と「内容」の関係の一時的な転倒である。「形式」の整備を進める技術者たちの立場からみれば、ある時期まで東京オリンピックは、「内容」の備給源として理想的に機能していた。ところが、オリンピック計画が霧散した後、その役割を代補するはずの一連の国策展覧会では、展覧会の「内容」を伝達する手段としてテレビジョン技術が動員され、「形式」を整備するための生命線になるという逆転が生じたのである。

ここで再度、一連の国策展覧会、ひいてはテレビジョンの公開実験の受け皿となった百貨店に焦点を当てたい。難波功士が着目しているように[105]、内閣情報部情報官の林謙一は後年、「デパートのほうが、しょっちゅう何かありませんか、とやってきましたね。顧客の動員効果がばつぐんでしたからね[106]」といい、日本橋三越の広告部長だった人物も、当時の様子を次のように回顧している。

こうなると、デパートの広告部長の仕事は、大政翼賛会や情報局に、日参することになってしまった。それに、新聞社の事業部を通じて、陸軍や海軍の展覧会を開催することであった。国策宣伝の展覧会をすると、釘や角材やベニヤ板の資材を貰うことが出来た。これを貰うことが、当時光栄でもあり、資材不足の折柄、事実有難かったのである(107)。

こうした蜜月関係の背景には、「戦争中は百貨店は丙種産業と目され、まさに軍需産業に転換される一歩手前まで来ていた」ため、より強く「国策遂行の展覧会場とか、いろいろ苦しい題目を唱えて」存在理由を示さざるをえなかったという事情があった(108)。テレビジョン技術者たちもまた、当時の百貨店ときわめて近い場所に立っていたのではないだろうか。実験放送が始まって以来、国策展覧会でテレビジョンの公開実験が相次いでいた技術研究所は、諸設備の根本的な改修に十分な時間と人手をかけることができなかった。研究開発を継続していくためには、その将来性を訴えるだけではなく、国策協力とただちに結び付かなければならなかったのである。『夕餉前』を演出した坂本朝一も後年、「日華事変は一向終熄の気配もなく、益々泥沼へ入り込んでゆく模様で、放送番組も戦意昂揚のテーマが重点にならざるを得なかった(109)」と回顧している。

裏を返せば、「二千六百年消費」の大きさを強調するケネス・ルオフが指摘するように、「万世一系イデオロギーのもつロマン主義的で非合理的な性格は、日本ナショナリズムの中心をなしていたけれども、それによって日本の技術者や科学者は、先端技術の追求を妨げられなかったし、軍部もしばしば先端技術を熱心に支持していた(110)」。テレビジョンも例外ではない。全国各地で祝賀行事が大々的に開催された皇紀二千六百年の十一月、実験放送が整備されていた首都圏を遠く離れて、奈良の橿原神宮の近くで実験が公開されていることは、あまりにも象徴的な出来事である。

そして、「ビジュアルなメディアが未発達だった当時、大規模な博覧会が開催不可能になっていく中で、展覧会の地位が相対的に上昇した」(111)という難波の指摘は重要である。本章の冒頭で述べたように、ナチス・ドイツの宣伝戦略に鑑みれば、ビジュアルなメディアに対する期待が当時、決してなかったわけではない。だが、日本の宣伝政策はきわめて鷹揚だった。かつて青木貞伸は、「日本の軍部と政府がナチス・ドイツと同様、テレビがラジオ以上に国民を戦争にかりたてる大衆操作の有力な「武器」になると考えていた」が「その猿マネをしてといったほうが正確かもしれない」(112)と述べていた。戦時下の日本では、とりわけ映画が国民統合の宣伝手段として重要視されたが、その背景について古川隆久は、「ドイツの場合は、ナチスによる一党独裁体制が確立しており、映画にまで国民を教化統合する役割を担わせる必要はなかったが、日本では政党は政権を握っておらず、政府が行っていた国民精神総動員運動も人気がなく、ナチスにならった独裁政党づくりを目的とした新体制運動はまだ流動的であり、官僚としては国民の教化統合のための手段が不足していたという認識(113)」があったと分析している。国民精神総動員運動としての文化映画は、強制上映を検討しなければならないほど、人気がなかったのである。

こうした状況を踏まえれば、テレビジョンの実験放送の演目に国策色がにじんでいることについても、明確な目的意識にもとづいたものではなさそうである。ルオフによれば当時、「国体という漠たる概念は、ほとんど明確に規定されないまま、帝国日本が偉大で独自であるゆえんをそれとなく指し示していた」[114]。このことを踏まえると、テレビジョン技術者の国策協力は、国家の宣伝戦略が試行錯誤しているなか、テレビジョンが軍事研究に転換される瀬戸際での日本放送協会の順応性の産物だったと見なすほうが的を射ているだろう。

　本章の冒頭で述べたように、放送史ないしはマス・コミュニケーション史の視角によれば、日本のテレビジョンにとって総動員体制下の抑圧的な状況は、多くの場合、研究開発の「挫折」や「断層」として強調される。しかしその半面、テレビジョンの今日的様態はむしろ、戦争に向かう一九三〇年代の軍国主義のなかで形成されてきたものだった。

　たしかに太平洋戦争は、研究の強制的中断という断層を引き起こし、戦後の電子技術の立ち遅れをもたらした。世界史的にみても、ちょうど第一次世界大戦がラジオ放送の発展を止めたように、第二次世界大戦がテレビの発展を遅らせることになったのは、紛れもない事実である。だが、一九二〇年代から三〇年代にかけて、日本のテレビジョン技術は、たとえば、昭和天皇による天覧、日本放送協会の組織的な研究体制、国家イベントとしての東京オリンピック、数多くの国策展覧会、皇紀二千六百年奉祝事業など、天皇制を土台とする国家体制と不可分に関わりながら、権威ある科学技術（＝ナショナル・メディア）として広く認知され、発展していったのだった。

　皇紀二千六百年奉祝事業としての東京オリンピックは、テレビジョン放送の達成目標に設定されていた。その大目標は中途で失われてしまうが、その後も研究開発が順調に進展した結果、実験放送は皇紀二千六百年、奉祝ムードが漂う国策展覧会で、一定の文化的成熟をみせることになる。ジャズコーラスや舞踊、落語や漫才など、多岐な演目が会場で放送されるなか、ブラウン管を通じて連日、内閣情報部が非常時局での国民の心構えを講演するとともに、国民奉祝歌が合唱されていた。そこにはたしかに戦時下の緊迫した空気が漂っていたが、古川が一連の奉祝記念行事について指摘するように、「祝典の前後だけ娯楽に関する政府の統制が緩められたことに示されるように、戦時体制下における「息抜き」の手段の一つ[115]」として受容されていたのである。

次章で述べるように、終戦後に研究を再開した日本放送協会は、定時放送が開始されるまでの約五年にわたって、主に都内の百貨店で繰り返し実験放送を公開していて、戦時期に培った技術方式と実験設備、撮影や演出のノウハウなどの点で、戦時下からの連続性を明確に読み取ることができる。しかしその一方で、黒山の群衆を集めた「街頭テレビ」「力道山」という起源の神話によって、それ以前のテレビジョン技術をめぐる社会的な想像力や構想力は、今日、そのほとんどが忘却されてしまったのである。

注

(1) 前掲『昭和テレビ放送史』上、一七六ページ

(2) NHK「プロジェクトX」制作班編『プロジェクトX——挑戦者たち(18)勝者たちの羅針盤』NHK出版、二〇〇三年、八八ページ

(3) 城見多津一「テレビジョンの実験放送(下)」「放送」一九四〇年八月号、日本放送協会、二九—三〇ページ

(4) エリック・ホブズボウム/テレンス・レンジャー編『創られた伝統』前川啓治/梶原景昭訳(文化

人類学叢書)、紀伊國屋書店、一九九二年
(5)古川隆久『皇紀・万博・オリンピック——皇室ブランドと経済発展』(中公新書)、中央公論社、一九九八年)、前掲『紀元二千六百年』などを参照。
(6)前掲『紀元二千六百年』一八ページ
(7)シュペーアは後年、「私の最も美しい空間創造であっただけでなく、時代を越えて生き残った唯一の空間創造でもあった」と振り返っている(アルベルト・シュペーア『第三帝国の神殿にて——ナチス軍需相の証言』上、品田豊治訳〔中公文庫〕、中央公論新社、二〇〇一年、一〇九—一一〇ページ)。
(8)ホルクハイマー/アドルノ『啓蒙の弁証法——哲学的断想』徳永恂訳(岩波文庫)、岩波書店、二〇〇七年、二六二ページ
(9)中島友正「独逸ラヂオ博と特にテレビジョン関係の概況」「ラヂオの日本」一九三三年十二月号、日本ラヂオ協会、三六ページ
(10)一方の郵便省は、RCAからの技術導入によるテレフンケン社製のアイコノスコープを初めて使用し、主競技場や水泳競技場からの中継をおこなっている。他方のフェルンゼー社も、アメリカで開発されたイメージ・ディセクター・カメラを各競技場に設置した。実験放送は会期中、たいてい午前十時から正午まで、午後三時から七時まで、午後八時から十時までの三回、つまり一日八時間に及んだ(「放送」一九三七年一月号、日本放送協会)。
(11)ダフ・ハート・デイヴィス『ヒトラーへの聖火——ベルリン・オリンピック』岸本完司訳(シリーズ・ザ・スポーツノンフィクション)、東京書籍、一九八八年、一七二ページ
(12)この大会の男子二百メートル平泳ぎで金メダルを獲得した葉室鐵夫は、選手村のなかにあった、外国選手の気晴らしのためのレクリエーションホールで、テレビジョンの実験放送を偶然目にした。葉

室を取材した猪瀬直樹は、そのときの様子を次のように描いている。「そこで不思議な映像を観た。木の箱の真ん中に、白く濁っていながら眩しく眼を刺激するガラスが嵌めこまれている。ガラスは四隅に丸みがあった。画面には二人の男が映っている。交互に早口でまくしたてている。ドイツ人たちが時折どっと笑う。葉室はこう思った。「西洋風の寄席の掛け合い漫才みたいなものだな、きっと」ぼんやりその不思議な画面を眺めていた。これが噂に聞いていたテレビジョンというやつか。そういえば、ベルリン・オリンピックで初のテレビ実況放送が行われる、と出発前に新聞記事を読んだ記憶がかすかによみがえった。前畑〔秀子：引用者注〕が出場する時刻に、再びレクリエーションホールへ入ってみた。水泳会場らしきものが映っている。（略）それにしても画面が悪い。コメディアンが登場したのはスタジオであり、水泳競技は実況中継のせいだろう。スタジオ中継は人物の輪郭が比較的つかめたのに、眼前の映像はもごもごとなにか動いているのはわかるが、顔の識別などとても無理、声だけは鮮明だった。（略）スタートすると画面は大写しで前畑とゲネンゲルの二人を追っている。コースが並んでいるのでアップにしやすいのだろう。しかし、どちらがリードしているか判別しがたい。（略）葉室少年にはなにが起きたかわからなかった。彼が観た映像は、アナウンサーの言葉で補ってはじめて了解できる代物だった」（前掲『欲望のメディア』三七―三九ページ）

（13）吉見俊哉によれば、かつては万国博覧会の影響下、その余興として開催されていた近代オリンピックは、第五回ストックホルム大会で万博から独立し、徐々に規模を拡大しながらも、一九二〇年代までは万博を凌駕する国際的イベントと呼べるものではなかったという。メディアの変化を通じてオリンピックのメディア・イベント化が進行し、国際的イベントとしての万博との関係が逆転するのは、このベルリン大会以降のことだった（前掲『博覧会の政治学』）。さらに、満州事変の翌年に開催されたロサンゼルス大会以降、オリンピック報道は、国際的なスポーツ競技の結果を単純に事実として伝えるだけでなく、それを国家間の象徴的争いと見なす政治的メタファーが多用され、その報道のスタイル自体が政治性を帯びた言説実践と化しつつあった。そして、オリンピックをめぐる語りが政治的な表象となった背景には、そうした語りを伝えるメディア自体がより視覚的かつ同時的なものに変化していたという前提条件があった（吉見俊哉「幻の東京オリンピックをめぐって」、前掲『戦時期日本のメディア・イベント』所収）。

（14）第二次世界大戦後、アメリカとキューバに次いで、日本でカラーのテレビ放送が開始されるのは一九六〇年九月十日のことだが、よく知られているように、六四年十月の東京オリンピックこそが本格的な普及の契機になっている。開会式と閉会式のほか八競技がカラーで放送され、なかでも十月二十三日、「東洋の魔女」こと日本女子バレーボールチームとソビエト連邦チームとの決勝戦は、最高視聴率が九五パーセント（平均視聴率は八〇・三パーセント）に達した。「テレビオリンピック」の異名をとったこの大会では、撮像管から衛星中継に至るまで、一連の機器が国産で開発された。スローモーションVTRや接話マイクなどの新しい技術も登場し、世界に日本の放送技術の高さを誇示する絶好の国家的イベントとなった。オリンピック大会が開催国でのテレビ放送の技術革新を後押しした事例は、他国にも見いだすことができる。たとえば、フランスの場合、六八年のグルノーブル冬季オリンピックを機にカラーテレビの試験放送が開始され、九二年のアルベールヴィル冬季オリンピックでは高品位テレビの試験放送がおこなわれた。

（15）日本放送協会は一九三六年五月、ベルリン・オリンピックに先立って、理事会で次のように決議している。「浜松高工ニ於ケルテレビジョンハ学術的研究トシテハ一段落ヲ告ゲタルニ依リ今後同研究ヲ当協会へ移管シテ実用化ヲ図ルヲ可トスベシ、浜松高工ニ於テハ此際特許権及研究施設ヲ協会ニ引継ギ十万円前後ノ代償ヲ要望スルモノノ如シ、但放送開始ニ至ラバ其時ニ相当ノ謝礼ヲ学校及関係者ニ寄贈スルコトヲ要ス、大体以上ノ含ニテ高エト交渉ヲ進メテハ如何」。高柳の招聘については小森七郎会長自身が、関係方面に積極的にはたらきかけたという（日本放送協会総合技術研究所／放送科学基礎研究所編『五十年史』日本放送協会総合技術研究所、一九八一年、一二―一三ページ）。

（16）網島毅「十年後の無線放送に就て」、前掲「ラヂオの日本」一九三六年十一月号、五ページ

（17）「ラヂオの日本」一九三六年九月号、日本ラヂオ協会、一ページ

（18）「東京日日新聞」一九三六年八月十九日付

（19）「東京朝日新聞」一九三六年九月十四日付

（20）「東京は明治以来、内国勧業博覧会や天皇行幸、奠都三十年祭などのイベントから日清・日露の祝勝大会、明治天皇の崩御や大正天皇や昭和天皇の即位式まで、次々に催される国家儀礼で常に主舞台となり、またそうなることで近代日本のナショナルな国土空間の特権的な中心としての地位を確立してきた。そうした意味では、一九四〇年に計画された「紀元二千六百年／オリンピック／万国博覧会」の同時開催は、明治以来のイベント都市としての東京が行き着いた地点と見なすこともできる」（前掲「幻の東京オリンピックをめぐって」二九ページ）

（21）一九二九年四月から日本産業協会の副総裁を務めていた阪谷芳郎は、一九三二年頃から日本での万博開催に積極的な姿勢をみせていた。阪谷は「皇紀二千六百年紀念事業経営法案要綱」や「皇紀二千六百年紀念万国大博覧会開催に就て」といった案を独自に作成し、三三年三月二十日の第六十四回議会貴族院本会議では、「神武天皇の宏大なる御偉業」に感謝すべく、「盛大に奉祝記念の誠意を表し、われわれの作りたる記念事業を永く後世に伝」えたいと述べていて、万博については、「わが国に多数の観光者を引寄すべきもの」だとして、外客誘致策の一つとしての意義づけをおこなっている。もともと皇紀二千六百年記念は後付けの名目にすぎなかったが、日中戦争期の戦時体制強化にともなっ

て、国民統合指向が強く表面化するようになると、付随的でしかなかったはずの皇紀二千六百年という性格づけが、産業振興のプロジェクトを、次第に天皇制イデオロギーへと結合させていく。「万博問題の場合も、国際親善や産業振興という漠然とした意義のほかに、地域振興や国際収支改善のための外客誘致という、より具体的な効用への期待もあって合意を獲得しつつあったが、国家的事業という観点から、国家の体系的事業としての紀元二六〇〇年奉祝記念事業という発想を生んだ」。しかし、それでもなお、「底流では経済発展指向が社会資本や文化の発展など広い意味での発展指向として残」っていたのである（前掲『皇紀・万博・オリンピック』六九―八四ページ）。

(22) 詳細については、池井優『オリンピックの政治学』（〔丸善ライブラリー〕、丸善、一九九二年）、橋本一夫『幻の東京オリンピック――1940年大会 招致から返上まで』（〔講談社学術文庫〕、講談社、二〇一四年）、坂上康博／高岡裕之編著『幻の東京オリンピックとその時代――戦時期のスポーツ・都市・身体』（青弓社、二〇〇九年）などを参照。東京オリンピック構想はやがて、東京市と体育協会、新聞社、政府、軍部、それに関連団体の対立や矛盾、不一致を含んだなかで方向づけられていった。そのため、その政治的位置づけについても最後まで曖昧なまま、招致から開催決定へと事態が進んでいたのである。それは一見、「「オリンピック」のインターナショナリズム対「紀元二千六百年」のナショナリズムという対立軸」によって特徴づけられているかのようだが、「東洋での初めてのオリンピック大会を開くという主張と表裏をなして、その東洋の「盟主」として日本があるという帝国主義的な意識が伏在していた」（前掲「幻の東京オリンピックをめぐって」三〇―三二ページ）。

(23) 中西金吾「ベヤード新型テレバイザー」「日本放送協会調査時報」第四巻第七号、日本放送協会、一九三四年、七七ページ

(24) 中西金吾／小川正太郎「技研式テレビジョン装置」「放送」一九三五年九月号、日本放送協会、四

五ページ

(25) 近衛文麿「年頭の辞」、前掲「放送」一九三七年一月号、七ページ

(26) 一九三七年五月の分課分掌規程の改正にともない、第一部は送信・音響・電波に関する研究、第二部は受信・有線に関する研究、第三部はテレビジョンに関する研究を受け持つことになった（前掲『五十年史』一一ページ）。

(27) 今岡賀雄「オリムピック顧望」「無線資料」第一巻第六号、東京芝浦電気、一九三六年、二―三ページ

(28)「無線資料」第一巻第七号、東京芝浦電気、一九三六年、二七ページ

(29) 前掲『20世紀放送史』上、一三八ページ

(30) テレビジョン調査委員会「オリンピック東京大会に於けるテレビジョン放送施設大綱（案）に関する報告」「ラヂオの日本」一九三八年六月号、日本ラヂオ協会、四八ページ

(31)「当時は、まだ一般用のテレビ受像機は製作されていなかったが、受像機の価格は一台二〇〇〇―三〇〇〇円はすると見込まれていた。できるだけ多くの人びとにテレビを見てもらうためにこのような公衆受像所、戦後でいえば〝街頭テレビ〟を考えたのであろう」（前掲『五十年史』一五ページ）

(32) 越歴篤兒「トウキヨウ・オリムピック」「無線資料」第二巻第九号、東京芝浦電気、一九三七年、二八―二九ページ

(33) 高柳健次郎「各国テレビジョンの近況」「放送」一九三八年三月号、日本放送協会、四九ページ

(34) 高柳健次郎「内外テレビジョンの進況」「放送」一九三九年一月号、日本放送協会、二一ページ

(35) 同論文二四ページ

(36) 米澤興三七「拡充された技術研究所」「放送」一九三七年十二月号、日本放送協会、二四ページ

(37)「読売新聞」一九三九年三月二十五日付
(38)前掲『続・放送夜話』四五ページ
(39)前掲『20世紀放送史』上、一三七ページ
(40)前掲『続・放送夜話』四六ページ
(41)「放送」一九三九年六月号、日本放送協会、三三ページ
(42)たとえば松下電器は、その子会社である松下無線が一九三六年から高柳健次郎による技術指導を受け、いち早くブラウン管受像機の開発に着手していた。そして三九年七月、家庭用受像機の試作品を完成させ、特許局で開催された電気発明展覧会で初公開している。
(43)久野古夫『テレビ人生一筋――技術者の65年』日経BP企画、二〇〇一年、四二ページ
(44)安藤博「実験放送の実施が先決」「放送」一九三九年八月号、日本放送協会、二四ページ
(45)XYZ生「電気発明展覧会を見るの記」「ラヂオの日本」一九三九年八月号、日本ラヂオ協会、四〇ページ
(46)初田亨『百貨店の誕生』(ちくま学芸文庫)、筑摩書房、一九九九年、一六三―一六七ページ
(47)この博覧会は「新東亜建設の動脈とも言ふべき日満支三国をつなぐ通信、交通の現状を銃後の国民に示す」という趣旨で、満州国郵政総局、北支臨時政府郵政総局、蒙彊連合委員会をはじめ、北支開発、中支那振興、華北電々、華中電気通信などの各国策会社のほか、朝鮮逓信局、台湾逓信局などを動員し、皇族参列のもとに開かれた大規模なものだった。なお、一九三九年から四〇年にかけては、逓信省の指導のもと、同様の趣旨の展覧会が日本各地で精力的に開催されている。たとえば、四〇年一月十七日から二十九日まで、熊本逓信局の主催、逓信省と逓信博物館の後援で、福岡市岩田屋百貨店で興亜逓信展覧会が開催され、約五万人の観衆を集めた。ここでは実物のテレビジョンの代わりに、

「テレビジョン実用時代」と題された写真パネルが展示されていたという（逓信博物館編「逓信の知識」一九四〇年三月号、逓信博物館）。

(48) 前掲『テレビジョン技術史』一五三ページ
(49) 前掲「ラヂオの日本」一九三九年八月号、六六ページ
(50) 逓信博物館編『逓信博物館五十年史』逓信博物館、一九五二年、五五ページ
(51) 前掲「テレビジョンの実験放送（下）」三〇ページ
(52) 中西金吾「オリムピックとテレビジョン」「ラヂオの日本」一九三七年二月号、日本ラヂオ協会、一三ページ
(53) モノスコープは本来、二次電子放出のはたらきをする文字発生用陰極線管を意味する。したがって、ここではテストパターンや文字表示など、特定の図柄の電気信号のことを指していると思われる。
(54) 伊藤周造「高島屋に於けるテレビジョン完成発表会」「無線資料」第四巻第十一号、東京芝浦電気、一九三九年、二一―二二ページ
(55) 「博物館研究」一九三四年十二月号、日本博物館協会
(56) 「ラヂオの日本」一九四〇年一月号、日本ラヂオ協会、九六ページ
(57) 前掲『逓信博物館七十五年史』四五ページ
(58) 同書五六ページ
(59) 青木貞伸『かくて映像はとらえられた――テレビの50年』世界思想社、一九七六年、四六ページ
(60) 海野十三「ある未来記」「エスエス」一九三九年十二月号、東宝発行所、一四〇ページ
(61) 前掲『皇紀・万博・オリンピック』一七七―一七八ページ
(62) 内閣情報部が思想宣伝を目的とする展覧会を主催するのはこれが初めてではなく、一九三八年の二

月九日から二十七日にかけて、「武器なき戦ひ、世界に渦巻く思想戦展覧会」を大々的に開催している。会場は同じく日本橋高島屋だった。ジオラマ「世界大戦と宣伝戦」や「佐野、鍋山の上申書及転向書」が出品されたほか、中国の抗日ポスターやソ連の赤化ポスターが弾劾される一方で、国民精神総動員ポスターが展示された。この展覧会は、その前年の十二月下旬に内閣情報部が立案したもので、実施までわずか一カ月あまりという短期間の準備期日しかない緊急イベントだった。しかし、ラジオ放送の活用や「写真週報」特集号（内閣情報部）発行、あるいは都下各新聞社の協力による新聞広告の効果もあって、一日平均約七万人、合計百三十三万人という大衆動員に成功し、会期を一日延長したほどだったという。この展覧会は同年、大阪でも内閣情報部が主催したほか、京都、福岡、佐世保、熊本、大分、札幌、そして京城府（ソウル）でも、内閣情報部の後援で開催された（津金澤聡廣／佐藤卓己編『内閣情報部情報宣伝研究資料』第八巻、柏書房、一九九四年、三八二―三八三ページ）。しかし、ここで取り上げる四〇年の思想宣伝戦展覧会については、さらなる時局の悪化を反映してか、頒布用の公式資料が作成されておらず、その全体像を把握することは難しい。

(63) 前掲『テレビジョン技術史』一五四ページ

(64) 業務局文芸部「映像を送る――テレビジョンを演出して」「放送」一九四〇年六月号、日本放送協会、四二ページ

(65)「今回の実験映送で実施した様な簡単な演芸や音楽では緻密な演出台本は敢て必要とせぬけれども、オペラやバレエ、演劇など複雑な映送に当つては、映画の撮影や舞台の上演等の如何なる場合よりも厳密周到なコンティニュイティを備へるべきである。これに拠つてのみ演出者は全体の演出の使命を完全に遂行する事が出来、またカメラ、調整、照明、音楽等等の各部門の担当者は夫々の責任を果たし得るのである。（略）〔ラジオ：引用者注〕放送の場合とは比べものにならない程の、また映画や舞

台芸術やの何倍も組織的な運用体制が必要とされるであらう」（同論文四三ページ）。そのほかにも、画面に映える衣装のコントラストに関する研究の必要性や、「テレビジョンの本質的原則から言へば、アナウンスと共にその姿を映出することは必ずしも必要ではない」といった疑問などが提起された（同論文四三ページ）。

(66) 前掲『テレビジョン技術史』一五四ページ

(67) 難波功士『「撃ちてし止まむ」――太平洋戦争と広告の技術者たち』（講談社選書メチエ）、講談社、一九九八年、五六―五七ページ

(68) 前掲『ランカイ屋一代』二六〇ページ

(69) 同書二六九―二七〇ページ

(70) 前掲「テレビジョンの実験放送（下）」三〇ページ

(71) 「無線資料」第五巻第五号、東京芝浦電気、一九四〇年、八ページ

(72) 前掲「映像を送る」四五ページ

(73) 西崎会『初代 西崎緑』西崎会、一九九八年、四四―四七ページ

(74) 前掲『テレビジョン技術史』一五四―一五五ページ

(75) 「テイチク月報」一九四〇年六月号、テイチクレコード

(76) 前掲『かくて映像はとらえられた』四七―四八ページ

(77) 前掲「映像を送る」四三ページ

(78) 同論文四三ページ

(79) 同論文四三ページ

(80) 同論文四四ページ

(81)坂本朝一『放送よもやま話』あずさ書房、一九八一年、三三ページ
(82)前掲『欲望のメディア』一一八―一一九ページ
(83)前掲「映像を送る」四五ページ
(84)荒俣宏『TV博物誌』小学館、一九九七年、四三ページ
(85)原真『テレビの履歴書――地デジ化とは何だったのか』リベルタ出版、二〇一三年、三一ページ
(86)「ラヂオの日本」一九四〇年十一月号、日本ラヂオ協会、三七ページ
(87)同誌三七ページ
(88)同誌三七ページ
(89)前掲『テレビジョン技術史』一五六ページ
(90)「ラヂオの日本」一九四〇年十月号、日本ラヂオ協会、四九ページ
(91)「大阪朝日新聞」一九四〇年十一月一日付
(92)収容人数の関係上、受像室には五百人くらいずつ三分間交代で入場させたが、日曜日に限っては混雑を防ぐために、あらかじめ予約をした見学券所持者か、あるいは学校や官庁団体の関係者に対してだけ、入場を許可していた(「大阪朝日新聞」一九四〇年十一月一日付)。
(93)「大阪朝日新聞」一九四〇年十一月二日付
(94)前掲『テレビジョン技術史』一五七ページ
(95)前掲『皇紀・万博・オリンピック』一八八―一九〇ページ
(96)「大阪朝日新聞」一九四〇年十一月十一日付
(97)「無線資料」第五巻第四号、東京芝浦電気、一九四〇年、二八ページ
(98)「無線資料」第五巻第六号、東京芝浦電気、一九四〇年、三〇ページ

(99)「無線資料」第五巻第八号、東京芝浦電気、一九四〇年、二七ページ
(100)「無線資料」第六巻第八号、東京芝浦電気、一九四一年、一四ページ
(101)「無線資料」第六巻第十二号、東京芝浦電気、一九四一年、二一ページ
(102)調査事項は、①暫定標準方式の同期信号波形の適否(飛越走査の適否、変調度、帰線消去の期間など)、②暫定標準方式の変調方式中、正負方向の比較、③受像機の改良、たとえば単調帯波と両側帯波受信方式の比較、同期信号分離方式の研究改良など、④テレビジョン雑音の調査と防止方式の研究、の四項目だった。放送の種目は、「テストパターン、トーキーフィルムを主とし時折スタジオ演芸を加う」とされた(前掲『テレビジョン技術史』一五一ページ)。
(103)「東京日日新聞」一九四一年九月二十八日付
(104)レイモンド・ウィリアムズ「テレビと社会」、デイヴィッド・クローリー/ポール・ヘイヤー編『歴史のなかのコミュニケーション――メディア革命の社会文化史』所収、林進/大久保公雄訳、新曜社、一九九五年、二八六ページ
(105)前掲『「撃ちてし止まむ」』九八―九九ページ
(106)渋谷重光『語りつぐ昭和広告証言史』(宣伝会議選書)、宣伝会議、一九七八年、二〇二ページ
(107)宮崎博史『緑野ふたたび――戦後十年広告の物語』電通、一九五五年、一一ページ
(108)難波功士「百貨店の国策展覧会をめぐって」「関西学院大学社会学部紀要」第八十一号、関西学院大学社会学部研究会、一九九八年、一九九ページ
(109)前掲『放送よもやま話』二七ページ
(110)前掲『紀元二千六百年』一三二ページ
(111)前掲「百貨店の国策展覧会をめぐって」一九九ページ

(112) 前掲『かくて映像はとらえられた』四九ページ
(113) 古川隆久『戦時下の日本映画――人々は国策映画を観たか』吉川弘文館、二〇〇三年、一四〇ページ
(114) 前掲『紀元二千六百年』一六ページ
(115) 前掲『皇紀・万博・オリンピック』二〇一ページ

第5章

戦後への遺産——NHK、日本テレビ、そしてアマチュア

ＮＨＫは一九四六年十二月、逓信文化展覧会に戦前のテレビジョン装置やその部品を、「見ながら聴くラジオ」「見ることも出来るラジオ」といった見出しがついたパネルとともに展示している（図51）。翌四七年には、戦前の移動型アイコノスコープ・カメラ一台を改修して、四八年、技術研究所の開所記念日にあたる六月四日と翌五日、戦前と同じ受像方式——走査線数四百四十一本、毎秒像数二十五枚——で、有線による撮像実験を公開した。ＮＨＫにとって戦後初となるテレビジョンの公開実験であった。この催しを中学生のときに訪ねた岡村黎明は、実験の様子を次のように振り返っている。

はじめてテレビをみたのは、終戦後、まだ何年もたっていない時代だった。場所は、東京・砧のＮＨＫ技術研究所。テレビジョンの実験があるというので、好奇心でいっぱいの中学生、つまり、私はひとりで見学にでかけた。暗い部屋に入っていくと、正面だけが猛烈に明るく照

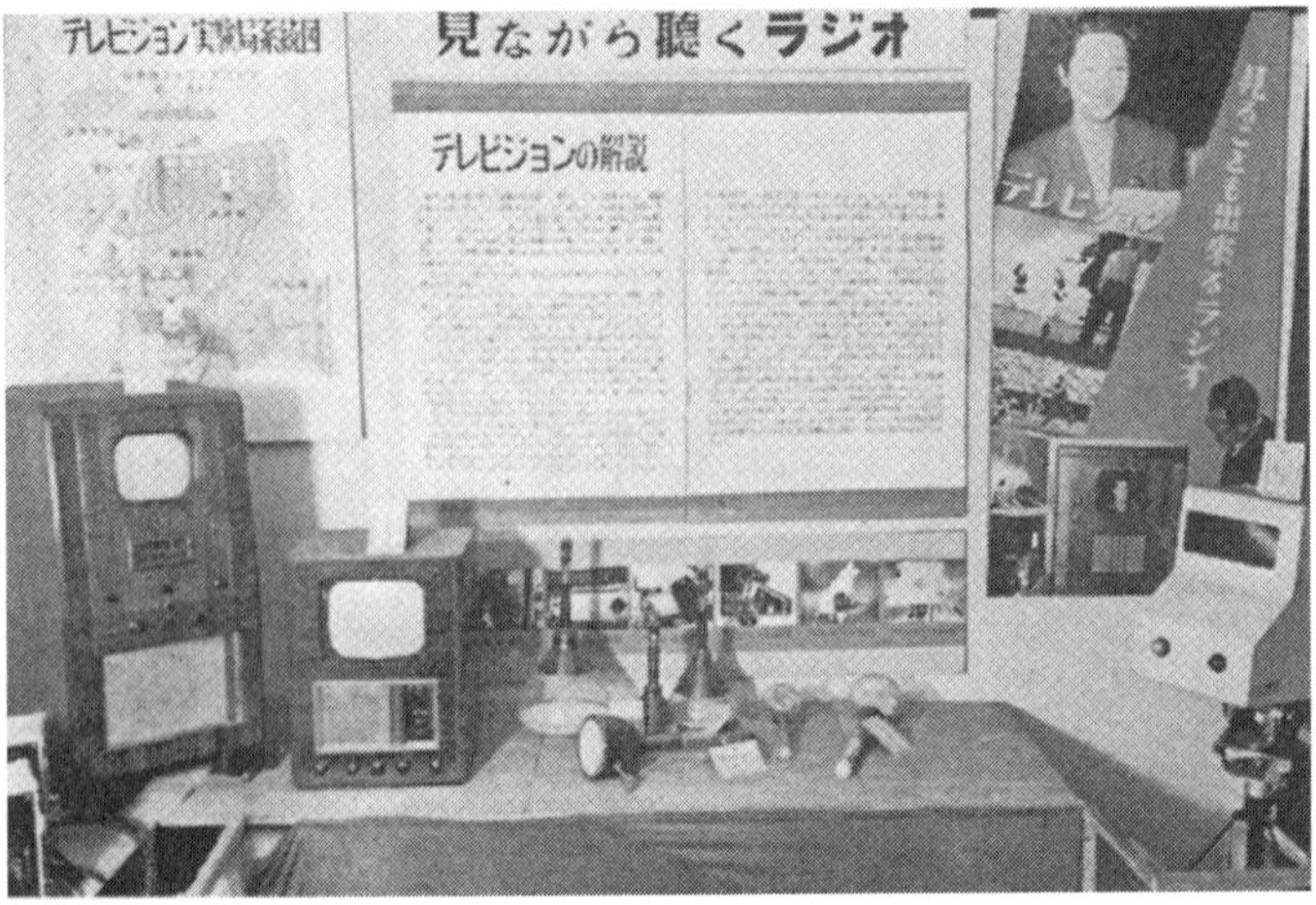

図51　逓信文化展覧会に出品されたテレビジョン装置と部品（1946年）
（出典：前掲『テレビジョン技術史』174ページ）

らされていて、バナナとかリンゴとか生け花などがかざりつけてあった。どのくらいの広さの部屋だったか、照明で、猛烈に暑かったのを覚えている。
　そして、隣の部屋に移ると、そこに小さな受像機があり、前の部屋の静物が、そのまま、見られるのであった。「こんなものか」という感じだった。静物と書いたが、ほとんど静止画であった。記憶では色がついていたようにも思うが、それは間違いで、白黒だったのだろう。係の人が、これは有線なのだ、本当は無線で実験をやりたいと話していたのは覚えている。（略）まだ、物資の不足しているころで、あのバナナをたべたら、うまかろうとも思った。[1]

　終戦後もしばらくは研究の自由が制約されていたが、国内情勢が若干好転したこの年、テレビジョンの研究が再び活性化していた。敗戦による荒廃で人びとは窮乏していたが、復興再建のための科学振興、そして民主的な文化国家の再生という機運も追い風になり、この五年後にはテレビジョンが実用化されることになる。そこで本章では、まず、本放送が始まるまでの五年間——つまり街頭テレビが登場する以前——の公開実験に焦点を当て、特に戦前からの連続性について検証してみたい。

また、科学振興の機運は、ラジオ工作をはじめとするアマチュア無線文化の再生にもつながった。アメリカの科学技術に対するアマチュア無線家の憧れは、終戦直後から強く表れていた。たとえば、一九四六年に出版された『アマチュアのアンテナ手帳』には、「この種類の本がアメリカには相当多い。それはこうした技術は何も象牙の塔にしまつておくべきでなくて、どんどん実用にしなければ全く意味がないと云ふ、アメリカの実用主義のしからしむる結果であらう。こうした行き方を日本もどんどんとり入れてゆくのが今後の我々の行き方ではないであらうか」[2]と述べられている。アマチュア無線はまだ禁止されていたが、再開への期待の高まりは早かった。[3]こうしたなかで、テレビジョン受像機の自作に趣味で挑戦するアマチュアも現れ、本放送の実現を強く後押ししていくのである。

そこで最後に、戦後のテレビジョン技術を媒介とした自作文化の再生を手掛かりに、技術思想としてのアマチュアリズムの系譜と行方を考察したい。

1 「テレビジョン」から「テレビ」へ──NHKによる公開実験

テレビジョン研究の再編制

太平洋戦争の勃発によって、テレビジョンの研究はすべて凍結してしまっていた。戦後もしばらくは研究の自由が制約され、停滞状態に陥っていた。GHQ（連合国軍総司令部）は一九四五年十月、逓信省電気試験所に対して研究の中止を命じ、NHKに対しても中止を勧告した。電気機器メーカー各社に対しては中止の命令や勧告は発せられなかったが、当時はまだ、テレビジョンの研究が再開できるような社内情勢ではなかった。海軍技師としてレーダーや暗視カメラなどの電波兵器の研究開発に動員された高柳健次郎は、戦後、NHKに復職することをGHQに認められなかった。

GHQによる禁令が解除され、研究の再開が可能になったのは、一九四六年六月のことである。これを受けて同年十一月には、NHK技術研究所の山下彰の呼びかけで、テレビジョン研究者の連絡や情報交換、あるいは勉強会を目的とするテレビジョン同好会（一九五〇年にテレビジョン学会と改称、現在は映像情報メディア学会）が発足し、その会長に高柳が就任する。しかし当時は、資金や資材が不足していたうえ、テレビジョン研究は時期尚早だという意見が優勢で、大規模な研究が実施されるめどはついていなかった。NHKは当時、将来のテレビジョン技術の発展基盤を作るため、撮像管や受像管などに関する基礎研究をおこなうと同時に、海外の最新技術の調査研究を実施していた。しかしGHQはラジオ準則（radio code）のもと、民主化政策におけるラジオの役割を重視していて、あくまでもテレビジョンは、組織的には必要性が最も少ない研究と位置づけていた。そもそも日本放送協会の技術研究所は、戦時中、「戦時電波研究所」として軍部への全面協力を強いられ、研究所ごとに戦火を避けて軍事研究を続行していたため、人材や資材が四散していた。

一九四八年に入ると、国内情勢が若干好転したことが追い風となって、テレビジョンの研究開発がにわかに活性化する。受像機の走査線数はアメリカにならって、戦前の暫定標準規格だった四百四十一本から、FCC（連邦通信委員会）が四一年に定めた五百二十五本に改められた。NHK技術研究所のほか、日本ビクターや日本コロムビアなどが相次いでテレビジョンの公開を始める。いち早く研究を再開させたのは、四六年に高柳を迎えた日本ビクターである。横浜・新子安のビルを改修し、大学新卒者や旧海軍関係の技術者などを二十数人集めて、そこを仮の研究所とした。RCAから戦前に購入していた受像機の走査線数を五百二十五本に改修して、これを四八年の初頭に公開している。日本ビクターと同じ系列会社だった日本コロムビアは、戦前に試作した装置を大部分焼失していたが、こちらでも走査線五百二十五本の試作品を一系統組み立てて、同年の八月に公開している。

戦前から戦中期にかけて、テレビジョン技術の全般にわたる研究開発を活発に実施していた東京芝浦電気は、戦争中に装置の大部分を焼失したうえに戦後の経営難も相まって、日本ビクターや日本コロムビアよりも立ち直りが大きく遅れていた。そこでまずは、焼失を免れた走査線四百四十一本の携帯用受像機を修理して、一九四八年の秋に大阪で開催された博覧会に出品するなど、人びとの関心を引くことに努力していた。日本電気が研究を再開したのは四九年のことで、戦時中からそうだったように、ＮＨＫやほかの電気機器メーカーの研究の進捗状況を見極めながら開発を進めていた。それに対して、松下電器や早川電気が受像機の開発を開始するのは、放送開始に大筋の見通しがついた頃のことだった。

一方、戦前からテレビジョン開発をおこなっていた浜松高等工業学校と早稲田大学は、要素技術の学究的な研究に傾倒していった。逓信省電気試験所は戦後間もなく研究を打ち切っている。

再開された公開実験

こうしてＮＨＫは、戦時期に培った実験設備、撮影や演出のノウハウなどを生かして、定時放送が開始されるまでの約五年にわたって、主に都内の百貨店で実験放送を繰り返し公開している（表10）。

一九四九年には、走査線が五百二十五本に改修されたテレビジョン装置が登場する。この年の三月二十日から三日間、有楽町の東京都電気研究所で開催された放送開始二十四周年記念展覧会で十二台の受像機が陳列され、室内有線連絡による送受信の公開実験がおこなわれた。のちにテレビの司会業に転じる元活弁士の松井翠声によって、歌謡曲をはじめとする実演が紹介された。ＮＨＫによって走査線数五百二十五本の受像機が公開されたのは、このときが初めてである。ただし、この頃は残像の処理が未解決だったことから、松井は「私がカメラの前に立ってこうやっていると、このカメラに写ります。急いで受像機の前へとんでいくと私の顔が写っています(4)」と語ったという。

表10 NHK による主なテレビジョンの公開実験

公開実験の実施期間	名称	開催場所
1948年6月4日―5日	NHK 技術研究所開所18周年記念	東京・NHK 技術研究所
1949年3月20日―22日	放送開始24周年記念展覧会	東京・電気研究所
1949年4月9日―5月20日	産業文化大博覧会	岡山・岡山県新庁舎
1949年5月4日―11日	第1回伸びゆく電気通信展覧会	東京・日本橋三越
1949年6月3日―5日	NHK 技術研究所開所19周年記念	東京・NHK 技術研究所
1950年3月21日―29日	放送開始25周年記念ラジオ展覧会	東京・日本橋三越
1950年4月25日―5月10日	九州ステートフェア農業振興博覧会	鹿児島・鴨池動物園
1950年4月28日―9月1日	全国巡回ラジオ列車	
1950年6月1日―11日	第2回伸びゆく電気通信展覧会	東京・日本橋三越
1951年3月20日―22日	放送開始26周年記念展覧会	東京・新宿伊勢丹、渋谷東急東横
1951年6月1日―10日	第3回伸びゆく電気通信展覧会	東京・日本橋三越
1951年6月25日―7月4日	躍進する電波展覧会	大阪・三越
1951年7月27日―8月12日	電波文化展覧会	愛知・名古屋松坂屋
1951年8月1日―52年3月27日	全国巡回テレビカー	
1952年3月18日―23日	電波文化展覧会	東京・日本橋高島屋
1952年3月21日―23日	放送開始27周年記念展覧会	東京・NHK 放送会館
1952年6月4日	第4回伸びゆく電気通信展覧会	東京・日本橋三越

（出典：同書179ページの表をもとに作成）

その後、ただちに千代田区の放送会館に機器の一部が移され、三月二十四日に昭和天皇・皇后の天覧に供されている。一九三〇年の浜松巡幸における高柳の天覧から実に十九年後のことであり、国産技術を生かしたテレビ誕生に対する機運が再び高まった。読売新聞社社主の正力松太郎がアメリカの技術を日本に移転してテレビ放送を始めるという噂が出ていたが、このときはまだ、実現不可能と思われてまったく問題にされていなかったという。

次いで、四月九日から四十二日間、岡山県で開催された岡山文化大博覧会で、カメラ一系統、受像機五台による有線方式の公開実験がおこなわれた。戦後初めての地方公開である。五台の受像機は、NHK技術研究所が製作した十六センチ型と三十センチ型のほか、マルコーニ製、日本電気製、日本ビクター製が各一台。「とくにこれという演出もなく、カメラの前で演技するのを撮るだけという、いまから思えば、まことに幼稚なショウであった」(5)が、公開初日から、博覧会の一日当たりの入場者数はそれまでの二倍から三倍となり、実験期間中の入場者数は公称で三十万人を突破したという。(6)地方での公開実験に際しては、壊れ物が多い機器を大量に輸送するため、民間には利用が許されなかった国鉄の進駐軍専用小荷物車一両を借り切り、厳重に梱包した機器に毛布のクッションをあてがい、さらに付き添い二人が同乗するという気の使いようだったという。(7)このときと同様の公開実験は、五月四日から八日間、東京の日本橋三越での第一回伸びゆく電気通信展覧会でも実施された。さらに六月三日から三日間、NHK技術研究所の開所十九周年記念公開に際しては、可搬型の撮像機を用いて、スタジオの外の情景も送信受像された。

放送二十五周年記念ラジオ展覧会

一九五〇年の春、日本橋三越の放送二十五周年記念ラジオ展覧会では、約十年ぶりに無線によるテレビジョンの公開実験が再開された。この実験では、世田谷区・技術研究所と千代田区・放送会館の送信アンテナからの電波を、日本橋三越で五台の受像機が受けた。技術研究所からは映画フィルムが送出され、これを会場の受像機に映した。放送会館からは、会館内のスタジオからの実演とともに、銀座三越から会館に無線中継された街頭風景が送出された。銀座三越では、据え付けられた二台のカメラで銀座四丁目の様子が撮影されるとともに、店舗の四階でその実況がおこなわれた。また日本橋三越の会場内には、十年前の公開実験を再現するかのように、小規模の模擬スタジオが設けられ、有線による送像実験も実施された。青木貞伸によれば、このときの実験放送では『フープ体操』『ゲロ助』『小人と青虫』といった短篇映画が主に受像され、これらの作品は以降の実験放送でも頻繁に活用されたという[8]。

この展覧会は入場者数が連日二万人を数える盛況だったと伝えられている[9]。来場者の反応はどのようなものだったのだろうか。日本放送出版協会の雑誌「ラジオとテレビジョン」には、「テレビジョン公開実験の苦心談を聴く」と銘打った座談会が掲載されていて、一般の来観者が抱いた感想が話題にのぼっている。

〔編集部〕二〇歳前後の娘さんが二人見えて「テレビジョンというのは暗いところでなければ

見えないんですか」という質問でした。そこで私が、〝もつと明るくしても見えますよ、現にアメリカでは屋外で見えるテレビがあるということを写真で見たくらいです〟と答えましたが、娘さん達は「幾らかでも暗くしなければならないなら困りましょう」といわれるので、〝裁縫をしながら見たい、というわけですか？〟と言つたところ、「そうです」ということでした。そこでまた私が〝失礼ですが、裁縫をしながら見たり聴いたりというのはむずかしいことではありませんか〟（笑）と申し上げたのですが……。

［山下］テレビの場合、もう少し明るくてもいゝと思いますが、映画を見るときにもう少し明るくして下さいという者はいない。（笑）映画は暗いところで見るものテレビは明るいところで見るものというように、どうして皆さんがそうお考えになるか判りません……。

［山口］日常生活に取り入れるには暗いところでは工合が悪いから、あの程度の人はそういうことを考える。

さらに続けている。

［溝上］あの会場では必要以上に暗くしていたようです。普通の明るさでも見れるように、アメリカでも研究しているが、現在ではやはり薄暗いところで見る程度だと思いますね。

［山下］映画の一〇倍ぐらいは明るいのですから、相当明るいところで見えるはずですけれども……。

［笠原］　裁縫をしながら見ようというのは幾ら明るくても不可能ですよ。しかし真暗にしなければ見えないものだという教育はしない方がよい。[10]

座談会の顔ぶれはほとんどが技術研究所の技師だったが、アマチュア無線家の笠原功一も参加していた。笠原は一九二五年の秋、阪神間二十キロメートルで中波での交信に成功し、一躍その名を馳せた人物である。

［原島］　三越に見に行つた人の中には、テレビはこんなボヤーとした絵しか出ないものか？という声もありましたが、私などは多少やつた経験からいつて、あれ位出れば上等だと思つています。

［城見］　それは雑音の出た瞬間に見た人がそういうことを言つたようです。

［編集部］　自分の顔を写真に写してみるといろいろ変わつたように見えます。時には「これが自分か？」と思う程ガッカリしたり嬉しくなつたり（笑）することがある程ですから、テレビでもユックリみないと本当の味が判らないと思いますね。

［山口］　丁度画の良い時にみた人はいゝが、悪い絵を見た人はテレビは駄目だと思い込む。

［金山］　確かにそうです。三越では追出されるようにして、唯見ながら通過した程度ですからまずい。今度はもつとユックリ見せて貰わなければならん（笑）。[11]

「三越では追出されるようにして、唯見ながら通過した程度」ということは、まるで大阪万博での「月の石」のような目玉扱いで、大いに人気を集めていたようである。この公開実験は、四ギガヘルツ帯の中継装置を初めて用いたマイクロ波中継だったが、来場していた人びとが目にした光景は、戦中期に公開された一連の実験と比べて、それほど大きな違いはなかっただろう。のちに『テレビジョン技術史』も述べているように、旧態のカメラを依然として使用していたことから、「戦争によって約十年の空隙が証明されたともいえるものであ」った[12]。使用されたカメラは、いずれも加工精度が低い旧式のもので、それぞれの撮像管の性能は均質といえない代物だった。青木貞伸によれば、当時の撮像管にはそれぞれニックネームがつけられていたという。

たとえば「製作番号MT-2516」という撮像管には「丹下左膳」というニックネームがつけられていた。理由はカメラの作動中に停電したことからターゲット面の一部が電子ビームで焼けたため、人物をクルーズアップで撮ると、左の眼のところに黒い縦キズが現われるようになったからである。このほか、「面ブラ」「スリキズ」「月の輪」「アバタ」「ドラム」など、多士済々といったところで、撮像管まで擬人化したテレビの「神話」時代にふさわしいエピソードである[13]。

NHKは当時、この展覧会を「本邦最初の無線によるテレビジョンの公開実験[14]」と称していて、戦時下の実験放送との連続性を強調していない。

実験放送の奇談

一九五〇年の十一月にはGHQの意向で、NHK技術研究所から定時の実験放送が開始された。もっとも電波が発射されたのは毎週金曜日だけで、番組は当初、『フープ体操』や『ゲロ助』といった定番の短篇映画の繰り返しにすぎなかった。本放送を始める前に解決しなければならない課題は山積していたが、既に実験放送を開始している以上は、映画だけに頼っているわけにもいかない。そこでNHKは、翌年の十月から実験電波の出力を増して、本格的なスタジオ実演の実験に着手した。ところが、強力な照明を要する旧式のカメラを撮影に使用していたため、実験は苦労の連続だった。そのため当時の公開実験に関しては、数多の奇談が語り継がれている。たとえば、

志ん生師匠が、三越かどこかの時に一ぺんだけ出たんだけれども、もう一ぺん午後出てもらいたいといくら頼んでも、人殺しだからやめてくれ、毛が焼けちゃう（笑）。

あるいは、

その時分は踊りの衣装は自前で、しかも安い出演料で出てもらうわけですが、着物の色がこげちゃうので文句をいわれた。

渋沢秀雄さんと山田耕筰氏の対談をやった時の休みに、二分ぐらいでまた本番が始まるんで

すが、ライトをつけっ放しだと言ったら、お二人はステージにすわって、コウモリ傘をさしているんですよ（笑）。

（略）アコーディオンの鍵盤はニカワですけれどもあいつがはがれちゃったことがありましたね。[15]

という。青木もまた、「「テレビ料理」を実験してみようと、すし屋さんを連れてきて握りずしをつくらせたら、ライトの熱気ですしから湯気が立ったり、ある落語家に二十分の予定で一席やってもらったら、あまりの暑さに五分間で「おそまつでした」と逃げ出されたり、まるでウソのような「神話」の数々が伝えられている」[16]と述べている。

一九五二年に『生花のこころ』という教養番組に出演した龍生派三代目家元の吉村華泉によれば、

ものすごく熱いんです、スタジオが……。生の花を使ったのでは、絶対しおれてしまうので、木のものを使いました。杉の木だったと思います。

（略）鋏を使いますよね。私が喋って、机に置いてある鋏を手にしたら熱いんです。声が出そうになるほど、熱くなっているんです（笑）。[17]

という。一九二八年生まれの吉村は、戦前、まだ子どもだったときに、有楽町でテレビジョンの公開実験を見たという。おそらく東京市電気試験所だろう。

同年には技術研究所のスタジオから、戦後初のテレビドラマ『新婚アルバム』も放送された。脚本を担当したのは東宝喜劇の映画監督として知られた山本嘉次郎で、喜劇調のホームドラマだった。これに出演したのは、ラジオドラマを専門とする東京放送劇団だった。このとき撮影を担当した橋本信也は、のちにＮＨＫのプロデューサーからＴＢＳに移り、「東芝日曜劇場」枠をはじめとする数々のテレビドラマを演出した人物である。その橋本が「二月だというのに、スタジオは暑くて、大汗をかきながらカメラマンをやった」[18]と当時を回顧しているように、スタジオは依然として狭いままで、強力な照明に役者は十五分程度しか耐えることができなかった。十二年前に制作された『夕餉前』と比べて、それほど大きな進歩はなかったといえる。

当時のＮＨＫの財務状況では海外の最新の撮像管を輸入することは難しく、その国産化が至上命題だったが、それに成功するのは本放送が開始された後のことである。この頃のＮＨＫはまだ、戦時下に培った技術と演出、敗戦と資金難でほとんど使いものにならなくなった中古施設に頼っていたのが実情だった。テレビカメラ用の新型真空管「イメージオルシコン」の開発に成功するのは、本放送が始まる直前のことだった。強い照明を必要としないイメージオルシコン・カメラの存在を知った出演者のなかには、アイコノスコープの使用を拒否する者も現れたという。

戦後のテレビジョン行脚

全国各地で開催されるようになった博覧会や展覧会の主催者から、ぜひテレビを出品してほしいという要望が殺到するようになった。当時、技術研究所長を務めていた溝上銈によれば、「要望に

図52　全国巡回ラジオ列車による東京駅での公開実験（1950年）
（出典：同書180ページ）

いちいち応じていたのでは、かんじんの研究のほうがお留守になってしまう」半面、「なんらかの方法によって全国のみなさんに「テレビとはどんなものか」ということを知ってもらうこともぜひ必要[19]」で、頭を抱えていたという。

そこで一九五〇年四月、ＮＨＫは国鉄の協力のもと、テレビジョン・カメラ二系統と受像機六台を二両の客車に設置した「全国巡回ラジオ列車」を編成。東京駅を皮切りに、静岡、名古屋、大津、大阪、広島、防府、福岡、熊本、松山、徳島、水戸、仙台、盛岡、函館、小樽の順に、およそ四カ月をかけて十五都市を巡回し、各地で有線による公開実験をおこなった[20]（図52）。それぞれ五日間の公開で、百二十七日間にわたる巡回。その観覧者は、延べ百四十万人に達したとみられる。列車はキャンペーンの都合で「ラジオ列車」と名づけられたが、実際には「テレビ列車」と呼ぶべきもので、一号車（送像車）と二号車（受像車）から編成されていて、雨天の場合、一号車内に設置された仮ステージで撮像された。

　翌年の八月には、福島、札幌、旭川、青森、秋田、鶴岡、新潟、長野、富山、金沢、福井、京都、

図53　全国巡回テレビカーによる福島市での公開実験（1951年）
（出典：同書180ページ）

鳥取、松江、大分、宮崎、佐賀、長崎、小倉、高知、高松、和歌山、奈良を八カ月かけて巡回する「テレビカー」が出発（図53）。延べ三百三十五万人を超える観衆を集めたという[21]。大型バス三台で編成されていて、高柳健次郎が一九三七年、オリンピック中継に備えて製作したテレビジョン放送自動車と、ほぼ同様の設備だった。送像車にはカメラ一台とその他の送像装置、受像車には四台の受像機が積み込まれていた。もう一台の車には、展示説明用の写真、図額などが積まれた。全国二十三都市で有線実験が公開され、その総行程は実に八千キロに及んだ[22]。

　合わせて三年越しとなる二つの巡回企画は、テレビに対する一般の人びとの関心を全国規模で広めようとした、当時のＮＨＫにとって型破りな広報戦略だった。竹山昭子が指摘するよう

に、「このテレビ巡回の大イベントは民放テレビが設立の名乗りを上げるなかで、「テレビの開始はＮＨＫの手で」を自負するＮＨＫの積極的な戦略」[23]だったとみることができる。ＮＨＫは一九五〇年、放送法によって全国に「あまねく放送」をおこなう義務が課せられたばかりであり、ナショナル・メディアとしての矜持の表れだったにちがいない。

この地方巡回は一過性のイベントに終わり、間もなく東京で定時放送が始まった。次節で述べるように、「街頭テレビ」の大衆的な人気を経て、一九五九年の皇太子結婚が大きな引き金となり、テレビ受像機が普及を遂げたことはいまでは定説になっている。さらに六四年の東京オリンピックの頃には、多くの日本人にとってテレビが身近なメディアになっていたことが、数多くの資料によって伝えられている。

だが、東京、大阪、名古屋といった大都市ではなく、その他の地方都市、さらにその周辺の町や村ではどうだろうか。東京の下町を舞台とする映画『ALWAYS 三丁目の夕日』（監督：山崎貴、二〇〇五年）には、テレビを所有している家庭の茶の間に近隣の住民が集い、力道山のプロレスに熱狂する場面が描かれているが、こうした光景が当時、全国各地でみられたわけではない。テレビは戦後、全国各地の地域社会の日常のなかに、いったいどのように溶け込んでいったのだろうか。実のところ、首都圏ではなく地方での普及のあり方は、決して体系的にまとまってはいない。

第2章ではテレビジョンの公開実験が、帝都での博覧会の見世物として大きな人気を集めていたことを跡づけた。そして第3章では、それが地方都市に波及していくなかで、「技術報国」の啓蒙装置としての意味合いを強く帯びるようになった経緯をたどった。「街頭テレビ」を起源とする放送（局）史を相対化するための視座として、その「前史」と見なされてきた事柄に本書は焦点を当ててきた。これが時間軸に沿った相対化であるならば、いわば空間軸に沿った相対化として、国土の中心と周縁の差異に注意を向けてみることも重要だろう。

2 公開実験から街頭テレビへ――「放送史」の始まり

正力構想とメガ論争

一九五一年の元旦、「読売新聞」は「テレビ実験放送開始、都内に常設受像機、地方も巡回」と銘打った社告を掲載した。

テレヴイ時代に備えて本社ではかねてその新聞業務への利用研究を進めてきましたが新年を期して東京芝浦電気の協力を求め、本社屋上にテレビ放送機を設置、都内各盛り場に受像機を常備して突発事件や野球等の催しものを随時「よみうりテレヴイニユース」として放送する実験に着手いたします。東芝は戦前すでにテレヴイ用十キロワット放送機まで製作、技術的には世界的水準に達しており、従つてよみうりテレヴイはいままで各地の博覧会等で公開された有線による送受像実験とは全く異り、捉えられたテレヴイジヨン像はこれをマイクロウエーブ（極超短波）により本社で中継あるいは直接放送し、または映画を放送する等本格的な実験であります。更にこの装置をテレヴイ・カーに搭載、テレヴイ・キヤラバンとして全国各地で公開実験する計画を進めており、既に実験局としての開設許可を電監委当局に申請しました。日本テレヴイ発達史上画期的な試みとして御期待下さい。[24]

A級戦犯の容疑をかけられていた読売新聞社元社長の正力松太郎[25]は、公職追放が解除されたこの年、テレビの事業化に向けて精力的に動き始めた。三極真空管やトーキーなどの開発で知られるアメリカの発明家リー・ド・フォレストからの打診がきっかけで、その後、日本全土にテレビ・ネットワークを作ることを構想していたカール・ムント上院議員の支援を受けた。まず、「朝日新聞」「毎日新聞」「読売新聞」の全国紙三社から出資の承諾を取り付け、鉄鋼、製紙、銀行といった企業も正力の説得に応じ、合計八億円の資金を確保した。NHKが二月に参議院で実施した公開実験も功を奏し、五月に衆議院本会議で「テレビジョン放送実施促進に関する議決案」を可決させた正力は、九月に日本テレビ放送網を設立し、ただちに電波監理委員会に事業免許を申請。数年先の事業化を念頭に置いていたNHKを出し抜く格好になった。NHKもまた、東京、大阪、名古屋と七つのテレビ中継局の開局について免許申請をした。

この社告で宣言された日本テレビの啓発運動に関していえば、「本社屋上にテレビ放送機を設置、都内各盛り場に受像機を常備」するという、のちの街頭テレビにつながる発想はたしかに斬新だったかもしれないが、それが「いままで各地の博覧会等で公開された有線による送受像実験とは全く異な」って「画期的な試み」だったかといえば、必ずしもそうとは言い切れない。NHKが戦後、無線によるテレビの公開実験を再開したのは、前年の三月のことである。
　この段階で正力はまだ、アメリカの技術にすべてを依存するというわけではなく、国産の受像機を利用するつもりでいた。ド・フォレストの指導のもとで、国産の受像機を大量生産しようと考えていたのである。ところが、その後の方針転換によって日本テレビは結局、「よみうりテレヴィニュース」の公開実験に着手することはなく、一九七八年に出版された社史『大衆とともに25年』には、社告の「放送する実験に着手いたします」の部分が黒く塗りつぶされた写真が掲載されている。[26]高い山の上に送信所を設け、相互にマイクロウェーブで結ぶ「マウンテン・トップ方式」によって全国放送の実現を目指す正力の構想も、結局、政府の支持を得ることはできなかった。
　一九五二年、一チャンネル当たりの周波数帯域幅をめぐって、アメリカが採用している六メガヘルツをそのまま踏襲することを主張する日本テレビと、日本が戦前から採用してきた七メガヘルツを主張するNHKや無線通信機械工業会などが衝突した。アメリカのNTSC（全米テレビジョン放送方式標準化委員会）方式は、白黒テレビとカラーテレビの互換性を念頭に策定されていて、占有帯域は六メガヘルツですむ。それに対して高柳は、将来のカラー放送を念頭に画質の担保を考慮し、日本の独自規格である七メガヘルツを強く支持していた。「メガ論争」と呼ばれる規格争いは、アメリカをバックにつけた正力の政治的手腕に押し切られるかたちで、電波監理委員会が五二年六月、六メガヘルツの採用を決定することで決着する。NHKによる実験放送は十月以降、内幸町の放送会館から発射されるようになり、新しく採用されたNTSC方式に変更された。[27]
　正力の政治手腕は、民主化の途上にあった日本で、アメリカの反共政策、そして原子力の平和利用の推進を広報するうえでも発揮され、講和後の保守勢力の利害と合致していた[28]。日本テレビはNHKに先立って放送免許を取得したが、アメリカの技術に頼った計画が裏目に出て機器類の輸入が遅れてしまい、一九五三年二月一日、NHKが開局の先陣を切ることになった。それに対して、八月二十八日に放送を開始した日本テレビは、開局二日目にプロ野球（巨人・阪神戦）を放送する。やがて巨人戦の中継は日本テレビにとって大きな収入源となった。

「街頭テレビ」の登場

ここでようやく街頭テレビの登場である。これまで繰り返し指摘してきたように、人が集まるところに受像機を置いて、その映像を公開するという街頭テレビの発想は、戦前から続いていたテレビジョンの公開実験を日常化したものにほかならない。それにもかかわらず、街頭テレビを仕掛けた正力松太郎の興行師的手腕は、そうした前例の蓄積をかき消してしまうほど卓越していたようである。評論家の室伏高信は、一九五八年に出版した『テレビと正力』のなかで、次のように記している。

実に街頭テレビこそ、二十世紀文明の華ともいうべきこの偉大なるマスコミのメディアを、一般大衆と結びつける、至近最善の途であった。のみならず、この方式によってこそ、初めて、日本のような貧乏国ですら、かかる巨大な出費を要するテレビ事業を保持し、運営することが出来るようになったのである。（略）この正力システムをとりさえすれば、テレビの恵沢を享受することができるという可能性を事実によって、内外に立証したことになる。[29]

正力の腹心で、日本テレビの創設に奔走した柴田秀利によれば、この本は実のところ、正力の意を受けて柴田が口述筆記させたものだったという。[30]

力道山のプロレスは一躍、テレビを大衆化させた。街頭テレビに関しては、数えきれないほどの逸話がある。新宿区の新宿サービスセンターの前では、群衆によって足止めされた都電のガラスが割れるとともに、街路樹に登ってテレビを観ていた人が落下してしまった。中野の丸井本店では、売り場に置かれているテレビの前に集った人びとの重みに耐えられず、床が抜け落ちるという事故も生じた。街頭テレビはその後も増設され、都心から遠く離れた新潟県柏崎市や福島県会津若松市、静岡県焼津市といった地方にまで及んだという。『20世紀放送史』に記録されているように、「人々は、街頭テレビを通してテレビの魅力を知った。それに刺激された飲食店や喫茶店が、客寄せのためにテレビを据え付けるようになった」。したがって「力道山というヒーローの登場で一大ブームを巻き起こしたプロレスが、街頭テレビを通して創業期のテレビを支え、発展を促したと言うことができる」。[31]

『電気紙芝居事始』を著した川井正は、街頭テレビを取り巻く群集の様子について、次のように描写している。

「テレビを見に行こう」

子供たちが誘い合う声が夕方になるとあちこちでしていた。

子供ばかりでなく、おとなたちも夕食もそこそこに戸外に出て行った。

テレビを街で見る時代がやって来たのだ。

（略）

なかにはバスや電車に乗ってわざわざ出かけてくる見物人もいた。

公衆電話ボックスほどの木製の台の上に載せられた箱のなかに、高価な受像機は納められていて、日中は厳重にふたがされてカギがかけられていた。

夕方になると局から委託を受けた管理人がカギを持って現われ、群集の視線を浴びながらおごそかに観音開きの扉をあけてスイッチを入れるのだ。

その姿はかつての敗戦まで、祝祭日に小学校の講堂で、礼服に白手袋で威儀をただした校長先生がおごそかに天皇、皇后の写真を開帳して生徒たちに見せたときの姿に似ており、群集もまたそのときの生徒たちのように一瞬シーンとしていた。

局のお知らせ、番組予告に始まり、天気予報、ニュース、それに続く夜の目玉番組がはじまると、人々は飽きることなくそれを見つめていた。(32)


街頭テレビが戦後の日本社会に与えた影響は、きわめて大きいものだった。そのため本書の冒頭で述べたとおり、日本でのテレビ放送史の多くは、街頭テレビに関する記述とともに始まる。

そして、テレビ受像機が急激に普及する引き金になったとされる出来事が、一九五九年四月十日に催された皇太子結婚パレードで、電通の推定によれば、そのテレビ中継を約千五百万人が視聴したという。四月二日付の「朝日新聞」は、「テレビ・セットにも結婚ブーム。「どうせ買うなら、四月一〇日に間に合わせよう」と、テレビ・セットは羽の生えたような売れ行き[33]」と報じている。その影響力を強調する歴史記述は、枚挙にいとまがない。たとえば、志賀信夫は次のように述べている。「テレビ登録世帯数は、三十三年四月に一〇〇万を突破、皇太子ご成婚の一週間前の三十四年四月三日に二〇〇万と倍増し、同年一〇月には三〇〇万に急増した。だからミッチー・ブームでは、テレビはまだわき役、むしろこのブームのおかげで急成長できたといえる[34]」

地方における受像機の普及過程

しかし、テレビ受像機が当初、電器店でいかに媒介されて売られたかに着目した飯田崇雄は、こうした国家イベントを普及過程の節目として強調しすぎることの陥穽を突いている。「あまりにもイベントの特別性を強調し過ぎることで、日常的に電器店でテレビジョンが買い求められ、社会に広がっていくプロセスは無視されてきた[35]」。すなわち、電器店による「試用貸し」やアフターサービス、月賦制度の活用といった販売促進活動も、商品として受像機が売られていく過程で大きな役割を果たしていたのである。

一九八三年に出版された『人生読本 テレビ』に収められた一般視聴者手記「私とテレビジョン思い出の出会い」には、たしかに電器店にまつわる証言が多く登場する。この本に収録されている手記は、日本民間放送連盟が前年に一般視聴者から集めた、四百五十四通に及ぶ投書のなかから選抜されたものである。たとえば、小さな電器店を経営していた父親が、手作りの受像機を店頭に設置していたことを回顧している女性の手記は、次のようなものである。

そのテレビは小さなウインドから画面を外にむけて置かれた。まだテレビの珍らしい時代だったから、通る人は立ったままでテレビを見ている。子供番組がはじまると近所から子供が集まってくる。人気番組になると椅子をもって集まってくるし、私も店の椅子を持ち出し、一緒に座ってテレビを見る。父は店の前に人だかりができるのが得意であるし、私も、いじめっ子が隣でおとなしくすわっているのがうれしかった。白黒テレビもそれからは次第に広まったように思う。(36)

次のような証言もある。

私がテレビをはじめて見たのは、もうかれこれ三十年近く前のことになります。(略)まだラジオの時代で、家庭にまではテレビが普及していなかった頃、町の電気屋さんの店先で見たこのテレビは、幼い私にとってはときめきの出会いとでも言えるでしょうか。それと同時に、あの時の心配顔の電気屋のご主人の顔が、不思議と、はっきり思い出されるのです。そして当時、電気屋の店先はいつも黒山の人だかりだったことが、なつかしく思い出されます。(37)

また、かつて仙台に住んでいた女性は、「東一番丁の電気屋さんの前にやぐらをたて、機かいをのっけて、試験的に、写して見せ[38]」ていた様子を、友達と見に行ったという。受像機が家庭に普及する以前、電器店以外にそれが置かれていた場所としては、「せいぜいいくらかの入場料を支払って町のテレビ会館で時間制限つきの鑑賞を楽しむのがせきのやまだった[39]」「テレビの申し子ともいうべき「プロレス」を見るためには街頭テレビの前に陣取るか、テレビのあるそばやや喫茶店で観覧料まがいの特別料金（飲食代＋アルファ）を支払ってでなければ見られなかった[40]」。

飯田崇雄が指摘するように、受像機の普及に際しては、商店街の電器店によるPRに加えて、集会所での集団視聴、町内会長や分限者（資産家）といった有力者の存在など、地域社会のつながりが決定的に重要な意味を持っていた。受像機を持たない家庭の子どもが、テレビを観るために近所の家庭を渡り歩く姿を揶揄した「テレビ・ジプシー」という言葉も流行した[41]。このような歴史的事実が放送史のなかで言及されることはきわめて少ない[42]。とりわけ、首都圏をはじめとする都市部ではなく、地方でのテレビ受像機の普及については、資料がきわめて乏しいのが現状である。

こうした普及の回路を詳細に明らかにすることは、首都圏で黒山の群衆を集めた街頭テレビを始まりとし、皇太子結婚パレードのテレビ中継が受像機の普及にとって大きな節目だったと結論づける、東京中心の放送（局）史を相対化する契機となる。戦後間もなくテレビ受像機との出合いを経験した世代が著しく高齢化している現状に鑑みれば、早急に取り組まなければならない課題だろう。

そして、テレビ受像機の普及過程で最も重要な役割を果たしたのが、アマチュアの存在である。定時放送が始まった当初、ＮＨＫと受信契約を結んでいた人物の多くは、受像機を自作していたアマチュアであり、全国各地で電器店を営んでいた者も多かった。そこで以下では、戦後、アマチュアによるテレビジョン研究が再生していった過程を跡づけ、日本のテレビ文化にどのような影響をもたらしたのか、簡潔に考察したい。

3　アマチュアリズムの行方——趣味のテレビジョン、再び

NHKが創出したテレビジョン・アマチュア

アマチュアによるテレビジョン研究は戦後、再び活況を呈していた。アメリカではこの頃、既に四百万台の受像機が普及していたが、このことを知った人びとが積極的に試作を始めたのである。

終戦直後、GHQが占領政策を徹底させるためにラジオ受信機の増産を命じた一方、人びとも情報や娯楽を求めたことで、多くのラジオメーカーが誕生した。しかし、メーカー製品の販売体制や修理サービス網がまだ整備されていなかったため、受信機の組み立てや故障修理を生業《なりわい》とする個人も現れていた。旧日本軍とアメリカ占領軍から放出された資材が街にあふれていたこと、多くの電気技術者や通信技術者が職を失っていたことが、その流行を後押ししたのである(43)。それに対して、受像すべき電波が存在していないテレビに関しては、受像機の製造と普及はゼロからの出発だった。大企業による製造工業事業化の見通しは立たず、ラジオ組み立ての延長で容易に製作できるものでもない。

一九五〇年二月、NHK技術研究所でテレビの実験放送が始まったことで、熱心なアマチュアが初めて、受像機の自作を試みるようになった。十一月から毎週金曜日に定期実験放送を開始したNHKは、誰でも簡単に入手できる測定用ブラウン管を用いた試作機を発表した。特殊な部品を必要とせず、進駐軍放出品の真空管を手に入れれば、比較的容易に製作できるものだった。翌年にNHKが出版した『日本放送史』には、同研究所が「市販の測定用小型ブラウン管を使用するアマチュア向き受像機の試作を行って、テレビジョン・アマチュアの指導に資し[44]」たと明記されている。五二年にはNHKの外郭団体である電波技術協会が、受像機自作者のための技術講習会や修理技術検定試験を始めた。ラジオの草創期と同様、テレビジョンの普及はアマチュアから生じるという見通しを持っていたNHKは、まずは受像機製作を促すことで、最初の視聴者を創出しようとしたのである。

日本アマチュア・テレビジョン研究会(JAT)とテレビ部品研究会(TVK)

一九五〇年、NHKによる強力な支援のもと、受像機の試作に関心を持つ人びとの集いとして日本アマチュア・テレビジョン研究会(JAT)が誕生する。当初はほとんどが東京近郊の会員で構成されていたが、五一年に大阪と名古屋でも実験放送が始まると、JATは急速に全国化した。その会員数は千二百人を超え、会員相互の技術向上のために打ち合わせ会を毎月開催し、「JAT NEWS」を発行していた[45]。五一年六月一日から十日間、日本橋三越で開催された第三回伸びゆく電気通信展覧会では、JAT主催のアマチュア・テレビジョン受像機コンクールに入選した受像機

図54　TVK-Ⅱ型受像機（1951年頃）
（出典：同書193ページ）

五台が展示された。同年十月のユネスコ大博覧会にも、ＪＡＴ会員が製作した受像機三台が出品され、受像の様子を公開した。

一九五二年にテレビ放送の標準方式がＮＴＳＣに決まったことで、実験放送では五十ヘルツだった垂直周波数が六十ヘルツに変わった。したがって、電源周波数が五十ヘルツの東日本では、十ヘルツのずれが生じることになり、画像に妨害が生じやすい周波数関係になってしまった。このことは明治以来、東日本と西日本で電源周波数が異なる日本に独特の問題であって、受像機に対する電源周波数妨害を防ぐために、外国にも例がない電源非同期対策の研究を緊急に実施する必要が生じた。大企業による受像機の工業化の見通しが立たないなかで、ＮＨＫは、テレビの技術開発に専念できる中小企業の育成に関与する方針を打ち出す。受像機標準回路をＮＨＫが設計し、そのために必要な部品をメーカーに開発させるという路線だった。

そこで同年、ＮＨＫの技術指導のもと、富士製作所を中心とする部品メーカーがテレビ部品研究会（ＴＶＫ）を結成する。その最初の成果は「ＴＶＫ―Ⅱ」と名づけられた小型の受像機だった（図54）。ＴＶＫが受像機のキットやセットを販売したことで、アマチュアによる自作は格段に容易になった。技術研究の成果を積極的に公開することで、優良な部品やキットが市場に出回るようにしたのである。ＴＶＫの技術は大企業にも移転され、受像機の標準化を促進した。

アマチュアを支えた戦後出版ブーム

実験放送の開始に先立って、ＮＨＫ技術研究所は一九四九年から、「ラジオ技術」に「作れるテレビジョン講座」の連載を始めている。そのほかにも、「ラジオと実験」（鳳文書林）、「無線と実験」（誠文堂新光社）、「ラヂオ・アマチュア」（科学出版社）、「電波科学」と「ラジオとテレビジョン」（ともに日本放送出版協会）などの誌上に、アマチュアによる受像機の試作記事や実験放送の受像状況に関する報告が掲載された。これらの雑誌はいずれも、ＪＡＴと友好的な関係にあった。[46]

「無線と実験」を刊行していた誠文堂新光社は、一九四五年九月に『日米会話手帳』（科学教材社）を出版し、三百六十万部のベストセラーになった。これを大きな弾みとして、言論・出版の「自由」という庇護のもとで、戦後出版ブームが始まったといわれる。出版社や新聞社ばかりでなく、各種の団体や組織が次々と、新聞や雑誌、書籍を復刊、あるいは創刊していった。その一端として大衆向け科学出版物ブームが到来し、無線雑誌の創刊や復刊も相次いだことで、自作ラジオの人気も高まっていた。髙橋雄造によれば、ラジオの製作や修理に関する本の数は、三百種を超えたという。無線雑誌は、記事で紹介したラジオの製作に必要な部品やキット、工具などを通信販売する代理部を構えていた。ラジオ工作の手ほどきをしてくれる兄貴分の代わりとして、無線雑誌は大都市だけでなく、全国でアマチュアの熱狂的な支持を集めた。[47]

誠文堂新光社は一九五〇年、アメリカの無線雑誌「ラジオ・アンド・テレビジョン・ニューズ」の日本語版を創刊した。そのほかにも、テレビ受像機の技術に関する書籍が相次いで出版され、無線雑誌にも多くの記事が登場した。五一年には三熊文雄・城見多津一・石橋俊夫『アマチュアにできるテレビジョン受像機の作り方』(全三巻、理工学社)、五四年には鈴木信雄ほか『アマチュア・テレビジョン・ハンドブック』(オーム社)が刊行された。五三年には「テレビ技術」(電子技術出版)という月刊の専門誌が創刊されている。

廣重徹が指摘するように、「科学啓蒙の機運は、たちまち当時続々と生まれつつあった出版業者の目をつけるところとな」り、「安易な解説的科学書がつぎつぎと出版される一方、多種多様の科学雑誌がもうれつにはんらんした」(48)。このブームの背景には、科学戦に敗れた日本にとって、科学の振興こそが戦後復興や民主主義建設の鍵になるという科学信仰があった。

もっとも、多くの雑誌は、戦後の混乱での用紙不足や印刷事情、経済の低迷などを理由に、数年のうちに消えていった。「ラジオとテレビジョン」もまた、創刊三号で廃刊に追い込まれ、文字どおりの「三号雑誌」となってしまった。

受像機の普及を後押ししたアマチュア

JATは一九五三年に自然消滅した。本放送の開始とともに、その役割を終えたのである。相当数の中心メンバーはその後、JATでの経験をもとにテレビやオーディオの技術者起業家として活躍した。高橋によれば、「部品メーカーや自営技術者はJATに営利のために参加するのであるから、ＪＡＴが本当にアマチュア団体であるかどうかという批判もあった」[49]という。

多くのアマチュアたちは結局、不透明な技術動向に翻弄されながら受動的な実験活動に甘んじ、活躍の余地を見いだすことは難しかったが、彼らの多くは家庭にいち早く受像機を導入した。テレビの本放送が始まった一九五三年二月の視聴契約数は八百六十六件で、これは東京圏のＪＡＴ会員数に近いという。[50]また、同月末に視聴契約されていた受像機九百九十二台の内訳は、自作機五百三十五台、輸入機二百七十一台、国産機百五十二台、不明百三十四台となっていて、自作機が全体の過半数を占めていた。[51]

髙橋の試算によれば、テレビキットのメーカーは全国に四十社以上が存在し、一九五〇年代後半に最盛期を迎えた。通商産業省の統計では六〇年度の生産台数は推定二万五千八百四十八台だが、キットを組み立てて技術を習得したアマチュアのなかには、大企業の受像機量産が整った後、その販売網の一翼を担った人びともいた。そのためキットの重要性は、統計に表れた数字以上に大きかった。[52]

ケーブルテレビ――難視聴対策から自主放送へ

こうした活動の延長線上で、特に地方では、農村有線放送電話やケーブルテレビの自主放送という、都市部とは異なるメディアが姿を現した。一九五〇年代なかば以降、全国各地に相次いで登場したケーブルテレビは、当初、山間部などで難視聴を解消するための共同視聴設備として、主に任意団体によって自主的に運用されていた。その技術指導にあたっていたのは、各地のアマチュア無線家、あるいは電器店の主人だった。

日本でのケーブルテレビの起源は、一九五五年六月十日、群馬県伊香保温泉に完成したテレビ共同受信施設を指すのが定説になっている。山間地域での難視聴対策として、ＮＨＫと伊香保温泉観光協会による共同受信実験として始まり、実験終了後、伊香保テレビ共同聴視組合に施設が払い下げられた。

そして一九六三年、岐阜県郡上八幡の共同聴視組合が日本で初めて、地域の人びとによる自主制作番組の放送を始めた。『日本のケーブルテレビ発展史』によれば、郡上八幡の中央公民館長の呼びかけで共同聴視組合が設立された。映像や音声の送信機、カメラなどの放送機器については、電気機器メーカーに頼らず、電気知識がある町の人に製作を依頼したという。馬小屋を改造した五十平方メートルほどのスタジオ、上部に三インチのモニターを取り付けた工業用監視カメラ、大きなブリキ缶をくりぬいて電球を取り付けた照明器具などが製作された。

「中部日本新聞」（現・「中日新聞」）の郡上八幡通信局長が毎日のニュースを担当し、町議会議員選挙や衆議院議員総選挙の開票速報も放送したという。そのほか、官公庁や団体からのお知らせ、週に二本の特別番組などが制作され、月に一、二回は『テレビ婦人学級』というレギュラー番組も放送された。「講師が時事問題や郷土史、身近な地域生活の問題などを取り上げ、料理などの実習も行った。受講生はスタジオに集まるほか、電話のある家にも集まってもらい、テレビを見ながら学習や実習に参加し、質問があると直接電話で講師に質問した」。自主放送にはコマーシャルも入り、テロップが用いられたほか、十六ミリフィルムによる映像も用いられた。

「スタッフは町の有志二十名余り。直前に解散した劇団のメンバー十五名と学校の先生四名が中心となり、（略）全員を月曜から金曜までの五つの班に分け、各班が競うように、町の著名人へのインタビューや中学校のクラブ活動紹介、電話クイズなどの企画を立て、カメラや司会を分担した」[53]。ところが、一九六五年の秋以降、自主制作番組はほとんど放送されなくなる。個人的な資金提供、ボランティアによる相互扶助的な労力奉仕に無理が出てきたのだった。

図55　1970年代の東伊豆有線テレビ放送（写真提供：Aske Dam）

こうして郡上八幡の取り組みは二年あまりで終了してしまうが、一九六〇年代後半以降、自主放送をおこなうケーブルテレビ局が全国各地で相次いで登場する。とりわけ、静岡県下田市の下田有線テレビ放送をはじめ、東伊豆地域のケーブルテレビ局は七〇年代、その先鋭的な取り組みが全国的な注目を集めた[54]。たとえば、東伊豆有線テレビ放送の場合、東伊豆町内にある六軒の電器店が中心となって七三年に設立された。翌年から自主放送に取り組み、開局直後に始めた町議会中継は、全国初の試みだったという[55]。日常的には、幼稚園の運動会がトップニュースになるような、小さな町の牧歌的な放送だった（図55）。また、河津町の農協河津有線テレビの場合、農村有線放送電話が運営母体となっていて、かつては受像機の販売からケーブル敷設までを一手に請け負っていたという。

視聴者からの声を拾うために電話も積極的に活用された。さらに、ケーブルを放送業務以外の目的に幅広く利用しようと考えるなかで、戦前に一度は失われてしまった双方向通信の可能性も再浮上してきた。

ケーブルテレビは一九八〇年代以降、事業体の整理統合にともなって産業としての色彩を強め、合理化と画一化が進行した。だが、地域の生活に広く根ざした多様性を有していた草創期の自主放送は、日本での市民表現のあり方のひとつとして、地域メディアや市民メディアの将来を展望するうえで再検討されるべきだろう。

注

(1)岡村黎明『テレビの社会史』(朝日選書)、朝日新聞社、一九八八年、三―四ページ

(2)吉川邦彦編『アマチュアのアンテナ手帳』科学新興社、一九四六年、はしがき

(3)一九五〇年、従来の無線電信法に代わって、新たに電波法が制定される。電波法のもと、無線従事者操作範囲令、電波法関係手数料令といった政令、電波法施行規則、無線局運用規則、無線局免許手続規則、無線局設備規則、無線従事者国家試験及び免許規則、無線局の開設の根本的基準といった規則が定められ、アマチュア無線は、これらの法規のもとで免許を受けた無線従事者によって開設されることになった。アマチュア無線は以後、「もっぱら個人的な無線技術の興味によって行う自己訓練、

通信及び技術的研究の業務」（電波法施行規則）とされ、この規定にもとづく趣味活動に収斂することになる。
（4）前掲『続・放送夜話』四七ページ
（5）前掲『テレビジョン技術史』一七九ページ
（6）日本放送協会編『日本放送史』日本放送協会、一九五一年、一二七六―一二七七ページ
（7）前掲『テレビジョン技術史』一七九ページ
（8）前掲『かくて映像はとらえられた』七七ページ
（9）前掲『日本放送史』一二七七ページ
（10）「ラジオとテレビジョン」第一巻第二号、日本放送出版協会、一九五〇年、三八―三九ページ
（11）同誌三九ページ
（12）前掲『テレビジョン技術史』一七六ページ
（13）前掲『かくて映像はとらえられた』七八ページ
（14）前掲「ラジオとテレビジョン」第一巻第二号、二ページ
（15）前掲『続・放送夜話』四九―五〇ページ
（16）前掲『かくて映像はとらえられた』八〇―八一ページ
（17）早坂暁『テレビがやってきた！』日本放送出版協会、二〇〇〇年、九五ページ
（18）前掲『続・放送夜話』二三三ページ
（19）溝上銈『日本のテレビジョン』（NHKブックス）、日本放送出版協会、一九六四年、二八ページ
（20）前掲『日本放送史』一二五七ページ
（21）日本放送協会編『NHKラジオ年鑑 1953年版』ラジオサービスセンター、一九五三年、一三一―

一三二ページ
(22) 前掲『テレビジョン技術史』一八〇―一八一ページ
(23) 竹山昭子「民法設立期におけるNHKのイベント」、前掲『戦後日本のメディア・イベント』所収、一一二ページ
(24)「読売新聞」一九五一年一月一日付
(25) 正力の生涯については、佐野眞一『巨怪伝――正力松太郎と影武者たちの一世紀』上・下(〔文春文庫〕、文藝春秋、二〇〇〇年)を参照のこと。
(26) 前掲『大衆とともに25年』九ページ
(27) これに対して、イギリスは一九六五年にPALという方式の採用を決定、フランスは六七年にSECAMという方式で放送を開始した。こうして世界には異なる方式のカラーテレビ放送が併存することになった。NHKは七〇年代以降、既存の方式との互換性を維持したうえで走査線の本数を増やすことで、格段に高精細な放送を可能にする「ハイビジョン」の研究開発を独自に進めていった。この規格が世界中で採用されることを目指していたが、八〇年代なかば、欧米諸国は国内産業を保護する立場からこれに反対し、国際的な標準化は実現しなかった。
(28) 正力構想に対するアメリカの影響については、当時のCIA資料などを手掛かりに解明が進んでいる。神松一三『「日本テレビ放送網構想」と正力松太郎』(三重大学出版会、二〇〇五年)、有馬哲夫『日本テレビとCIA――発掘された「正力ファイル」』(新潮社、二〇〇六年)、有馬哲夫『こうしてテレビは始まった――占領・冷戦・再軍備のはざまで』(ミネルヴァ書房、二〇一三年)などを参照のこと。
(29) 室伏高信『テレビと正力』大日本雄弁会講談社、一九五八年、一二四ページ

(30)柴田秀利『戦後マスコミ回遊記』中央公論社、一九八五年、一五八ページ
(31)前掲『20世紀放送史』上、三七四ページ
(32)川井正『電気紙芝居事始』河出書房新社、一九八二年、二〇―二三ページ
(33)「朝日新聞」一九五九年四月二日付
(34)前掲『昭和テレビ放送史』上、二二〇ページ
(35)飯田崇雄「「モノ=商品」としてのテレビジョン」、日本放送協会放送文化研究所編「放送メディア研究」第三号、丸善プラネット、二〇〇五年、一二二ページ
(36)『人生読本 テレビ』河出書房新社、一九八三年、四二ページ
(37)同書二一二ページ
(38)同書一四六ページ
(39)同書四六ページ
(40)同書五一ページ
(41)小林信彦『現代〈死語〉ノート』(岩波新書)、岩波書店、一九九七年、三四ページ
(42)日本のテレビ研究も従来、アメリカ型の社会心理学的なマス・コミュニケーション研究の理論に依拠したものが圧倒的に多かった。そんななか、『テレビ時代』(〔中央公論文庫〕、中央公論社、一九五八年)や前掲『見世物からテレビへ』などによって、新しい映像表現媒体としてのテレビの可能性を論じた加藤秀俊は、これらの著作に先立って一九五五年、奈良県の二階堂村という村落で、三世代家族に対する参与観察をおこない、家族集団でのマス・コミュニケーションの受容過程について民族誌的な分析をおこなっている。加藤秀俊「ある家族のコミュニケイション生活――マス・コミュニケイション過程における小集団の問題」(「思想」一九五七年二月号、岩波書店)を参照。その後、藤竹暁を

はじめ、北村日出夫、中野収、山本明、井上宏らによって展開された、大衆消費社会論の言説にもとづくテレビ研究にも、受像機を受け入れる「茶の間」のあり方を詳細に分析した論考が見受けられる。
(43) 前掲『ラジオの歴史』七九―八二ページ
(44) 前掲『日本放送史』一二五八―一二五九ページ
(45) 前掲『テレビジョン技術史』一七四ページ
(46) 同書一二九―一三一ページ
(47) 同書八四ページ
(48) 廣重徹、吉岡斉編・解説『戦後日本の科学運動』(こぶし文庫、戦後日本思想の原点)、こぶし書房、二〇一二年、三〇ページ
(49) 前掲『ラジオの歴史』一三七ページ
(50) 同書一二四ページ
(51) 日本電子機械工業会編『電子工業30年史』日本電子機械工業会、一九七九年、四七―四八ページ
(52) 前掲『ラジオの歴史』一五八―一五九ページ
(53) 日本ケーブルテレビ連盟25周年記念誌編集委員会編『日本のケーブルテレビ発展史』日本ケーブルテレビ連盟、二〇〇五年、二〇ページ
(54) 平塚千尋「ケーブルテレビと市民参加の地平――日本」、金山勉/津田正夫編『ネット時代のパブリック・アクセス』所収、世界思想社、二〇一一年
(55) HI―CAT「ハイキャットのはじまり」(http://www.hicat.co.jp/keireki.htm)[二〇一六年一月五日アクセス]

おわりに

メディア都市の「公開実験」

岡山県岡山市に二〇一四年十二月五日、巨大商業施設・イオンモール岡山が開業した。ＪＲ岡山駅と地下街で直結していて、西日本の旗艦店と位置づけられている。中心駅前の一等地に立地するイオンモールは前例がない。館内には約五十台のデジタルサイネージが遍在していて、中心部の吹き抜けには三百インチの巨大スクリーンが設置されている。さらに特筆すべきは、岡山県と香川県を放送区域とする岡山放送（ＯＨＫ）が、（サテライトスタジオではなく）メインスタジオとオフィスの主要部分をここに移転したことである。その一方、モール独自のインターネットテレビ放送局も常設されていて、ＯＨＫが運営協力している。館内のデジタルサイネージに番組が生配信されるほか、インターネットでも配信される。

イオンモール岡山に備わった情報発信機能は、現在の「テレビ」を取り巻く二つの潮流を象徴している。

その一方は、狭い意味での「テレビ」、すなわち放送事業体としてのテレビの地殻変動である。東京では一九九〇年代以降、お台場を皮切りに、六本木、汐留、赤坂で、それぞれ民間キー局の新社屋が入居する巨大複合施設を核として大規模再開発が進んだ。近森高明が指摘しているように、テレビ局はブランド性がある場所を、まっさらな再開発エリアはシンボリックな文化性を帯びた施設を、それぞれ求めた資本と土地をめぐる競争の結果である。キー局が主催するイベントは二〇〇〇年代以降、社屋とその周辺地域で開かれることが定番となり、その街ににぎわいを創出することが明確に企図されている[1]。

それに比べて、地方都市の放送局はいまでも、城の外堀に隣接していたり、行政区域のなかにあったり、市街地のにぎわいとは乖離した閑静な場所に位置していることが多い。ＯＨＫの本社もその例外ではなかった。同社の担当役員によれば、二〇〇〇年代以降、テレビ広告の縮小傾向のなかで試みてきた打開策のほとんどが、〇八年のリーマンショックで吹き飛んでしまった半面、「地域メディアであるわが社の成長は地域の発展と共にしかあり得ない[2]」という確信を得たという。イオンモール岡山がはたして「単なる商業施設にとどまらず、公共性を有した施設として地域活性化の装置」になりうるか否かはともかく、この決断によってＯＨＫが目指しているのは、「ポスト地デジ化の地方局のあり方の一つ」として「顔が見える視聴者とのリアルなコミュニケーションは、送り手・受け手という従来のテレビの概念を大きく飛び越え、制作者、視聴者、消費者、商業施設、自治体などが一体となった新しいメディアの領域を切り拓く可能性[3]」であるという。深刻な「テレビ離れ」と向き合い、克服するための試行のひとつといえるだろう。

そして他方には、広い意味での「テレビ」、つまり本書の冒頭で述べた「テレビ的なもの」の拡散という潮流がある。都市におけるスクリーンの遍在、スマートフォンやタブレットなどの携帯端末の普及などによって、インターネットに媒介された「テレビ的なもの」は増殖が進んでいる。イオンモール岡山で運営されているインターネットテレビもまた、こうした「テレビ的なもの」の一翼を担っていて、スクリーンが遍在する社会――デジタルメディア技術が都市や建築の空間性そのものを根底から変容させていく「メディア都市」的状況[4]――を端的に象徴する商業施設といえる。情報の送り手になることのハードルが格段に下がり、アマチュアリズムの裾野が大幅に広がったことで、こうしたプラットフォームの活用の仕方も新たな局面を迎えているといえるだろう。

こうしてみると、これからのテレビのあり方をめぐる壮大な「公開実験」が、都市のなかで絶えず繰り広げられているようにもみえる。そしていま、この瞬間にも、われわれがこれまで前提としてきたテレビの輪郭は、大きく揺らいでいる。われわれが慣れ親しんできたテレビのあり方を前提として、遡及主義的な視角からみるならば、本書で取り上げてきた出来事は、あまりにも瑣末で断片的に映るかもしれない。[5]だが、技術的な変化にともない、テレビにまつわる制度的・産業的・文化的なデザインを今後、幅広い視野のもとで考えていくためには、まず、テレビジョンという技術に開かれている可能性の総体を捉える必要があった。

デジタルメディア社会の系譜と行方

本書で詳しく跡づけたように、一九三〇年代の日本に目を向けると、ブラウン管とは異なる技術方式である機械式テレビジョンの試作機によって、まるでパブリック・ビューイングのような視聴空間が実験的に作られていた半面、監視機械としてのテレビ電話も欲望されていた。実のところ、こうした可能態の追求は戦後、たとえば大阪万博でも同じように反復されていた。

たとえば、当時ＴＢＳに在籍していた今野勉は、日本電信電話公社と国際電信電話が合同で運営する電気通信館のプロデューサーとして、放送としてのテレビとは異なるパブリック・ビューイングのあり方を模索していた。会期中の六カ月間、生中継の映像を毎日、巨大スクリーンに拡大投影するが、画面のなかで特別なことは何も起こらない。「テレビ局では決して実現しえない「純粋なるテレビ」そのものの実験（略）当時のテレビでは想像しえなかった「双方向性」が、電電公社のマイクロウェーブ網を使えば可能だった[6]」。しかし、大阪準キー局四社のディレクター・チームとの亀裂、葛藤が生じ、今野はプロデューサーを降板することになる。そして彼はその後、「マス・メディアとしてのテレビジョンが発信・受信の本質的形態において一方通行的であることに変わりはない。（略）テレビジョンを運用においてフィードバック作用を十全に機能させるべく闘いの展望を持つと同時に、放送としてのテレビの持つコミュニケーションのあり方の歪みそのものを決して忘れない[7]」という認識に至る。

そもそも万国博覧会での企業展示は当初、あくまで国家的な展示に対して補助的な役割を果たすものにすぎなかったが、アメリカでは一九三〇年代以降、万博が「国家」と「生産」の博覧会から、「企業」と「消費」の博覧会へと変容を遂げていた[8]。その結果、万博で新しい技術を展示するための方法論は、技術開発者が担ってきた「公開実験」から、芸術家による「テクノロジー・アート」に大きく転回していく[9]。エルキ・フータモは、一九五〇年代から六〇年代のアートとテクノロジーの緊密な結び付きのなかにメディア考古学的な指向性をはっきりと見いだしている[10]が、七〇年の大阪万博がその臨界点であることはいうまでもない。

その一方、古畑百合子が指摘するように、大阪万博ではもう一つのフィードバック・システムとして、「統治のテクノロジーとしての、監視・警備用の閉回路テレビの実験」もおこなわれていたのである。監視・警備のために開発されたテレビは、特定の監視者だけが画面を見ることができ、会場内のあちこちに配置された警備員と無線で連絡をとりながら、双方向性を持ったコミュニケーションをおこなうメディアとして機能する。従来は工業監視テレビと呼ばれていたが、それが万博の警備に導入されたという歴史上の出来事は、一九七〇年代以降の新しい都市計画の展開と切り離して考えることはできない[11]。

歴史は繰り返す——というのは陳腐な表現だが、フータモの言葉を借りれば、「過去との再接続は文化的安全弁として作動し得るが、それは現代の文化を豊かにし、私たちの行く手に埋まっているかもしれないものごとと私たちが向き合うことを助けてくれる方法でもある。（略）マクルーハンのメタファーに即していえば、バックミラーを覗き込むことが未来へのルート——眺めが良く、わくわくさせ、そして安全ではあるが、必ずしも最速かつ最短ではないルート——を見つけるための不可欠な前提条件なの[12]」である。

すなわち当面、デジタルメディア社会の行方を考察するうえで、初期テレビジョンの考古学はきわめて示唆に富んでいるといえるだろう。本書はその端緒にすぎない。

注

(1) 近森高明「イベントとしての「街」」、近森高明/工藤保則編『無印都市の社会学――どこにでもある日常空間をフィールド・ワークする』所収、法律文化社、二〇一三年、一六四―一六五ページ。なお本書では、こうしたイベントに参加する人びとの受容経験を論じる紙幅はないが、近森による以下の指摘は重要である。「イベントを訪れる人びとの側も、大量の人が集まるという、端的な事実性に巻き込まれにやってくるのかもしれない。少なくとも、マスメディアの操作にまんまと引っかかっている、というわけではないだろう。(略) どうせ何もないとわかっていながら、それでも何かが起こりそうな気もして、ついだらしなく出かけてしまう。それは、ネットやケータイなどの登場で、影響力が落ちたといわれるテレビを、それでもまだだらしなく視聴し続けてしまうのと、どこか相似形をなす」(同書一六五ページ)

(2) 高橋誠「岡山駅前再開発イオンモールでコンテンツファクトリーを稼働」「月刊民放」二〇一四年七月号、日本民間放送連盟、二四ページ

(3) 同論文二五ページ。付言しておけば、阿部真大は岡山県倉敷市の「イオンモール倉敷」に集まる若者たちを調査し、都会でも田舎でもない「ほどほどに楽しい地方都市」の現状を分析したが、倉敷市は岡山市の郊外に位置する衛星都市である。イオンモール岡山の開業がこの一帯の消費文化にどのような変化をもたらすのか、社会学的にも注目される(阿部真大『地方にこもる若者たち――都会と田舎の間に出現した新しい社会』〔朝日選書〕、朝日新聞出版、二〇一三年)。

(4) スクリーンの遍在化と並行して、「都市の建築物そのものが、建築的というよりもメディア的、とりわけデジタル的な論理によって建てられ」、「インタラクティヴなメディアの私たちの日常生活への

浸透、そこにおける我々の身体的活動とメディア技術の融合化」といった〈メディア都市〉的状況に焦点を当てた議論も増えてきている(吉見俊哉「多孔的なメディア都市とグローバルな資本の文化地政」、石田英敬/吉見俊哉/マイク・フェザーストーン編『メディア都市』〔「デジタル・スタディーズ」第三巻〕所収、東京大学出版会、二〇一五年、一―二ページ)。

(5)科学史家の村上陽一郎が指摘するように、「ある時代は、その時代として存在するのであって、これから来る時代のためにあるのでもなく、また過ぎ去った時代のためにあるのでもない」とすれば、「その時代」は必然的に、「歴史のなかから孤立した断片」として取り出される。すなわち、「過去のある状況を、それ自体の全体的文脈のなかで「正面向き」に把握しようとする営みこそ、現在の私どもも自身を間接的に照明する結果を生むはずである。現在を(しかも、その粗雑な形を)過去のなかに捜し求めるという遡及主義では、見るべきものだけが見えるのであって、しかも、現在の私どもが暗黙に前提としているさまざまな私どもの特性は、一向に対自化されずに終わってしまう」(村上陽一郎『科学史の逆遠近法――ルネサンスの再評価』〔自然選書〕、中央公論社、一九八二年、二八一―二八二ページ)。

(6)今野勉『テレビの青春』NTT出版、二〇〇九年、四〇〇―四一四ページ

(7)今野勉『今野勉のテレビズム宣言』フィルムアート社、一九七六年、二四三ページ

(8)前掲『博覧会の政治学』

(9)飯田豊「マクルーハン、環境芸術、大阪万博――60年代日本の美術評論におけるマクルーハン受容」「立命館産業社会論集」第四十八巻第四号、立命館大学産業社会学会、二〇一三年

(10)エルキ・フータモ「バックミラーのなかのアート――アートにおけるメディア考古学的伝統」、前掲『メディア考古学』所収、一七四ページ

（11）古畑百合子「テレビというメディア、実験室としての万博」「AMCジャーナル――芸術情報センター活動報告書」第一巻、東京芸術大学芸術情報センター、二〇一五年

（12）前掲「バックミラーのなかのアート」二三六―二三七ページ

あとがき

テレビジョンの技術史に取り組んで、十年以上が経過した。その皮切りになったのは、二〇〇四年一月、東京大学大学院学際情報学府に提出した修士論文「一九三〇年代日本におけるテレビジョンの技術社会史的研究——博覧会事業との関わりを中心に」である。地上波放送のデジタル化が始まっていた当時、テレビの変容を捉え直そうとする動きが活性化し、「新世紀」や「テレビ半世紀」という「節目」に後押しされるかたちで、その歴史の編み直しも盛んにおこなわれた。一定の年齢に達した放送人たちが現場の経験を回顧・証言した類いの「自分史」の出版も相次いでいた。そんな折、これまでにない視角からテレビジョンの歴史を描いてみようと思った。

それから十年のあいだにテレビを取り巻く状況は激変した。不思議なことに、戦前の出来事を中心に扱ってきたにもかかわらず、テレビやインターネットの今日的変容に強く引き付けられた結果、さまざまな論点が新たに浮上してきた。映像端末が急速に多様化し、日常生活のいたるところにスクリーンが遍在しているいま、テレビのあり方が急速に拡散していくなかで、逆に、いくつもの「テレビジョン」がひとつの「テレビ」に収斂していった過程をたどることが、広い歴史的構図のもとでテレビの将来を展望する手掛かりになるのではないかと考えるようになった。そこで、本書の冒頭に記した問題意識にもとづいて、これまでに以下のような論文を著した。

「「放送」以前におけるテレビジョン技術社会史の射程――昭和初期における公開実験の変容をめぐって」「マス・コミュニケーション研究」第六十七号、日本マス・コミュニケーション学会、二〇〇五年

「テレビジョンの「技術報国」――1930年代における逓信省電気試験所の「テレビジョン行脚」」「情報学研究（東京大学大学院情報学環紀要）」第六十八号、東京大学大学院情報学環、二〇〇五年

「「テレビジョン」の系譜学――放送（局）史を相対化する技術社会史からのアプローチ」、NHK放送文化研究所編「放送メディア研究」第四号、丸善プラネット、二〇〇六年

「テレビジョンとモダニズム――皇紀二六〇〇年の実験放送／国策展覧会をめぐって」「福山大学人間文化学部紀要」第八巻、福山大学人間文化学部、二〇〇八年

「テレビジョンの初期衝動――「遠く（tele）を視ること（vision）」の技術史」、飯田豊編著『メディア技術史――デジタル社会の系譜と行方』所収、北樹出版、二〇一三年

「趣味のテレビジョン――日本の初期テレビジョンをめぐるアマチュア文化の興亡」、現代風俗研究会東京の会／「現代風俗学研究」編集委員会「現代風俗学研究」第十五号、現代風俗研究会東京の会、二〇一四年

これらの論文に大幅な加筆・修正を施し、一冊にまとめたものが本書である。その過程で実に多くの方々にお世話になった。

大学院で指導教員をお引き受けいただいた森武俊先生（東京大学）は、知能ロボティクスの専門家である。森先生は近年、看護理工学という学際的な研究領域を開拓されており、大いに刺激を受けている。佐藤知正先生（東京大学）とともに、技術開発に携わる立場から鋭いコメントをいただき、筆者の研究活動を長年にわたって温かく見守ってくださっている。副指導教員の水越伸先生（東京大学）には、メディア史の方法論はもとより、いくつもの共同プロジェクトを通じて、実践研究の楽しさや奥深さを教えていただいた。歴史的な分析と実践的な活動を織り交ぜたいまの研究スタイルは、水越先生のご指導なくしては身につけることができなかった。また、吉見俊哉先生（東京大学）には、修士論文の副査をお引き受けいただくとともに、研究会で報告する機会をたびたび作っていただき、数えきれないほどの助言を頂戴した。文理越境を標榜する学際情報学府という教育研究組織に身を置き、さまざまな領域の先生方の支えがあったからこそ、無謀にも大学卒業後に「文転」した自分が、どうにか研究者として独り立ちすることができたと思っている。

そして、全員のお名前を挙げることはできないが、伊藤昌亮さん（成蹊大学）、大久保遼さん（東京芸術大学）、岡田朋之さん（関西大学）、加島卓さん（東海大学）、高野光平さん（茨城大学）、杉本達應さん（札幌市立大学）、立石祥子さん（名古屋大学）、林田真心子さん（福岡女学院大学）、古川柳子さん（明治学院大学）、松井茂さん（情報科学芸術大学院大学）、水島久光さん（東海大学）、溝尻真也さん（目白大学）、光岡寿郎さん（東京経済大学）、村田麻里子さん（関西大学）をはじめとする研究仲間にも感謝を申し上げたい。また、神野由紀さん（関東学院大学）、馬場伸彦さん（甲南女子大学）、原真さん（共同通信）、毛原大樹さん（ラジオ・アーティスト）、森田創さん（ノンフィクション作家）からも有益な助言をいただいた。

これまで本書の主題に関する原稿執筆や研究報告の機会を与えてくださった、ＮＨＫ放送文化研究所、韓国中央大学校社会学研究科、視聴覚文化研究会／神戸芸術学研究会、現代風俗研究会（東京の会）のみなさま方にもお礼を申し上げたい。そして、二〇〇七年から一二年まで勤務した福山大学、現在の職場である立命館大学の教職員のみなさま方にも、さまざまなかたちで研究活動を支えていただいた。

最後に、青弓社の矢野未知生さんにお礼を申し上げたい。当初の執筆計画よりも大幅に進行が遅れてしまったにもかかわらず、本書の完成まで温かく導いていただいた。本当にありがとうございました。

本書は、科学研究費（二〇〇六年度、特別研究員奨励費06J11179）、科学研究費（二〇〇八―〇九年度、若手研究（スタートアップ）20800064）、高橋信三記念放送文化振興基金（二〇〇八年度）、科学研究費（二〇一一―一三年度、若手研究（Ｂ）23701010）、電気通信普及財団（二〇一一―一二年度）の助成を受けた研究成果の一部である。そして本書の刊行にあたっては、立命館大学産業社会学会の二〇一五年度学術図書出版助成を受けている。深く謝意を表したい。

【は】

橋本信也　335
秦豊吉　167
パブリック・ビューイング　10, 11, 150, 363, 364
濱地常康　34, 50-52
早川徳次　116
林謙一　274, 275, 279, 289, 303
原泉子（原泉）　282, 285, 288
万国博覧会（万博）　55, 155, 195, 211, 241, 243, 249, 309, 311, 312, 332, 363–365
ヒトラー，アドルフ　185, 227, 244, 246
フォレスト，リー・ド　51, 55, 340, 341
古澤恭一郎　46, 49, 59, 60, 69, 74, 76, 84, 88, 90, 97
プロレス　11, 13, 152, 153, 338, 343, 347
ベアード，ジョン　38–40, 46, 76, 114–116, 131, 135, 152, 189, 245, 246, 250
放送（局）史　17, 19, 20, 22, 56, 97, 285, 306, 338, 344, 347

【ま】

松井翠声　166, 326
松崎啓次　166, 167
松下幸之助　264
見世物　18,24–26, 49, 54, 68, 111–113, 155, 338
『見世物からテレビへ』 26, 112, 359
「無線と実験」 43, 46, 59, 60, 64, 69, 77, 79, 87, 106, 119, 351
室伏高信　342
ムント，カール　340
メガ論争　341
メディア・イベント　56, 103, 121, 127, 138, 151, 247, 309
メディア考古学　20, 98, 364
『メトロポリス』 167, 227

【や】

野球　13, 57, 68, 71, 111, 112, 135, 136, 146, 149–154, 157, 176, 192, 219, 235, 249, 260, 339, 342
山本嘉次郎　335
山本忠興　85, 93, 113–118, 120, 124, 126, 130–132, 135, 136, 144, 148, 161, 164, 169–172, 175, 176, 189, 219, 230, 249
『夕餉前』 242, 280, 282, 285, 288, 289, 291, 304, 335
吉村華泉　334
米川敏子（初代）　274, 276

【ら】

ラジオ列車　327, 336
「ラヂオの日本」 47, 60, 71, 72, 85, 93, 96, 108, 111, 129, 141, 151, 157, 159, 165, 187, 196, 198, 200, 217, 247, 265, 266, 275, 292, 294
ラング，フリッツ　227
力道山　11, 14, 307, 338, 343
鈴々舎馬風（四代目）　282, 283
ロビダ，アルベール　33, 225, 226

【わ】

和田肇　274, 276

坂本朝一　284, 286–289, 304
佐野昌一　→海野十三
柴田秀利　343
下村宏（下村海南）119, 121, 122, 171, 172
写真電送　32, 74, 75, 78, 81, 85, 142, 253
趣味　60, 63–65, 70, 89, 93, 129, 323, 357
ショー，バーナード　226, 227
正力松太郎　14, 57, 151, 328, 340–343, 358
松柳亭鶴枝（三代目）282, 283
昭和天皇　75, 81, 124, 125, 127, 174, 297, 306, 311, 328
初期映画　18, 19, 23
初期テレビジョン　19, 20, 22, 23, 36, 37, 39, 49, 69, 365
植民地　189, 218, 219, 222, 225, 242
関志保子　282, 285, 288
関屋敏子　195
曾根有　76, 93-95, 191-193, 195, 197, 198, 200–207, 209, 210, 212, 214, 215, 217, 221, 223, 234–236, 248

【た】

高柳健次郎　17, 33, 34, 40–42, 45, 46, 75, 78–87, 97, 99, 108, 121, 123–128, 130, 132, 133, 136, 137, 140, 143–145, 147, 152, 157, 163–165, 173, 174, 179, 184, 185, 189, 193, 206, 224, 225, 231, 234, 241, 242, 244, 248, 250-252, 254, 257–259, 263, 264, 311, 314, 324, 325, 328, 337, 341
瀧口修造　168
伊達正男　149, 150, 175
ツヴォルキン，ウラジミール　42, 133, 163–165, 234
テクノクラシー　229, 230
テクノ・ナショナリズム　232
テレビカー　327, 337
テレビジョン調査委員会　252, 256, 257, 301
テレビ部品研究会（TVK）350, 351
天覧　124–127, 129, 174, 306, 328
飛び越し走査　191, 200, 248, 252
苫米地貢　34, 35, 43–46, 48, 49, 51, 52, 59, 60, 63–65, 69, 71, 77–82, 84, 86–88, 90, 92, 94, 104, 106, 120, 123, 140

【な】

内閣情報部　263, 273, 274, 278, 279, 289, 303, 307, 315, 316
中川童二　160, 239, 279
中島友正　82–84, 108, 123, 126, 130, 145, 164, 174, 178, 179, 233–235, 245
中野忠晴　277
中村メイコ　292
西崎緑　282-284
ニプコー，パウル　37, 38, 133, 246
ニプコー円盤　37, 40, 41, 113, 134, 136, 137, 188, 246
日本アマチュア・テレビジョン研究会（JAT）349, 351–353
日本テレビジョン学会（戦前）164, 169, 252
丹羽保次郎　74, 75, 81, 93
野々村潔　282, 285, 289

索引

【欧文】

AT&T　39, 40, 85, 108, 188
BBC　247
GHQ　324, 325, 333, 348
JAT　→日本アマチュア・テレビジョン研究会
NTSC　341, 350
RCA　42, 85, 164, 165, 308
TVK　→テレビ部品研究会

【あ】

アイコノスコープ　42, 133, 152, 163, 164, 234, 246, 253, 254, 308, 321, 335
青木貞伸　271, 305, 329, 332, 334
アマチュア無線　36, 42, 49, 50, 65, 66, 74, 75, 84, 89, 92, 98, 100, 229, 323, 331, 356
アマチュアリズム　63, 66, 97, 323, 363
鮎川義介　165, 185
安藤博　51, 52, 66, 75, 76, 84, 104, 264
伊藤賢治　45, 46, 49, 59, 60, 69, 74, 76–78, 84, 87, 88, 90, 97
猪瀬直樹　33, 45, 174, 184, 287, 309
伊馬鵜平（伊馬春部）　285, 286
イメージオルシコン　335
『謡と代用品』　291
海野十三（佐野昌一）　131, 141–143, 147, 148, 185, 196, 197, 228, 272
岡村黎明　321
オリンピック　13, 161, 185, 241–259, 267, 303, 306, 309–312, 337, 338

【か】

街頭テレビ　10–15, 17, 19, 22, 54, 68, 112, 152, 154, 256, 307, 313, 323, 338, 340, 342–344, 347
加島斌　52–54, 57, 79, 81, 100, 101
桂小文治（二代目）　274, 276
加藤秀俊　26, 112, 359
川口劉二　284, 286
川原田政太郎　85, 113–121, 126, 128, 135, 136, 138, 141, 148, 164, 171, 189, 193–195, 206, 231, 249
監視　225–228, 354, 364, 365
関東大震災　53, 58, 172, 177, 178, 211, 249
技術報国　144, 161, 230, 232, 254, 338
北村政治郎　114, 123
「キング」　72, 73
黒井千次　71
ケーブルテレビ　353–356
ゲッベルス，ヨーゼフ　227, 244, 245
小泉又次郎　120, 121
国防テレビ　302
近衛文麿　251, 256, 258, 289, 297, 298
今野勉　364

【さ】

サーノフ，デヴィッド　41, 42, 165

［著者略歴］
飯田 豊（いいだ・ゆたか）
1979年、広島県生まれ
立命館大学産業社会学部准教授
専攻はメディア論、メディア技術史、文化社会学
編著に『メディア技術史』（北樹出版）、共著に『メディア・リテラシーの諸相』（ミネルヴァ書房）、『ヤンキー人類学』（フィルムアート社）、『IT時代の震災と核被害』（インプレスジャパン）、『ヤンキー文化論序説』（河出書房新社）、『コミュナルなケータイ』（岩波書店）、『路上のエスノグラフィ』（せりか書房）など

テレビが見世物《みせもの》だったころ　初期テレビジョンの考古学

発行――2016年3月18日　第1刷
定価――2400円＋税
著者――飯田 豊
発行者――矢野恵二
発行所――株式会社青弓社
〒101-0061 東京都千代田区三崎町3-3-4
電話 03-3265-8548（代）
http://www.seikyusha.co.jp
印刷所――三松堂
製本所――三松堂

ISBN978-4-7872-3399-8 C0036